潍坊园林植物病虫图鉴

吴祥春　丁世民　主编

山东大学出版社
SHANDONG UNIVERSITY PRESS
·济南·

图书在版编目(CIP)数据

潍坊园林植物病虫图鉴/吴祥春，丁世民主编.—
济南：山东大学出版社，2021.10
ISBN 978-7-5607-6898-4

Ⅰ.①潍… Ⅱ.①吴… ②丁… Ⅲ.①园林植物-病
虫害防治-潍坊-图谱 Ⅳ.①S436.8-64

中国版本图书馆 CIP 数据核字(2021)第 212996 号

策划编辑 唐 棣
责任编辑 唐 棣
封面设计 杜 婕

出版发行 山东大学出版社
社 址 山东省济南市山大南路 20 号
邮政编码 250100
发行热线 (0531)88363008
经 销 新华书店
印 刷 山东华鑫天成印刷有限公司
规 格 787 毫米×1092 毫米 1/16
21.75 印张 265 千字
版 次 2021 年 10 月第 1 版
印 次 2021 年 10 月第 1 次印刷
定 价 300.00 元

《潍坊园林植物病虫图鉴》

编委会

主　编： 吴祥春　丁世民

副主编： 李瑞昌　张贵森　韩瑞东　孔雪华　潘广昌　郭全仁　董俊波　隋芊蕙
丁长年　徐香梅　隋　艺　鲁世亲　罗守兵　张　健　单云华　孙旭财
王家龙　蒋桂欣　黄博伟　王万磊　黄春燕　孙忠波　李寿冰　孙曰波
席敦芹　肖秀丽　杨兴芳　赵从凯　王移山　任有华　丁雪珍　王学强
赵庆柱　袁　辉　张效贞　陈大雷　张启途　李宪峰　赵延栋　张林宗
董建水　杨美玲　陈韦萍　侯庆元　封培波　李晓娟　秦宝贵　夏方琪
管清玉　朱九军　郭光智　王绍文　丁洪亮　李　萍　马洪光　刘剑光
黄燕玲　李　静　马媛媛　梁　杰　高学清　王兴学　郝炎辉　庄德祥

参编人员（按姓氏笔划排序）

丁　军　丁　娜　丁子洋　卜少伟　于　颖　于秀芹　马　莹　王　勇
王　健　王　萍　王　琳　王　群　王玉钦　王玉琳　王天升　王文新
王圣仟　王江涛　王寿凤　王利红　王秀燕　王志亮　王尚雷　王佳慧
王金禄　王宗山　王茹姣　王素珍　王峰巍　王海涛　王培伦　王焕之
王新国　王镇伟　巨荣峰　尹永红　石祥凤　田　野　田春玲　申燕祥
史学远　玄雪峰　冯宝春　付　娟　付在晓　考持聪　朱松元　任大川
任术琦　任培华　庄　鑫　刘　伟　刘　萍　刘　楠　刘玉芹　刘以龙
刘立朋　刘永亮　刘红云　刘彦涛　刘海涛　刘雪梅　阴文华　孙文娟
孙彦利　孙峰梅　杨玉涛　杨志莹　杨宝兴　杨雪雁　李　芸　李　良
李　明　李　梅　李　婷　李加宝　李华龙　李金勇　李树勇　李济魁
李振龙　李紫薇　李瑞萍　李新维　苏　蕾　吴　迪　吴广玲　吴志辉
吴春玲　吴晓萌　吴清林　张　英　张　岩　张　振　张玉文　张永波
张可敬　张华敏　张铭征　张效颜　张海良　邱玉宾　何吉光　佟永波
谷遂芝　宋健云　陆　康　陈　豹　陈　菊　陈日亮　陈成峰　陈艳玲
范利萍　金　鑫　周大洪　孟　进　赵凯丽　赵洪岭　赵宪顺　胡爱华
姚红伟　信近红　段　晓　姜　斌　姜绪敏　秦宝林　袁兴禄　贾恒菊
夏　伟　顾丽丽　徐　娜　徐国良　徐金玉　徐茜茜　郭长波　郭杰琮
郭继民　高　玉　曹英丽　曹建芳　崔云东　崔乐刚　程建宏　蒋俊哲
韩　静　韩　燕　韩世德　韩春妹　韩琳琳　董德杰　谢世健　窦京海
谭　雪　谭淑静　臧彦强　臧振孝　翟俊菊　潘桂芳　魏延新　魏振东

主　审： 蒋三登　郑方强　邱元英　赵金锁

序

自改革开放，尤其是“十八大”以来，我们国家高度重视科技创新，各行各业创新能力不断提升，创新成果不断涌现。在此背景下，欣闻吴祥春、丁世民领衔编写的《潍坊园林植物病虫图鉴》付梓，切合时宜，甚感欣慰。

吴祥春、丁世民先生是我在重大专业活动中认识的。二位先生都是国内园林界科技研发与教书育人的佼佼者，其治学的严谨敬业和先前出版的多部科技专著都给我留下了很深的印象，尤其是科技专著透射出的专业功底令人敬佩。今又阅读二人新作，脑海中不觉浮现出他们为编写该书而对专业凝心聚力、执着痴迷的身影。此时此刻，不禁为吴祥春、丁世民先生30多年如一日，厚植园林科技创新沃土，执着园林科技研发攻关，对专业创新能力孜孜不倦追求，对专业研究项目勤勤恳恳耕耘的敬业奉献精神所感动，更为他们脚踏实地、不负韶华所获得的累累硕果而由衷地欣喜和感佩，故欣然提笔为之作序。

这部《潍坊园林植物病虫图鉴》包含“园林植物虫害”“园林植物病害”两部分内容，是该编写团队多年来实地调查、跟踪观测、标本采集、现场摄录、专家鉴定等系列工作成果的集合。该书收录了潍坊地区园林植物虫害45类198种，园林植物病害15类70种。全书内容丰富翔实，编著专业严谨，体例规范新颖，具有很强的地域包容性、行业针对性、专业学术性和技术指导性。编者注重深浅相宜，博采众家之长，彰显地域特色，突出技术应用。既有行业教科书之形，又有植保专业工具书之实，还有植物病虫职业防控技术之精，实可作为园林植物保护教学、科研、生产、管理专业用书。

该书涉及的病虫害，无论是“一图一种”，还是“一种多图”，均注意了选图的精准，图与文内容的高度融合。该书以“鉴”定图含有更多更深的专业研判和辨识技能的特质，这是编著者匠心良苦的可贵之处。

还应特别说明一点，就是生物都是有生命的，是动态的，在条件具备时，是可以迁徙（移）的。病、虫等有害生物当然也不例外。因此，病、虫等有害生物在某区域的存在与否，只看环境是否相宜，是否适生，而不为行政区划所限所困。故这部《潍坊园林植物病虫图鉴》，虽以“潍坊”冠名，但其囊括的园林植物病虫害既有潍坊本土的，也有跨地域的；既可能是潍坊本地特有，更可能与其他地域（尤其是相邻、相近区域）共有，不应以潍坊行政区划限定其可能存在的范围。作为植物保护，防控理念是一致的，防治技术也是相通的。

承蒙编著者送书稿阅学并嘱序，现将读稿所感琐记于此，权当为序。

中国风景园林学会植物保护专业委员会资深顾问

首届园林植物保护终身贡献奖获得者

中国园林植物保护高端论坛专家委员会　资深顾问

研究员 蒋三登

2021年6月

前　言

随着人们生活水平的不断提高,绿色环保意识的逐步增强,建设景观优美的园林绿地,绿化美化城市生态环境,推进城市生态环境质量持续改善,已成为人们的共识。然而,在城市园林景观水平和绿化生态效益不断提升,生态环境质量不断改善的过程中,承担主体任务的园林植物,常常会受到各类病虫害的侵袭,造成叶黄枝枯,生长不良,大大降低园林景观的观赏效果,限制了绿化生态效益的充分发挥,进而影响了城市生态环境质量的持续改善。因此,面向园林工作者推出图文并茂、形象直观、易学易用、查询方便的"园林植物病虫图鉴"类书籍,深入普及园林植物病虫知识,进一步加大病虫无公害防控力度,进而整体提高园林植物养管水平,对全面提升园林景观质量,大力促进城市生态环境改善,意义重大深远。

《潍坊园林植物病虫图鉴》就是这样一部应时而生的书籍。本书重点对潍坊地区园林绿地中常见的园林植物病虫害发生类型、为害状况、识别特征、生活习性及综合防治措施进行了系统全面地阐述。语言描述由浅入深,既通俗易懂,又不失专业特色。在园林植物病虫害防治上,积极倡树"综合治理"理念,倡导在保证生态环境安全和人类健康前提下,将化学防治、生物防治、物理机械防治等技术措施与"乡土树种选择""抗病虫植物品种选育""加强肥水管理""提高植物抗逆性"等多项园林植物栽培技术有机结合,多措并举,综合达到安全有效控制园林植物病虫害的目的,有效实现园林绿化事业高质量发展的目标。

本书所包含的园林植物病虫害种类,几乎囊括了潍坊地区园林绿地中常见的病虫害类型。除了全面介绍病虫害中名(别名)、拉丁学名、科属、寄主、形态特征、发生规律、为害特点和防治方法外,还对个别园林植物病虫害的传统防控观点、名称称谓、有关术语以及各种病虫害的寄主范围等进行了认真推敲、校正、核准。在各类病虫害综合防治措施中,注重渗透了"生态环保"理念,重点突出了"实用新技术、有效新方法"。

全书以图文并茂的形式收录了潍坊地区为害园林植物的病虫害268种(其中虫害198种,病害70种),易读、易学、易懂、易用。每一种病虫害都有实物拍摄的数码照片数张,并辅以相应的文字说明,内容丰富翔实,概括性、针对性、指导性强。本书体例新颖,简明科学,查询方便。

该书插图为编者多年深入生产、管理一线实施病虫害防控拍摄积累的数码照片,文字描述为编者多年对相关课题研究核心技术的提炼,具有很强的创新性与实用性,是园林绿化行业相关专业技术人员、高校师生、科技工作者和广大农民朋友的良好参考用书。

本书编写过程中,引用了一些同行专家的科研成果、科技论著内容。同时承蒙山东农业大学郑方强教授、包头市园林局植保站赵金锁高级工程师帮助审定书稿、鉴定部分害虫图片，蒋三登、邱元英两位资深专家帮助审稿，郑州郑氏化工产品有限公司、潍坊瑞秋园林科技有限公司提供部分相关资料，陈大雷、孙漪笑、韩圣洁、牛少君、王长梅、史玲帮助整理资料，在此一并表示衷心感谢！

由于我们的水平和所掌握的资料有限，加之时间仓促，不足之处在所难免，恳请同行专家及广大读者批评指正。

吴祥春　丁世民

2021 年 6 月

目录

第一章　园林植物常见害虫

第一节　食叶害虫

一、刺蛾类

1.黄刺蛾 …… 1

2.扁刺蛾 …… 3

3.褐边绿刺蛾 …… 4

4.桑褐刺蛾 …… 5

二、袋蛾类

5.大袋蛾 …… 6

6.碧皑袋蛾 …… 8

7.茶袋蛾 …… 9

三、毒蛾类

8.盗毒蛾 …… 10

9.杨雪毒蛾 …… 11

10.舞毒蛾 …… 12

11.侧柏毒蛾 …… 14

12.丽毒蛾 …… 16

13.角斑台毒蛾 …… 17

四、舟蛾类

14.国槐羽舟蛾 …… 18

15.苹掌舟蛾 …… 19

16.杨二尾舟蛾 …… 20

17.杨扇舟蛾 …… 21

18.刺槐掌舟蛾 …… 22

五、尺蛾类

19.国槐尺蛾 …… 23

20.丝棉木金星尺蛾 …………… 24
21.桑褶尺蠖 …………………… 25
22.刺槐外斑尺蛾 ……………… 26
六、夜蛾类
23.斜纹夜蛾 …………………… 27
24.东方黏虫 …………………… 28
25.银纹夜蛾 …………………… 29
26.臭椿皮蛾 …………………… 29
27.变色夜蛾 …………………… 31
28.甘蓝夜蛾 …………………… 31
29.甜菜夜蛾 …………………… 32
七、灯蛾类
30.美国白蛾 …………………… 33
31.人纹污灯蛾 ………………… 35
32.红缘灯蛾 …………………… 36
八、斑蛾类
33.大叶黄杨斑蛾 ……………… 37
34.竹斑蛾 ……………………… 38
35.梨星毛虫 …………………… 40
九、螟蛾类
36.黄杨绢野螟 ………………… 41
37.棉大卷叶螟 ………………… 43
38.核桃缀叶螟 ………………… 44
十、天蛾类
39.丁香天蛾 …………………… 46
40.蓝目天蛾 …………………… 47
41.葡萄天蛾 …………………… 48
42.雀纹天蛾 …………………… 49
43.甘薯天蛾 …………………… 50
44.豆天蛾 ……………………… 50
45.枣桃六点天蛾 ……………… 51
46.榆绿天蛾 …………………… 52
十一、枯叶蛾类
47.黄褐天幕毛虫 ……………… 53
48.杨枯叶蛾 …………………… 54
十二、大蚕蛾类
49.樗蚕 ………………………… 55
50.燕尾水青蛾 ………………… 56
十三、卷叶蛾类
51.杨柳小卷蛾 ………………… 58
52.黄斑长翅卷蛾 ……………… 59
53.褐带卷叶蛾 ………………… 60
十四、其他蛾类
54.大叶黄杨巢蛾 ……………… 62
55.含羞草雕蛾 ………………… 63
56.桃潜叶蛾 …………………… 64
57.杨银叶潜蛾 ………………… 65
58.柳细蛾 ……………………… 66
十五、蝶类
59.柑橘凤蝶 …………………… 67
60.菜粉蝶 ……………………… 69
61.柳紫闪蛱蝶 ………………… 70
62.黄钩蛱蝶 …………………… 71
十六、叶甲类
63.榆蓝叶甲 …………………… 72
64.泡桐叶甲 …………………… 73
65.柳圆叶甲 …………………… 74
66.枸杞负泥虫 ………………… 75
67.马铃薯瓢虫 ………………… 76
十七、蜂类
68.月季三节叶蜂 ……………… 77
69.玫瑰三节叶蜂 ……………… 79

70.中华厚爪叶蜂 …………………… 80

71.柳虫瘿叶蜂 …………………… 81

72.拟蔷薇切叶蜂 …………………… 82

十八、蝗虫类

73.短额负蝗 …………………… 84

74.短角异斑腿蝗 …………………… 85

75.中华蚱蜢 …………………… 85

76.棉蝗 …………………… 86

十九、潜叶蝇类

77.美洲斑潜蝇 …………………… 87

78.豌豆潜叶蝇 …………………… 89

二十、瘿蚊类

79.枣瘿蚊 …………………… 91

80.刺槐瘿蚊 …………………… 92

二十一、软体动物类

81.同型巴蜗牛 …………………… 93

82.灰巴蜗牛 …………………… 94

83.野蛞蝓 …………………… 95

二十二、鼠妇、马陆类

84.卷球鼠妇 …………………… 96

85.马陆 …………………… 97

第二节 吸汁害虫

一、蚜虫类

86.桃蚜 …………………… 98

87.桃粉蚜 …………………… 100

88.桃瘤蚜 …………………… 101

89.棉蚜 …………………… 102

90.月季长管蚜 …………………… 103

91.苹果黄蚜 …………………… 104

92.苹果瘤蚜 …………………… 106

93.菊姬长管蚜 …………………… 107

94.中国槐蚜 …………………… 109

95.刺槐蚜 …………………… 110

96.日本忍冬圆尾蚜 …………………… 111

97.紫藤否蚜 …………………… 113

98.芒果蚜 …………………… 114

99.柳黑毛蚜 …………………… 115

100.杨白毛蚜 …………………… 116

101.禾谷缢管蚜 …………………… 117

102.东亚接骨木蚜 …………………… 118

103.紫薇长斑蚜 …………………… 119

104.榆长斑蚜 …………………… 119

105.榆华毛斑蚜 …………………… 120

106.竹纵斑蚜 …………………… 121

107.朴绵斑蚜 …………………… 122

108.杨枝瘿绵蚜 …………………… 123

109.秋四脉绵蚜 …………………… 123

110.榆绵蚜 …………………… 125

111.女贞卷叶绵蚜 …………………… 126

112.柳倭蚜 …………………… 127

113.雪松长足大蚜 …………………… 128

114.柏长足大蚜 …………………… 130

二、介壳虫类

115.日本龟蜡蚧 …………………… 132

116.水木坚蚧 …………………… 134

117.枣大球蚧 …………………… 135

118.朝鲜毛球蚧 …………………… 136

119.康氏粉蚧 …………………… 137

120.柿树白毡蚧 …………………… 138
121.紫薇绒蚧 …………………… 139
122.白蜡蚧 ……………………… 140
123.草履蚧 ……………………… 142
124.黄杨芝糠蚧 …………………… 143
125.桑白蚧 ……………………… 144
126.月季白轮盾蚧 ………………… 146
127.卫矛矢尖蚧 …………………… 147
128.日本单蜕盾蚧 ………………… 148
129.杨笠圆盾蚧 …………………… 148
三、叶蝉类
130.大青叶蝉 …………………… 150
131.小绿叶蝉 …………………… 151
132.柿斑叶蝉 …………………… 152
133.葡萄二星叶蝉 ………………… 153
四、蝽类
134.黄斑蝽 ……………………… 154
135.茶翅蝽 ……………………… 155
136.斑须蝽 ……………………… 156
137.弯角蝽 ……………………… 157
138.小皱蝽 ……………………… 158
139.梨冠网蝽 …………………… 159
140.娇膜肩网蝽 …………………… 160
141.悬铃木方翅网蝽 ……………… 162
142.红脊长蝽 …………………… 163
143.三点盲蝽 …………………… 164
五、木虱类
144.梧桐木虱 …………………… 165
145.合欢羞木虱 …………………… 167
146.黄栌丽木虱 …………………… 169
六、粉虱类
147.温室白粉虱 …………………… 171
七、蜡蝉类
148.斑衣蜡蝉 …………………… 173
149.缘纹广翅蜡蝉 ………………… 175
八、蝉类
150.蚱蝉 ………………………… 177
151.鸣鸣蝉 ……………………… 180
152.蟪蛄 ………………………… 181
九、蓟马类
153.花蓟马 ……………………… 182
十、螨类
154.朱砂叶螨 …………………… 183
155.山楂叶螨 …………………… 184
156.柏小爪螨 …………………… 186
157.柳棘皮瘿螨 …………………… 187
158.枸杞金氏瘤瘿螨 ……………… 189
159.毛白杨皱叶瘿螨 ……………… 190
第三节 蛀干害虫
一、天牛类
160.星天牛 ……………………… 192
161.光肩星天牛 …………………… 194
162.桑天牛 ……………………… 196
163.双条杉天牛 …………………… 197
164.双斑锦天牛 …………………… 199
165.桃红颈天牛 …………………… 201

166.锈色粒肩天牛 …………… 202
167.多斑白条天牛 …………… 204
二、木蠹蛾类
168.芳香木蠹蛾东方亚种 …… 206
169.小线角木蠹蛾 …………… 207
170.咖啡木蠹蛾 ……………… 208
三、吉丁虫类
171.金缘吉丁虫 ……………… 209
172.合欢吉丁虫 ……………… 209
173.白蜡窄吉丁虫 …………… 210
四、小蠹虫类
174.日本双齿长蠹 …………… 210
五、透翅蛾类
175.葡萄透翅蛾 ……………… 213
六、象甲类
176.沟眶象 …………………… 214
177.臭椿沟眶象 ……………… 216
七、其他类蛀干害虫
178.梨小食心虫 ……………… 217
179.国槐叶柄小蛾 …………… 218
180.柳瘿蚊 …………………… 220
181.玫瑰茎蜂 ………………… 221
第四节　地下害虫
一、蝼蛄类
182.东方蝼蛄 ………………… 223
183.单刺蝼蛄 ………………… 224
二、蛴螬类
184.无斑弧丽金龟 …………… 225
185.中华弧丽金龟 …………… 227
186.小青花金龟 ……………… 228
187.白斑花金龟 ……………… 229
188.铜绿丽金龟 ……………… 229
189.东方玛绢金龟 …………… 230
190.暗黑金龟甲 ……………… 231
三、金针虫类
191.沟金针虫 ………………… 233
192.细胸金针虫 ……………… 233
193.褐纹金针虫 ……………… 234
四、蟋蟀类
194.北京油葫芦 ……………… 235
五、地老虎类
195.小地老虎 ………………… 236
196.大地老虎 ………………… 237
197.黄地老虎 ………………… 238
六、种蝇类
198.灰地种蝇 ………………… 239

第二章　园林植物常见病害

第一节 真菌病害

一、白粉病类

1.荷兰菊白粉病 …………………… 241
2.凤仙花白粉病 …………………… 242
3.菊芋白粉病 …………………… 243
4.金盏菊白粉病 …………………… 243
5.金鸡菊白粉病 …………………… 244
6.百日菊白粉病 …………………… 245
7.波斯菊白粉病 …………………… 246
8.草坪禾草白粉病 …………………… 246
9.黄栌白粉病 …………………… 247
10.月季白粉病 …………………… 248
11.紫薇白粉病 …………………… 250
12.刺槐白粉病 …………………… 250
13.栎类白粉病 …………………… 251
14.枸杞白粉病 …………………… 252
15.大叶黄杨白粉病 …………………… 253
16.石楠白粉病 …………………… 254
17.牡丹白粉病 …………………… 255
18.葡萄白粉病 …………………… 256
19.金银木白粉病 …………………… 257
20.紫叶小檗白粉病 …………………… 257
21.海棠白粉病 …………………… 258
22.三叶草白粉病 …………………… 258

二、锈病类

23.玫瑰锈病 …………………… 262
24.海棠–桧柏锈病 …………………… 263
25.草坪草锈病 …………………… 265
26.杨树锈病 …………………… 266

三、叶斑病类

27.鸡冠花褐斑病 …………………… 267
28.菊花斑枯病 …………………… 268
29.芍药红斑病 …………………… 269
30.鸢尾叶斑病 …………………… 269
31.月季黑斑病 …………………… 270
32.大叶黄杨褐斑病 …………………… 271
33.玫瑰褐斑病 …………………… 272
34.腊梅叶枯病 …………………… 273
35.金叶女贞叶斑病 …………………… 273
36.大叶黄杨疮痂病 …………………… 274
37.凤尾兰叶斑病 …………………… 274
38.草坪禾草褐斑病 …………………… 275

四、灰霉病类

39.金盏菊灰霉病 …………………… 279
40.美人蕉灰霉病 …………………… 280
41.牡丹灰霉病 …………………… 280

五、霜霉病（白锈病、腐霉病）类

42.葡萄霜霉病 …………………… 281
43.牵牛花白锈病 …………………… 282

44.草坪禾草腐霉病 …………… 284
六、枯黄萎病
45.黄栌黄萎病 ………………… 285
46.合欢枯萎病 ………………… 285
七、枝干溃疡、腐烂、干腐病类
47.杨树溃疡病 ………………… 286
48.柳树溃疡病 ………………… 288
49.国槐溃疡病 ………………… 290
50.皂角溃疡病 ………………… 290
51.杨树腐烂病 ………………… 291
52.海棠腐烂病 ………………… 292
53.法桐干腐病 ………………… 294
八、煤污病类
54.花木煤污病 ………………… 297

第二节 原核生物病害

一、根癌病类
55.樱花根癌病 ………………… 299
56.杨树根癌病 ………………… 300
二、软腐病类
57.鸢尾细菌性软腐病 ………… 301
三、植原体病害
58.泡桐丛枝病 ………………… 302
59.枣疯病 ……………………… 303
60.花木带化病 ………………… 304

第三节 病毒病害

61.美人蕉花叶病 ……………… 306
62.百日草花叶病 ……………… 307
63.鸢尾花叶病 ………………… 308
64.牡丹病毒病 ………………… 309
65.月季花叶病 ………………… 310

第四节 线虫病害

66.菊花根结线虫病 …………… 311
67.瓜子黄杨根结线虫病 ……… 312

第五节 其他侵染性病害

68.中国菟丝子 ………………… 313
69.槲寄生 ……………………… 315

第六节 生理性病害

70.缺铁性黄化病 ……………… 316

主要参考文献 ………………… 319

附录一

害虫中文索引 ………………… 324
病害中文索引 ………………… 326

附录二

害虫拉丁学名索引 …………… 328
病害拉丁学名索引 …………… 332

第一章　园林植物常见害虫

第一节　食叶害虫

园林植物食叶害虫种类繁多，主要为鳞翅目的刺蛾、袋蛾、斑蛾、尺蛾、枯叶蛾、舟蛾、灯蛾、夜蛾、毒蛾及蝶类，鞘翅目的叶甲，膜翅目的叶蜂，直翅目的蝗虫，软体动物的蜗牛、蛞蝓等。它们的发生特点是：①为害健康的植株，猖獗时能将叶片吃光，削弱树势，为天牛、小蠹虫等蛀干害虫侵入提供适宜条件。②大多数食叶害虫营裸露生活，受环境因子影响大，其虫口密度变动大。③多数种类繁殖能力强，产卵集中，易爆发成灾，并能主动迁移扩散，扩大为害的范围。

一、刺蛾类

刺蛾类属鳞翅目刺蛾科。成虫中至大形，密生厚的鳞毛。幼虫蛞蝓形，无胸足，腹足退化，常具有枝刺和毒毛。蛹为被蛹，蛹外常有光滑坚硬的茧。刺蛾种类很多，为害园林植物的主要有黄刺蛾、扁刺蛾、褐边绿刺蛾、褐刺蛾等。

1.黄刺蛾

黄刺蛾 *Monema flavescens* Walker，又名洋辣子，属鳞翅目，刺蛾科。

【为害状况】 该虫是一种杂食性食叶害虫，主要为害三角枫、刺槐、月季、海棠、紫薇、杨、柳等植物。初龄幼虫仅啃食叶肉，4 龄后蚕食叶片，常将叶片吃光。

【识别特征】 ①成虫：体橙黄色。触角丝状。前翅黄褐色，基半部黄色，端半部褐色，有 2 条暗褐色斜线，在翅尖上汇合于一点，呈倒“V”字形，里面 1 条伸到中室下角，为黄色与褐色的分界线，后翅灰黄色（图 1–1a）。②卵：扁椭圆形，一端略尖，长 1.4~1.5 mm，宽 0.9 mm；淡黄色，卵膜上有龟状刻纹。③幼虫：老熟幼虫体长 16~25 mm，黄绿色，体背面有 1 块紫褐色“哑铃”形大斑（图 1–1b、图 1–1c）。④蛹：被蛹，黄褐色。⑤茧：灰白色，茧壳上有黑褐色纵条纹，形似雀蛋（图 1–1d、图 1–1e）。

图 1–1a 黄刺蛾成虫

【生活习性】 1 年发生 1 代，以老熟幼虫在枝杈等处结茧越冬。翌年 5~6 月化蛹，6~7 月出现成虫，成虫有趋光性。卵散产或数粒相连，多产于叶背。卵期 5~6 天。初孵幼虫取食卵壳，而后群集在叶背取食叶肉，4 龄后分散取食全叶，幼虫期约 30 天。7~8 月老熟幼虫吐丝和分泌黏液作茧化蛹。

图 1–1b 黄刺蛾低龄幼虫

图 1–1c 黄刺蛾高龄幼虫

图 1–1d 黄刺蛾初期茧

图 1–1e 黄刺蛾后期茧

2.扁刺蛾

扁刺蛾 *Thosea sinensis* (Walker),又名黑点刺蛾,属鳞翅目,刺蛾科。

【为害状况】 该虫食性很杂,以幼虫取食悬铃木、榆、杨、柳、泡桐、大叶黄杨、樱花、牡丹、芍药等植物的叶片。

图 1-2a 扁刺蛾成虫

【识别特征】 ①成虫:体、翅灰褐色。前翅灰褐稍带紫色,有 1 条明显的暗褐色线,从前缘近顶角斜伸至后缘。后翅暗灰褐色。触角褐色,雌虫丝状,雄虫基部数十节呈栉齿状。前足具白斑(图 1-2a)。②卵:扁平光滑,椭圆形,长 1.1 mm;初为淡黄色,孵化前呈灰褐色。③幼虫:老熟时体长 21~26 mm,体绿色或黄绿色,椭圆形;身体各节背面横向着生 4 个刺突,两侧的较长,第 4 节背面两侧各有 1 小红点(图 1-2b)。④蛹:长 10~15 mm,前端肥钝,后端略尖削,近似椭圆形;初为乳白色,近孵化时变为黄褐色。⑤茧:椭圆形,黑褐色,坚硬(图 1-2c)。

图 1-2b 扁刺蛾幼虫

【生活习性】 1 年发生 1 代,以老熟幼虫在土中结茧越冬。翌年 6 月上旬成虫开始羽化,6~8 月为全年幼虫为害的时期,以 8 月份最重。成虫傍晚羽化,有趋光性。卵散产于叶背面,初孵幼

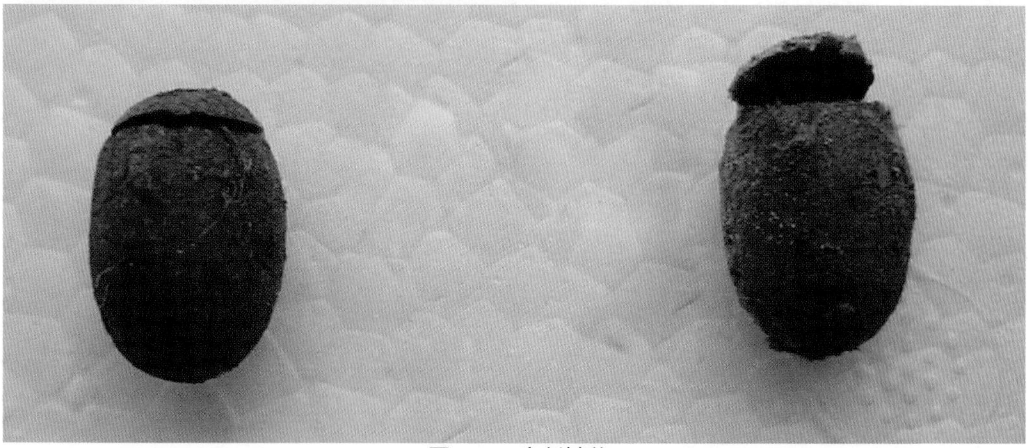

图 1-2c 扁刺蛾茧

虫剥食叶肉。5 龄以后取食全叶，幼虫昼夜取食。9 月底以后开始下树结茧越冬。

3.褐边绿刺蛾

褐边绿刺蛾 *Parasa consocia* Walker，又名青刺蛾、褐缘绿刺蛾、四点刺蛾、曲纹绿刺蛾、洋辣子。属鳞翅目，刺蛾科。

【为害状况】该虫为害大叶黄杨、月季、海棠、牡丹、芍药、苹果、梨、桃、李、杏、樱桃、枣、柿、核桃、板栗、山楂、杨、柳、悬铃木、榆等植物。幼虫取食叶片，低龄幼虫取食叶肉，仅留表皮，老龄时将叶片吃成孔洞或缺刻，有时仅留叶柄，严重影响树势。

【识别特征】①成虫：体长 15~16 mm，翅展约 36 mm。触角棕色，雄虫栉齿状，雌虫丝状。头和胸部绿色，前翅大部分绿色，基部暗褐色，外缘部灰黄色，其上散布暗紫色鳞片，内缘线和翅脉暗紫色，外缘线暗褐色。腹部和后翅灰黄色（图 1-3a）。②卵：扁椭圆形，长 1.5 mm，初产时乳白色，渐变为黄绿至淡黄色，数粒排列成块状（图 1-3b）。③幼虫：老熟幼虫体长约 25 mm，略呈长方形，圆柱状。初孵化时黄色，长大后变为绿色。头黄色，甚小，常缩在前胸内。前胸盾上有 2 个横列黑斑，腹部背线蓝色。体部第 2 至末节每节有 4 个毛瘤，其上生 1 丛刚毛，第 4 节背面的 1 对毛瘤上各有 3~6 根红色刺毛，腹部末端的 4 个毛瘤上生蓝黑色刚毛丛，呈球状；背线绿色，两侧有深蓝色点（图 1-3c）。④蛹：长约 13 mm，椭圆形，肥大，黄褐色。⑤茧：长约 16 mm，椭圆形，暗褐色。

【生活习性】1 年发生 1 代，以老熟幼虫在土中结茧越冬。翌年 6 月上旬起幼虫陆续结茧化蛹，7 月出现成虫。成虫产卵成块，卵块含卵数十粒，鱼鳞状排列，卵期约1 周，8 月上旬起可见幼虫，幼虫 3 龄前群集，以后分散，9 月起可见老熟幼虫下树结茧越冬。

图 1-3a 褐边绿刺蛾成虫

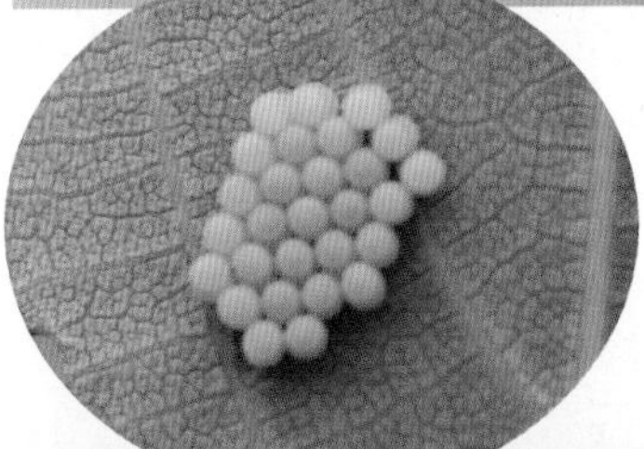

图 1-3b 褐边绿刺蛾卵

图 1-3c 褐边绿刺蛾老熟幼虫

4.桑褐刺蛾

桑褐刺蛾 *Setora postornata* (Hampson),属鳞翅目,刺蛾科。

【为害状况】 该虫寄主植物为桑、桃、梨、柿、板栗、白杨、柳、石榴、苦楝、臭椿、腊梅、梅花、樱花、垂丝海棠、木槿等植物。幼虫取食叶肉,仅残留表皮和叶脉。

图 1-4a 桑褐刺蛾幼虫——黄色型

【识别特征】 ①成虫:体长 17~19.5 mm,翅展 30~43 mm,体褐色至深褐色,雌虫体色较浅,雄虫较深。雌虫触角丝状,雄虫单栉齿状。前翅前缘离翅基 2/3 处向臀角和基角各引出 1 条深色弧线,臀角附近有 1 块近三角形的棕色斑。前足腿节基部具 1 横列白色毛丛。②卵:长椭圆形,扁平,长 1.4~1.8 mm,宽 0.9~1.1 mm。卵壳极薄,初产时黄色,半透明,后渐变深。③幼虫:共 8 龄,初孵幼虫体长 2~2.5 mm,宽 0.8~1 mm。体色较黄,体背和体侧具淡红色线条。背腹各有 1 列枝刺,其上着生浅色刺毛。老熟幼虫体长 22.3~35.1 mm,宽 6.5~11 mm。体呈圆筒形,黄绿色,背线较宽,天蓝色,每节每侧黑点 2 个,亚背线与枝刺为相应的 2 类,即黄色型(图 1-4a)与红色型(图 1-4b、图 1-4c);体侧各节有天蓝色斑 1 个,镶淡色黄边,斑四角各有黑点 1 个,中、后胸和第 4、7 腹节背面各有粗大枝刺 1 对,其余各节枝刺均较短小;后胸至第 8 腹节每节气门上线着生长短均匀的枝刺 1 对,各枝刺有端部棕褐色的尖刺毛。体色变化较大,多为每节上有黑点 4 个,排列近菱形。④蛹:卵圆形,长 14~15.5 mm,宽 8~10 mm。初为黄色,后变为褐色。⑤茧:广椭圆形,灰白色或灰褐色,表面有点状褐色纹。

图 1-4b 桑褐刺蛾幼虫——红色型

【生活习性】 1 年发生 1 代,以老熟幼虫在茧内越冬。翌年 6 月

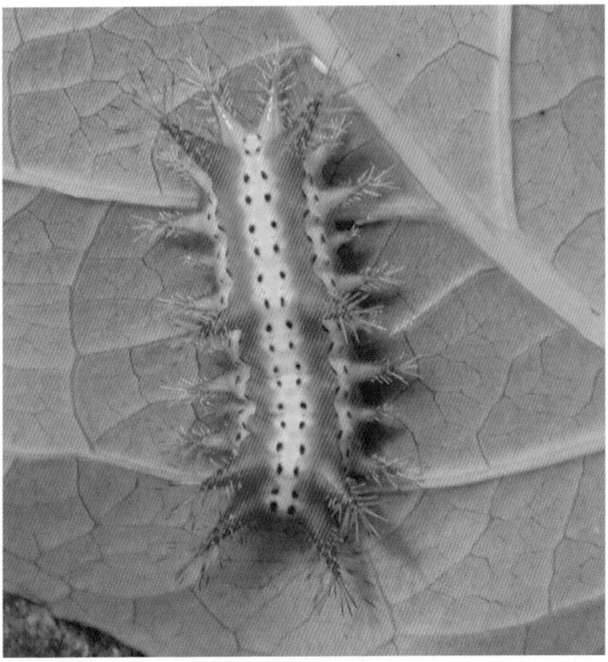

图 1-4c 桑褐刺蛾幼虫——红色型

化蛹，下旬成虫羽化，7 月上旬幼虫孵化，8 月下旬幼虫结茧越冬。

【刺蛾类的防治措施】

(1)灭除越冬虫茧：结合修剪，清除树干与枝条上的虫茧；或翻土挖土，消灭土层中的茧。为保护天敌（上海青蜂、姬蜂等）起见，可将虫茧堆集于纱网中，让寄生蜂羽化飞出。

(2)人工捕杀幼虫：初孵幼虫有群集性，摘除带初孵幼虫的叶片，可防止其扩大为害。

(3)灯光诱杀：刺蛾成虫大都有较强的趋光性，因而在成虫羽化期间可安置黑光灯进行诱杀。

(4)生物防治：Bt.乳剂 500 倍液潮湿条件下喷雾使用。

(5)化学防治：幼虫为害严重时，喷施细菌性杀虫剂灭蛾灵 1000 倍液、24%氰氟虫腙悬浮剂 600~800 倍液、10%溴氰虫酰胺可分散油悬乳剂 1500~2000 倍液、10.5%三氟甲吡醚乳油 3000~4000 倍液、20%甲维·茚虫威悬浮剂 2000 倍液。

二、袋蛾类

袋蛾类属鳞翅目袋蛾科，又名蓑蛾、避债蛾、吊死鬼等，是为害园林植物的主要杂食性食叶害虫之一。袋蛾大多雌雄异型。雌蛾无翅、无足，头、胸节退化。雄蛾有翅，小到中型，翅面有稀疏的毛和不完全的鳞片，几乎无斑纹。口器退化。幼虫都吐丝缀叶形成袋囊，雌虫终生不离幼虫所织的袋囊。食性杂，为害多种植物。常见的种类有大袋蛾、碧皑袋蛾、茶袋蛾等。

5.大袋蛾

大袋蛾 *Eumeta variegata* (Snellen)，又名大蓑蛾、避债蛾，俗名吊死鬼，属鳞翅目，袋蛾科。

【为害状况】 该虫食性杂，以幼虫取食悬铃木、刺槐、泡桐、榆、雪松、臭椿、紫叶李、樱花等植物的叶片（图 1-5a）。严重时吃光叶片，甚至啃食树皮（图 1-5b），易暴发成

图 1-5a 大袋蛾幼虫及为害樱花状

灾，对城市绿化影响很大。

【识别特征】①成虫：雌雄异型。雌虫无翅，体长25~30 mm，蛆型、粗壮、肥胖、头小，口器退化，全体光滑柔软，乳白色。雄虫黑褐色，体长20~23 mm。触角羽毛状。前翅翅脉黑褐色，翅面前、后缘略带黄褐色至黑褐色，有4~5个透明斑。②卵：产于雌蛾袋囊内。③幼虫：老熟幼虫体长25~40 mm，雌幼虫黑色，头部暗褐色。雄幼虫较小，体较淡，呈黄褐色（图1-5c、图1-5d）。④袋囊：纺缍形，幼虫的袋囊长达40~60 mm，囊外附有较大的碎叶片，有时附有少数枝梗，排列不整齐（图1-5e）。

图1-5b 大袋蛾袋囊及为害紫叶李状

【生活习性】1年发生1代，以老熟幼虫在袋囊内越冬。翌年3月下旬开始出蛰，4月下旬开始化蛹，5月下旬至6月羽化，卵产于袋囊蛹壳内，每头雌虫可产卵2000~3000粒。6月中下旬开始孵化，初龄幼虫从袋囊内爬出，靠风力吐丝扩散，取食后吐丝并咬啮碎屑、叶片筑成袋囊，袋囊随虫龄增长扩大而更换。幼虫取食时负囊而行，仅头胸外露。初龄幼虫剥食叶肉，将叶片吃成孔洞、网状，3龄以后蚕食叶片。7~9月幼虫老熟，多爬至枝梢上吐丝固定虫囊越冬。

图1-5c 大袋蛾幼虫

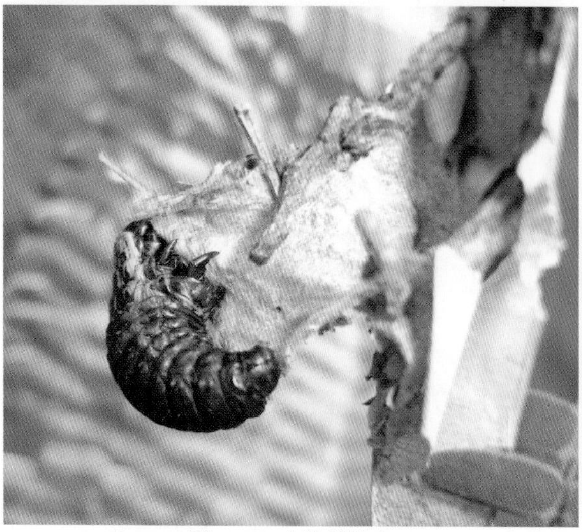
图1-5d 大袋蛾幼虫

图1-5e 大袋蛾袋囊

6.碧皑袋蛾

碧皑袋蛾 *Acanthoecia bipars* Walker，属鳞翅目，袋蛾科。

【为害状况】该虫为害爬山虎、紫荆、珍珠梅、黄刺玫、榆叶梅、月季、蔷薇、小叶黄杨、石榴、核桃、冷杉、桧柏、黑松、云杉、杨、榆、国槐、刺槐、侧柏、白蜡等植物。幼虫吐丝缀叶营造袋囊，啃食叶肉，被害叶呈孔洞和缺刻（图 1-6a、图 1-6b），严重时叶被吃光。

图 1-6a 碧皑袋蛾为害爬山虎状

图 1-6b 碧皑袋蛾为害爬山虎状

【识别特征】①成虫：雄虫体长 8 mm 左右，翅展 20 mm 左右，体黑褐色。前翅基部约占全翅的 1/3 为黑色，其余为半透明，翅脉和翅缘上有黑毛。后翅与前翅颜色相似，只透明部分较窄小。雌虫体长 16 mm 左右，无翅，足退化，似蛆状。头褐色，体黄白色，腹部肥大。②卵：椭圆形，乳白色。③幼虫：体长 16 mm 左右，头淡黄色，头顶中央有个“Y”形褐色纹。前胸、中胸白色，背面有 6 条不太规则的较宽的黑褐色纵带；后胸淡褐色，背面也有 6 条黑褐色纵带。腹部淡灰褐色。胸足尖端浅红褐色，基部有黑斑。④袋囊：圆锥形，长 17 mm 左右，土黄色，外表粗糙。

【生活习性】1 年发生 1 代，以卵在袋囊雌蛹壳上过冬。袋囊多在树木枝干或附近建筑物上。翌年 4 月下旬至 5 月上旬孵化为害。初孵幼虫先吐丝缀叶、树皮碎片等营造袋囊。之后啃食叶肉，被害叶片出现小孔洞，6 月下旬随着虫体增大，叶片被咬呈大孔洞和少量缺刻，严重时能将叶片吃光。8 月中旬后，陆续化蛹，9 月出现成虫，雄虫羽化后去找雌虫交配，产卵于袋囊蛹壳上过冬。

7.茶袋蛾

茶袋蛾 *Eumeta minuscula* Butler，又名茶避债虫、茶蓑蛾，属鳞翅目，袋蛾科。

【为害状况】 该虫以幼虫取食悬铃木、杨、柳、女贞、榆、构橘、紫荆等植物的叶片。

【识别特征】 ①成虫：雄虫体长 10~15 mm，翅展 23~26 mm，体翅暗褐色，前翅翅脉两侧颜色较深，外缘前部具 2 个近正方形透明斑，体密被鳞毛，胸部有 2 条白色纵纹。雌虫体长 15~20 mm，米黄色，胸部有显著的黄褐色斑，腹部肥大，4~7 节周围有蛋黄色绒毛。②卵：椭圆形，米黄色或黄色，长约 0.8 mm。③幼虫：老熟幼虫体长 16~28 mm，头黄褐色。体表散布黑褐色网状纹，胸部各节有 4 个黑褐色长形斑，排列成纵带；腹部肉红色，各腹节有 2 对黑点状突起，作“八”字形排列。④袋囊：长 25~30 mm，囊外附有较多的小枝梗，平行排列(图 1–7a、图 1–7b)。

【生活习性】 1 年发生 1 代，以老熟幼虫在袋囊内越冬。翌年春天一般不再活动取食，或稍微活动取食。4~6 月，越冬老熟幼虫交尾后产卵，雌成虫产卵于袋囊内。每雌产卵量因种类而异，一般 100~300 粒，个别种多达 2000 粒。卵经 15~20 天孵化，孵化多在白天。初孵幼虫吃去卵壳，从袋囊排泄口蜂涌而出，吐丝下垂，随风吹到枝叶下，咬取枝叶表皮吐丝缠身做袋囊；有的种类在袋囊上爬行，咬剥旧袋囊做自己的袋囊。初龄幼虫仅食叶片表皮，虫龄增加，食叶量加大，取食时间在早晚及阴天。10 月中下旬，幼虫逐渐沿枝梢转移，将袋囊用丝牢牢固定在枝上，袋口用丝封闭越冬。

图 1–7a 茶袋蛾袋囊及幼虫

【袋蛾类的防治措施】

（1）冬春人工摘除越冬虫囊，消灭越冬幼虫；平时也可结合日常管理工作，顺手摘除袋囊，特别是植株低矮的花灌木更易操作。注意保护袋囊内寄生蜂、寄生蝇类的幼虫与蛹。

（2）采用黑光灯诱杀成虫，或利用性诱剂诱杀雄成虫。

（3）药剂防治：幼虫为害时，喷洒 24%氰氟虫腙悬浮剂 600~800 倍液、10%溴氰虫酰胺可分散油悬乳剂 1500~2000 倍液、10.5%三氟甲吡醚乳油 3000~4000 倍液、20%甲维·茚虫威悬浮剂 2000 倍液。喷药时应注意喷施均匀，要求喷湿袋囊，以提高防效。

（4）生物防治：用青虫菌或 Bt.制剂 500 倍液喷雾。

图 1–7b 茶袋蛾袋囊

三、毒蛾类

毒蛾属鳞翅目毒蛾科。体中型，粗壮多毛，前翅广，足多毛，雌蛾腹端有毛丛。幼虫具有特殊的长毒毛，在化蛹及羽化时毒毛也常常附着在蛹及成虫上，不慎时即会刺入皮肤。毒蛾种类很多，在园林植物上常见的主要有盗毒蛾、杨雪毒蛾、舞毒蛾、侧柏毒蛾、丽毒蛾、角斑台毒蛾等。

8.盗毒蛾

盗毒蛾 *Porthesia similis* (Fueezssly)，又名黄尾毒蛾、黄尾白毒蛾、桑毛虫、桑毒蛾、金毛虫等植物，属鳞翅目，毒蛾科。

图 1-8a 盗毒蛾成虫

图 1-8b 盗毒蛾幼虫

【为害状况】 该虫为害悬铃木、桑树、柳、枫、杨、苹果、海棠、红叶李、板栗、桃、梨、梅、杏、枣等植物。幼虫取食叶片、幼芽，严重时将叶片食光。

【识别特征】 ①成虫：体长 15 mm 左右，翅展 30 mm 左右。体白色，复眼黑色。前翅后缘有 2 个黑褐色斑纹。雌虫触角栉齿状，腹部粗大，尾端有黄色毛丛。雄虫触角羽毛状，尾端黄色部分较少（图 1-8a）。②卵：扁圆形，灰白色，半透明，卵表有黄毛覆盖。③幼虫：老熟时体长为 32 mm 左右，黄色。背线与气门下线呈红色，背线、气门上线与气门线均为断续不连接的黑色线纹，每节有毛瘤 3 对（图 1-8b）。

【生活习性】 1 年发生 2 代，以幼虫在粗皮缝或伤疤处结茧越冬。翌年寄主展叶期越冬幼虫开始活动为害，幼龄时先咬叶肉，仅留下表皮，稍大后蚕食造成缺刻和孔洞，仅剩叶脉。第 1、2 代幼虫为害期分别发生在 6 月、9 月。成虫有趋光性，昼伏夜出，将卵产在叶片背面，卵成块状，卵粒不等，卵期 6 天左右。该虫有世代重叠现象。

幼虫体上着生长毛，对人有毒，一旦接触人体，可引起红肿疼痛，淋巴发炎，称为桑毛虫皮炎症。

9.杨雪毒蛾

杨雪毒蛾 *Leucoma candida*(Staudinger),又名柳雪毒峨、雪毒蛾、柳叶毒蛾,属鳞翅目,毒蛾科。

【为害状况】该虫幼虫为害多种杨、柳、白蜡、泡桐、槭等植物。低龄幼虫啃食叶肉,留下表皮,长大后咬食叶片成缺刻或孔洞,或将叶片吃光(图 1-9a)。

【识别特征】①成虫:体长 21 mm 左右,翅展 45 mm 左右。体白色,具绢丝光泽,足和触角上有黑白相间的斑纹(图 1-9b)。②卵:呈块状,上面覆盖灰白色泡沫状物(图 1-9c、图 1-9d)。③幼虫:老熟时体长为 45 mm 左右。头棕色,上有黑斑 2 个。体背深灰色混有黄色,背中线褐色明显,两侧具有黑褐色纵线纹。体各节有瘤状突起,其上生有黄白色长毛(图 1-9e、图 1-9f)。④蛹:纺锤状,黑褐色,体表有毛(图 1-9g)。

【生活习性】1 年发生 2 代,翌年以 2 龄幼虫在树皮缝、落叶层下结薄茧越冬。4 月中旬杨、柳树叶萌发时活动为害,开始有上下树习性,白天躲伏在树皮缝间,夜晚上树为害,先取食下部叶片,逐渐向树冠上部为害。5 月下旬至 6 月上中旬老熟幼虫在卷叶、树皮缝、树洞、枯枝落叶层下等处化蛹。蛹期约 10 天。成虫飞翔力不强,趋光性强,卵多产在树干表皮或树冠上部叶片背面,呈块状,卵块表面覆盖有灰白色泡沫胶状物。卵期约 15 天。初孵幼虫先群居为害,取食叶肉呈网状,受惊后吐丝下垂,3 龄后分散为害,昼夜取食。7 月为第 1 代幼虫为害盛期,9 月为第 2 代幼虫为害盛期,于 9 月底至 10 月上旬即寻找隐蔽处吐丝结茧越冬。

图 1-9a 杨雪毒蛾为害杨树状

图 1-9b 杨雪毒蛾成虫交尾状

图 1-9c 杨雪毒蛾产在叶片上的卵块

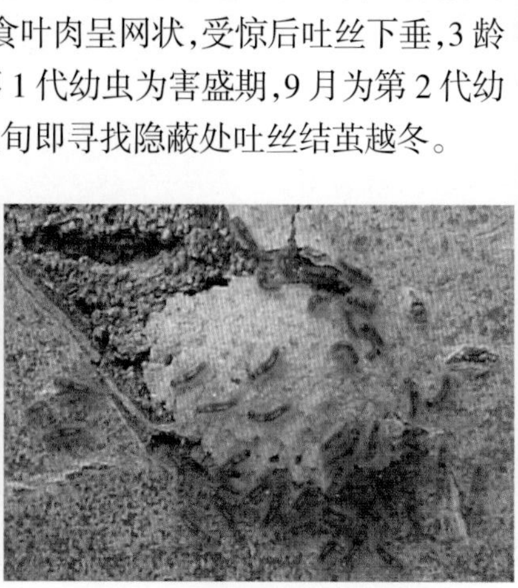
图 1-9d 杨雪毒蛾卵孵化状

图 1-9e 杨雪毒蛾幼虫

图 1-9f 杨雪毒蛾幼虫发生严重状

图 1-9g 杨雪毒蛾蛹

10.舞毒蛾

舞毒蛾 *Lymantria dispar* (Linnaeus),又名秋千毛虫、苹果毒蛾、柿毛虫,属鳞翅目,毒蛾科。

【为害状况】该虫寄主植物有栎、杨、柳、槭、榆、山毛榉、核桃、苹果、梨、杏、樱桃、山楂、柿、桑等 500 余种,其中以杨、柳、榆、苹果、山楂受害最重。幼虫为害叶片,严重时可将全树叶片吃光(图 1-10a)。

图 1-10a 舞毒蛾为害松针状

【识别特征】①成虫:雌雄异型。雄虫体长约 20 mm,前翅茶褐色,有 4~5 条波状横带,外缘呈深色带状,中室中央有 1 黑点(图 1-10b)。雌虫体长约 25 mm,前翅灰白色,每两条脉纹间有 1 个黑褐色斑点。腹末有黄褐色毛丛(图 1-10c)。

图 1-10b 舞毒蛾雄成虫

图 1-10c 舞毒蛾雌成虫

②卵：圆形稍扁，直径1.3 mm，初产为杏黄色，数百粒至上千粒产在一起成卵块，其上覆盖很厚的黄褐色绒毛。③幼虫：老熟时体长50~70 mm，头黄褐色，有“八”字形黑色纹。前胸至腹部第2节的毛瘤为蓝色，腹部第3~9节的7对毛瘤为红色（图1-10d）。④蛹：体长19~34 mm，雌蛹大，雄蛹小。体色红褐或黑褐色，被有锈黄色毛丛。

【生活习性】1年发生1代，以卵在石块缝隙或树干背面凹裂处越冬。寄主发芽时开始孵化，初孵幼虫白天多群栖叶背面，夜间取食叶片成孔洞，受震动后吐丝下垂借风力传播，故又名秋千毛虫。2龄后分散取食，白天栖息树杈、树皮缝或树下石块下，傍晚上树取食，天亮时又爬到隐蔽场所。雄幼虫蜕皮5次，雌幼虫蜕皮6次，均夜间群集树上蜕皮，幼虫期约60天，5~6月为害最重，6月中下旬陆续老熟，爬到隐蔽处结茧化蛹。蛹期10~15天，成虫7月大量羽化。成虫有趋光性，雄成虫活泼，白天飞舞于树冠间。雌成虫很少飞舞，能释放性外激素引诱雄蛾来交配，交尾后产卵，多产在枝干的阴面。初孵幼虫有群集为害习性，长大后分散为害。为害至7月上中旬，老熟幼虫在树干洼裂地方、枝杈、枯叶等处结茧化蛹。7月中旬为成虫发生期，雄成虫善飞翔，日间常成群作旋转飞舞。每个雌虫可产卵1~2块，每块数百粒，上覆雌成虫腹末的黄褐鳞毛。

图 1-10d 舞毒蛾老熟幼虫

11.侧柏毒蛾

侧柏毒蛾 *Parocneria furva* (Leech),又名圆柏毛虫、柏毒蛾,属鳞翅目,毒蛾科。

【为害状况】该虫是柏树的一种主要食叶害虫,主要为害侧柏、刺柏、桧柏、龙柏等植物的嫩芽、嫩枝和老叶。受害树木枝梢枯秃,生长势衰退,似干枯状,2~3 年内不长新枝。侧柏受害后轻度为梢部枯黄,下部仍保持绿色,严重的整株枝叶枯黄,大部分嫩枝的皮层被啃食,叶子发黄变干,甚至个别植株趋于死亡。刺柏受害后顶部叶梢、嫩枝皮层被食,使枯顶、枯枝现象明显,发生严重时能吃光全株树叶及嫩枝皮层。随着近年来龙柏模纹的大量应用,该虫有逐年加重之势。

图 1-11a 侧柏毒蛾成虫

图 1-11b 侧柏毒蛾卵及蛹壳

【识别特征】①成虫:体呈褐色,体长 14~20 mm,翅展 17~33 mm。雌虫触角灰白色,呈短栉齿状。前翅浅灰色,翅面有不显著的齿状波纹,近中室处有 1 暗色斑点;外缘较暗,布有若干黑斑;后翅浅黑色,带花纹。雄虫触角灰黑色,呈羽毛状,体色较雌虫深,为深灰褐色,前翅花纹完全消失(图 1-11a)。②卵:扁球形,初产时为青绿色,后渐变为黄褐色(图 1-11b)。③幼虫:老熟时体长23 mm,全

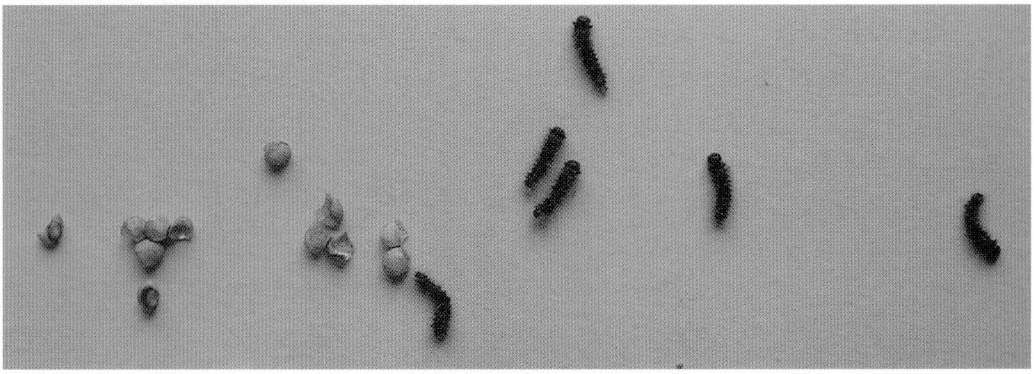

图 1-11c 侧柏毒蛾卵壳及初孵幼虫

体近灰褐色，形成较宽的纵带。在纵带两边镶有不规则的灰黑色斑点，相连如带。腹部第6、7节背面中央各有1个淡红色的翻缩线。身体各节具有黄褐色毛瘤，上着生粗细不一的刚毛（图1-11c、图1-11d、图1-11e）。④蛹：灰褐色，头顶具毛丛，腹部各节具有灰褐色的斑点，上生白色细毛，腹末具有深褐色的钩状毛（图1-11f）。

【生活习性】1年发生2代，以初龄幼虫在树皮缝内越冬。次年3月幼虫出蛰，为害刚萌发的嫩叶尖端，使叶基部光秃，逐渐枯黄脱落。幼虫夜晚取食活动，白天潜伏于树皮下或枝叶缝隙内，老熟后在该处吐丝结薄茧化蛹，6月中旬羽化为成虫。卵产于叶柄、叶片上。第1代幼虫于8月中旬化蛹，8月下旬出现成虫。9月上中旬出现第2代幼虫，即在树干的缝隙间、树皮下或树洞内隐伏，傍晚又爬出向树冠迁移取食为害。为害一段时间后，幼虫即在树皮缝内蛰伏越冬。成虫具趋光性。

图1-11d 侧柏毒蛾低龄幼虫

图1-11e 侧柏毒蛾高龄幼虫

图1-11f 侧柏毒蛾蛹

12.丽毒蛾

图 1-12a 丽毒蛾成虫

丽毒蛾 *Calliteara pudibunda* (Linnaeus),属鳞翅目,毒蛾科。

【为害状况】该虫为害蔷薇、玫瑰、桦、榉、栎、栗、榛、槭属、椴、杨、柳、山楂、苹果、梨、樱桃、悬钩子等植物。

【识别特征】①成虫:体长约 20 mm,褐色,体白黄色;雄虫前翅灰白色,带黑、褐鳞片,内区灰白明显,中区暗,亚基线黑色,微波浪形,内线黑色,横脉黑褐色,外线双黑色,外一线大波浪形,端线为黑点 1 列(图 1-12a)。②卵:淡褐色,扁球形,中央有凹陷 1 个,正中具 1 黑点。③幼虫:老龄体长 35~52 mm,绿黄色,头淡黄色,第 1~5 腹节间黑色,第 5~8 腹节间微黑色,体腹黑灰色;全体被黄色长毛,前胸背两侧各有 1 向前伸的黄毛束,第 1~4 腹节背各有 1 赭黄色毛刷,周围有白毛,第 8 腹节背面有 1 向后斜的紫红色毛束(图 1-12b)。④蛹:体浅褐色,背有长毛束,腹面光滑,臀棘短圆锥形,末端有许多小钩(图 1-12c)。⑤茧:外面覆盖一层薄的由幼虫脱下的黄色长毛缀合的丝茧(图 1-12d)。

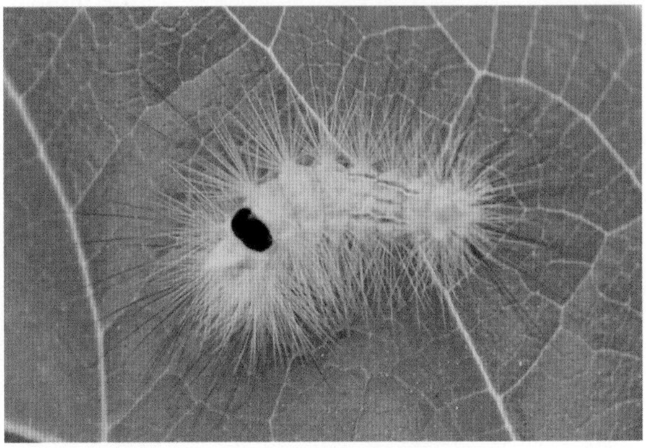

图 1-12b 丽毒蛾幼虫

【生活习性】1 年发生 2 代,以蛹越冬。翌年 4~6 月和 7~8 月出现各代成虫,成虫交尾产卵,卵期约 15 天。初孵幼虫取食叶肉,咬叶成孔洞,5~7 月和 7~9 月分别为各代幼虫期。第 2 代幼虫为害较重,一直至 9 月末才结茧化蛹越冬。

图 1-12c 丽毒蛾蛹

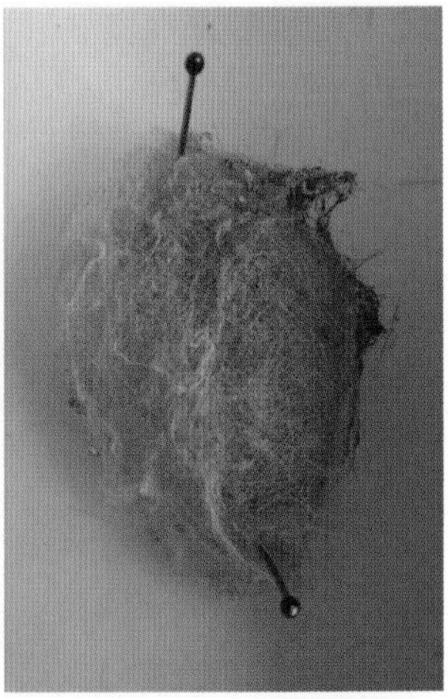

图 1-12d 丽毒蛾茧

13.角斑台毒蛾

角斑台毒蛾 *Orgyia recens* (Hübner)，又名赤纹毒蛾，属鳞翅目，毒蛾科。

【为害状况】该虫为害贴梗海棠、紫荆、白玉兰、山茶、月季、玫瑰、美人蕉、梨、杏梅、樱桃等植物。幼虫取食花卉的幼芽、嫩叶和花冠。

【识别特征】①成虫：雌雄异型。雌蛾体长约为 17 mm，长椭圆形，只有翅痕，体上有灰和黄白色绒毛。雄蛾体长约 15 mm，翅展约32 mm，体灰褐色，前翅红褐色，翅顶角处有个黄斑，后缘角处有个新月形白斑。②卵：直径 0.8~0.9 mm，近球形，卵孔处有花状凹陷；初产白色，后变为灰黄色，略有光泽。③幼虫：体长 40 mm 左右。体黑色，侧面有黄褐色线纹。前胸背部和第 8 腹节背面各有 1 对黑色长毛丛。第 1~4 腹节背部各有黄色短毛刷（图 1–13a、图 1–13b）。④蛹：长 8~20 mm，雌蛹为灰色，雄蛹为黑褐色。背面有黄毛，臀棘较长。⑤茧：略呈纺锤形，丝质疏松，外包有幼虫体毛和其他杂物（图 1–13c）。

图 1–13a 角斑台毒蛾幼虫

图 1–13b 角斑台毒蛾老熟幼虫

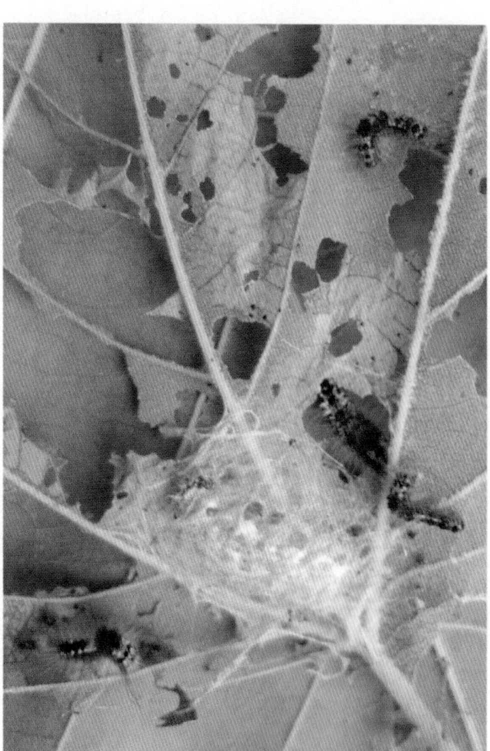

图 1–13c 角斑台毒蛾低龄幼虫与茧

【生活习性】1 年发生 2 代，以幼虫在花木的皮缝、落叶层下、杂草丛中越冬。翌年 4 月越冬在植株上为害嫩叶幼芽。5 月化蛹，蛹期约 15 天。6 月成虫羽化，雌蛾在茧内栖息，雄蛾白天飞翔，与雌蛾交尾。雌蛾在茧内外产卵，每块卵块有卵百余粒，卵期约 15 天。初孵幼虫先群体取食叶肉，使叶片呈网状，以后借风力扩散，幼虫有转移为害习性。幼虫为害期在 4~9 月，9 月时幼龄幼虫陆续越冬。

【毒蛾类的防治措施】

（1）消灭越冬虫体：清除枯枝落叶和杂草，在树干上绑草把以诱集幼虫越冬，翌年早春摘下烧掉，并在树皮缝、石块下等处搜杀越冬幼虫等。

（2）对于有上下树习性的幼虫，可用溴氰菊酯毒笔在树干上画 1~2 个闭合环（环宽 1 cm），可毒杀幼虫，死亡率达 86%~99%，残效 8~10 天；也可绑毒绳等阻止幼虫上下树。

（3）灯光诱杀成虫。

（4）人工摘除卵块及群集的初孵幼虫。结合日常养护寻找树皮缝、落叶下的幼虫及蛹。

（5）药剂防治：幼虫期喷施 24%氰氟虫腙悬浮剂 600~800 倍液、10%溴氰虫酰胺可分散油悬乳剂 1500~2000 倍液、10.5%三氟甲吡醚乳油 3000~4000 倍液、20%甲维·茚虫威悬浮剂 2000 倍液等；用 10%多来宝悬浮剂 6000 倍液或 5%高效氯氰菊酯 4000 倍液喷射卵块。

四、舟蛾类

舟蛾属鳞翅目，舟蛾科。幼虫大多颜色鲜艳，背部常有显著的峰突，幼虫栖息时只靠腹足固着，首尾上翘，形如龙舟而得名。为害园林植物的主要有国槐羽舟蛾、苹掌舟蛾、杨二尾舟蛾、杨扇舟蛾、刺槐掌舟蛾等。

14.国槐羽舟蛾

图 1-14a 国槐羽舟蛾成虫

国槐羽舟蛾 *Pterostoma sinicum* Moore，又名槐天社蛾，属鳞翅目，舟蛾科。

【为害状况】该虫为害国槐、龙爪槐、江南槐、蝴蝶槐、紫薇、紫藤、海棠和刺槐等植物，易与国槐尺蠖同期发生，严重时常将叶片食光。

【识别特征】①成虫：体长 29 mm 左右，翅展 62 mm 左右。体暗黄褐色，前翅灰黄色，翅面有双条红褐色齿状波纹（图 1-14a）。②卵：黄绿色，似馒头状。③幼虫：老熟时体长为 55 mm 左右，体光滑、粗大，腹部绿色，腹背部为粉绿色。气门线为黄褐色，足上有黑斑（图 1-14b）。④蛹：黑褐色，被蛹，臀棘 4 个。⑤茧：灰色，较粗糙。

【生活习性】1 年发生 2 代，以蛹在土中、墙根和杂草丛下结茧越冬。翌年 4 月下旬至 5 月上旬成虫羽化，有趋光性。卵散产在叶片上，卵期约 7 天，5 月中下旬第 1 代幼虫开始为害。幼虫较迟钝，分散蚕食叶片，随着虫龄增长，常将叶片食光。幼虫于 6~7 月和 8~9 月发生，9 月下旬陆续下地化蛹越冬。

图 1-14b 国槐羽舟蛾幼虫

15.苹掌舟蛾

苹掌舟蛾 *Phalera flavescens* (Bremer et Grey)，又名舟形毛虫、苹果天社蛾、黑纹天社蛾、举尾毛虫、举肢毛虫、秋黏虫、苹天社蛾、苹黄天社蛾，属鳞翅目，舟蛾科。

【为害状况】 该虫为害海棠、樱花、榆叶梅、紫叶李、山楂、梅、柳等植物。初孵幼虫常群集为害，小幼虫啃食叶肉，仅留下表皮和叶脉呈网状。幼虫长大后多分散为害，但往往是1个枝的叶片被吃光，大龄幼虫吃光叶片和叶脉而仅留下叶柄。为害严重时，常将整株叶片吃光，致使被害枝秋季萌发。

【识别特征】 ①成虫：体长22~25 mm，翅展35~60 mm，雌虫较雄虫大。前翅近于白色，翅基部有1个由黄褐色斑纹组成的椭圆形斑块，外缘有6个近似椭圆形的斑块，排列整齐，翅中部有3~4条隐约可见的淡黄色波浪纹。后翅外缘处有淡褐色云状斑。腹部淡黄色至土黄色(图1–15a)。②卵：圆球形，直径约1 mm，初产时黄白色，近孵化时变为灰褐色。③幼虫：初孵幼虫灰褐色，逐渐变为紫红色至紫黑色，亚背线和气门上线灰白色，气门下线紫黑色，体各节生有灰褐色绒毛(图1–15b)。老熟幼虫体长约50 mm，静止时头、尾翘起，形似小船，故称为舟形毛虫(图1–15c)。④蛹：纺锤形，体长约20 mm，深褐色，中胸背板后缘有9个刻点，腹部末端有6根臀棘。

图1–15a 苹掌舟蛾成虫

图1–15b 苹掌舟蛾低龄幼虫

图1–15c 苹掌舟蛾老熟幼虫

【生活习性】1年发生1代，以蛹在树冠下1~18 cm土中越冬。翌年7月上旬至8月上旬羽化，7月中下旬为羽化盛期。成虫昼伏夜出，趋光性较强，常产卵于叶背，单层排列，密集成块。卵期约7天。8月上旬幼虫孵化，初孵幼虫群集叶背，啃食叶肉呈灰白色透明网状，长大后分散为害，白天不活动，早晚取食。幼虫受惊有吐丝下垂的习性(图1-15d)。8月中旬至9月中旬为幼虫期。幼虫5龄，幼虫期平均40天，老熟后，陆续入土化蛹越冬。

图1-15d 苹掌舟蛾幼虫吐丝下垂状

16.杨二尾舟蛾

杨二尾舟蛾 *Cerura menciana* Moore，又名杨双尾天社蛾、杨双尾舟蛾，属鳞翅目，舟蛾科。

【为害状况】该虫为害杨、柳。幼虫取食叶片，老熟后爬到树干处，分泌黏液与咬碎的树皮黏合成椭圆形硬茧壳，固着在树干上。发生严重时常把树叶吃光，影响树木生长。

【识别特征】①成虫：体长20~30 mm，翅展58~81 mm。体、翅灰白色，头和胸部背面略带紫色。胸部背面有3对黑点，翅基有2个黑点。前翅有黑色花纹，并有1个新月形环状纹。后翅颜色较淡，灰白略带紫色，翅上有1个黑斑。腹部背面1~6节有两条黑色宽带，第7节以后各节有4~6条黑色细线条，腹部两侧每节各有1个黑点(图1-16)。②卵：半球形，表面光滑，红褐色，中央有1个深褐色圆点，卵的边缘色较淡。③幼虫：初龄幼虫黑色，2龄以后青绿色。老熟幼虫体长48~53 mm，头赤褐色，两颊有赤斑。胸部第1节前缘白色，后面有1个紫红色三角形斑，背上一角突起成峰，色深。腹部背面有1个似纺锤形的大斑纹盖住整个背部。第4腹节近后缘处有1个白色直立条纹，纹前有褐边。体末端有2个可以伸缩的褐色尾角。④蛹：赤褐色，椭圆形，两端圆钝。⑤茧：长约37 mm，宽约22 mm。灰黑色，椭圆形，极坚硬，上端有1个胶体密封

图1-16 杨二尾舟蛾

的羽化孔。

【生活习性】1 年发生 3 代，以蛹越冬。成虫分别在 4 月中旬至 5 月，6 月中旬至 7 月上旬，8 月中旬至 9 月上旬出现。成虫羽化后 5~8 小时就可交尾，卵产在叶片上，一般每叶 1~2 粒，少数 3 粒。每头雌虫可产卵 135~650 粒。成虫白天隐蔽起来，夜间活动，有趋光性。幼虫孵化后 3 小时才开始取食，3 龄前食量较小，3 龄以后食量增大，一夜便能吃掉几个叶片。老熟幼虫在树杈处或树干基部把树皮咬碎并分泌黏液，做成坚硬的茧壳在内化蛹。

17.杨扇舟蛾

杨扇舟蛾 *Clostera anachoreta* (Denis & Schiffermüller)，又名杨树天社蛾，属鳞翅目，舟蛾科。

【为害状况】该虫以幼虫为害各种杨树、柳树的叶片，发生严重时可食尽全叶。

【识别特征】①成虫：体淡灰褐色，体长 13~20 mm，头顶有 1 紫黑色斑。前翅灰白色，顶角处有 1 块赤褐色扇形大斑，斑下有 1 黑色圆点。后翅灰褐色（图 1–17a、图 1–17b）。②卵：扁圆形，直径 1 mm，橙红色（图 1–17c）。③幼虫：老熟幼虫体长 32~38 mm，头部黑褐色，背面淡黄绿色，两侧有灰褐色纵带，每节上环状排列橙红色毛瘤 8 个，其上有长毛，第 1、8 腹节背中央各有 1 个大黑红色瘤（图 1–17d）。④蛹：体长 13~18 mm，褐色。

图 1–17a 杨扇舟蛾成虫

图 1–17b 杨扇舟蛾成虫

【生活习性】1 年发生 3~4 代，以蛹结薄茧在土中、树皮缝和枯叶卷苞内越冬。成虫夜晚活动，有趋光性。卵产于叶背，单层排列呈块状。初孵幼虫群集啃食叶肉；2 龄后群集缀叶结成大虫包，白天隐匿，夜间取食，被害叶枯黄明显；3 龄后分散取食全叶。幼虫共 5 龄，末龄幼虫食量

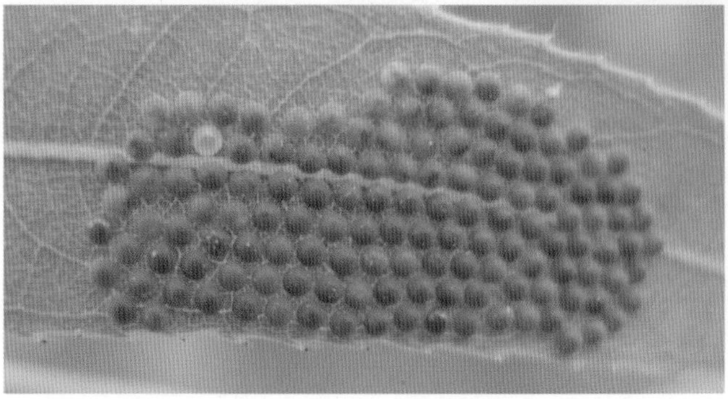

图 1–17c 杨扇舟蛾卵

最大,虫口密度大时,可在短期内将全株叶片食尽。老熟后在卷叶内吐丝结薄茧化蛹。

18.刺槐掌舟蛾

图 1-17d 杨扇舟蛾幼虫

刺槐掌舟蛾 *Phalera grotei* Moore,属鳞翅目,舟蛾科。

【为害状况】 该虫以幼虫为害刺槐、刺桐的叶片,发生严重时可食尽全叶。

【识别特征】 ①成虫:头顶和触角基部具白色毛簇,胸腹部黑褐色,腹背每节后缘具黄白色横带,末端 2 节灰色。前翅顶角斑暗棕色,掌形,斑内缘弧形平滑,黑色横线 5 条,内、外线间有不清晰的波状带 4 条(图 1-18)。②幼虫:头褐带绿色,体背白色至粉绿色,气门线为 1 赭褐色宽带,气门下线为黄白色宽带,腹线黑色,毛灰白色。

【生活习性】 1 年发生 1 代,7~8 月为幼虫期。

【舟蛾类的防治措施】

(1)灯光诱杀成虫:成虫盛发期设置黑光灯诱杀成虫。

(2)大部分舟蛾幼虫初龄阶段有群集性,可将枝叶剪下或震落消灭。

(3)结合养护管理,在根际周围掘土灭蛹。

(4)幼虫低龄阶段及时喷药:幼虫孵化期喷洒 24%氰氟虫腙悬浮剂 600~800 倍液、10%溴氰虫酰胺可分散油悬乳剂 1500~2000 倍液、10.5%三氟甲吡醚乳油 3000~4000 倍液、20%甲维·茚虫威悬浮剂 2000 倍液。

图 1-18 刺槐掌舟蛾成虫

(5)生物防治:第 1 代幼虫发生期 Bt.喷乳剂 500 倍液,1、2 代卵发生盛期,每公顷释放 30 万~60 万头赤眼蜂,傍晚或阴天释放白僵菌防治幼虫。

五、尺蛾类

尺蛾类属鳞翅目尺蛾科，又名步曲、造桥虫、尺蠖，因其幼虫的行动姿态而得名。成虫体细，翅大而薄，飞翔力弱。幼虫拟态性强。尺蛾种类很多，为害园林植物的主要有国槐尺蛾、丝棉木金星尺蛾、桑褶尺蠖、刺槐外斑尺蠖等。

19.国槐尺蛾

国槐尺蛾 *Chiasmia cinerearia* (Bremer et Grey)，又名槐尺蛾、吊死鬼，属鳞翅目，尺蛾科。

【为害状况】 该虫主要为害国槐、龙爪槐，食料不足时也为害刺槐。其以幼虫取食叶片，严重时可将叶片吃光(图 1-19a)，导致植株死亡，是庭园绿化及行道树的主要食叶害虫。

图 1-19a 国槐尺蛾为害状

【识别特征】 ①成虫：体长 12~17 mm，体黄褐色，有黑褐色斑点。前翅有 3 条明显的黑色横线，近顶角处有 1 块近长方形的褐色斑纹。后翅只有 2 条横线，中室外缘上有 1 黑色小点(图 1-19b)。②卵：椭圆形，0.6 mm，绿色。③幼虫：刚孵化时黄褐色，取食后变为绿色，老熟后紫红色，老熟幼虫体长 30~40 mm(图 1-19c)。④蛹：体长 13~17 mm，紫褐色。

【生活习性】 1 年发生 3 代，极少数 4 代，以蛹在树木附近约 4 cm 深的土中越冬。各代成虫期分别是：4 月上旬至 5 月上旬，5 月下旬至 6 月上旬，6 月中旬至 7 月上旬。各代幼虫期是 5 月上旬至 6 月上旬，6 月上旬至 7 月中旬，7 月上旬至 9 月上旬。成虫产卵于叶片正面主脉附近，成片状，每片 10 余粒。4~9 月上旬均有幼虫，世代重叠。幼虫 3 龄后分散为害，受惊后吐丝下垂，9 月后下树化蛹越冬。

图 1-19b 国槐尺蛾成虫

图 1-19c 国槐尺蛾幼虫

20.丝棉木金星尺蛾

图 1-20a 丝棉木金星尺蛾为害状

丝棉木金星尺蛾 *Abraxas suspecta* Warren，又名丝棉木金星尺蠖、卫矛尺蠖，属鳞翅目，尺蛾科。

【为害状况】该虫主要为害丝棉木、大叶黄杨、扶芳藤、卫矛、女贞、白榆等植物。该虫是大叶黄杨上的主要害虫之一，严重时将叶片食光，影响植物的正常生长（图 1-20a、图 1-20b）。

图 1-20b 丝棉木金星尺蛾为害状

【识别特征】①成虫：体长为 13 mm 左右，翅展为 38 mm。头部黑褐色，腹部黄色，翅银白色，翅面具有浅灰和黄褐色斑纹。前翅中室有近圆形斑，翅基部有深黄、褐色、灰色花斑。后翅散有稀疏的灰色斑纹（图 1-20c、图 1-20d）。②卵：长圆形，灰绿色，卵表有网纹。③幼虫：老熟时体长为 33 mm 左右，体黑色，前胸背板黄色，其上有 5 个黑斑。腹部有 4 条青白色纵纹，气门线与腹线为黄色，较宽，臀板黑色（图 1-20e）。④蛹：棕褐色，长 13~15 mm。

【生活习性】1 年发生 3 代，以蛹在土中越冬。翌年 5 月成虫羽化。卵产于叶背、枝干及裂缝处。初孵幼虫有群集性，蜕 1 次皮后出现体背细纹。幼虫具有假死性，受惊后吐丝下垂（图 1-20f）。5 月下旬至 6 月中旬，7 月中旬至 8 月上旬，8 月中旬至 9 月中旬为各代幼虫期。成虫具趋光性。

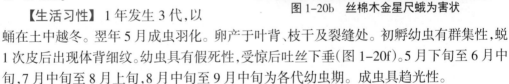

图 1-20c 丝棉木金星尺蛾成虫

图 1-20d 丝棉木金星尺蛾成虫

图 1-20e 丝棉木金星尺蛾幼虫

图 1-20f 丝棉木金星尺蛾幼虫吐丝下垂

21.桑褶尺蠖

桑褶尺蠖 *Apochima excavata* (Dyar),又名桑刺尺蛾、桑褶翅尺蛾、核桃尺蠖,属鳞翅目,尺蛾科。

【为害状况】 该虫幼虫为害金叶女贞、小叶女贞、刺槐、国槐、龙爪槐、金银木、元宝枫、核桃、白蜡、丁香、榆、桑、栾树、毛白杨、柳、海棠和苹果等植物。严重时,将叶片蚕食殆尽,影响树木正常生长和绿化效果。

【识别特征】 ①成虫:雌虫体长 14~16 mm,翅展 46~48 mm,体灰褐色,触角丝状。腹部除末节外,各节两侧均有黑白相间的圆斑。头胸部多毛。前翅有红、白色斑纹,内、外线粗黑色,外线两侧各具 1 条不明显的褐色横线。后翅前缘内曲,中部有 1 条黑色横纹。腹末有 2 毛簇。雄虫体略小,色暗,触角羽状,前翅略窄,其余与雌相似。成虫静止时 2 对翅褶叠竖起,因此得名。②卵:扁椭圆形,长 1 mm,褐色。③幼虫:体长约 40 mm,头黄褐,颊黑褐,前胸盾绿色,前缘淡黄白色。体绿色,腹部第 1 和第 8 节背部有 1 对肉质突起,2~4 节各有 1 个大而长的肉质突起;突起端部黑褐色,沿突起向两侧各有 1 条黄色横线,2~5 节背面各有 2 条黄短斜线呈“八”字形,4~8 节突起间亚背线处有 1 条黄色纵线,从 5 节起渐宽呈银灰色。1~5 节两侧下缘各有 1 个肉质突起，似足状。臀板略呈梯形，两侧白色，端部红褐色。腹线为红褐色纵带（图 1–21a）。④蛹：长 13~17 mm，短粗，红褐色，头顶及尾端稍尖，臀棘 2 根。⑤茧：半椭圆形，丝质，附有泥土。

【生活习性】1 年发生 1 代，以蛹在表土下的干基树皮上的茧内越冬。翌年 3 月中旬（山桃芽显粉色时）成虫羽化，雄蛾比雌蛾趋光性强，有假死性，飞翔力不强。雌蛾产卵于枝梢上，排列呈长条形，卵期 20 天左右。4 月上旬幼虫孵化，幼虫共 4 龄，常习惯在叶柄或小枝上栖息，稍受惊动头向腹部隐藏，呈弓形（图 1–21b）。1~2 龄幼虫夜间取食嫩芽幼叶，白天休息。3~4 龄幼虫昼夜为害，当食料不足或受惊后即吐丝下垂，借风转移为害。5 月中旬老熟幼虫开始入土作茧。严重时 1 株树干基部可有 100 多个茧。

图 1–21a 桑褶尺蠖幼虫

图 1–21b 桑褶尺蠖幼虫受惊吓状

22.刺槐外斑尺蛾

刺槐外斑尺蛾 *Extropis excellens* Butler，又名刺槐步曲、刺槐外斑尺蠖，属鳞翅目，尺蛾科。

【为害状况】该虫为害刺槐、核桃、榆、杨、柳、苹果、桃、山楂等植物。以幼虫取食寄主植物的叶片，具有暴食性，短时间能将整枝、整树叶片食光。在高温干旱年份，1 年可 2~3 次将叶片吃光，造成树木上部枯死，从主干中下部萌芽，给树木生长造成严重危害。

【识别特征】①成虫：体和翅黄褐色，翅面散布许多褐点，前翅内横线褐色，弧形，中、外横线波状，中部有黑褐色圆形大斑 1 个，外缘黑色条斑 1 列，前缘各横线端均有褐色大斑；后翅外横线波状；第 1~2 腹节背各有 1 对横列毛束。雄蛾体色和斑纹较雌蛾色深明显（图 1–22）。②卵：椭圆形，青绿色，近孵化时褐色、堆积成块，上覆灰白色茸毛。③幼虫：初龄幼虫灰绿色，胸部背面第 1、2 节之间有明显的 2 块褐斑；腹部第 2~4 节背面颜色较深，形成 1 个长块状的灰褐色斑块，第 8 节背面有 2 个肉瘤；气门下线为断续不清的灰褐色纵带。老熟幼虫体长 35 mm，体色变化大。④蛹：暗红褐色，纺锤形。

【生活习性】1 年发生 3 代，以蛹在土中越冬。翌年 4 月羽化，产卵于树干近基部。幼虫期约1个月，为害时在枝叶间吐丝拉网，连缀枝叶，如帐幕状。7月第2代成虫出现，8月第3代成虫出现，成虫趋光性强。

图1-22 刺槐外斑尺蛾成虫

【尺蛾类的防治措施】

（1）结合肥水管理，人工挖除虫蛹。利用黑光灯诱杀成虫。

（2）幼虫期喷施杀虫剂：如生物制剂Bt乳剂600倍液、24%氰氟虫腙悬浮剂600~800倍液、10%溴氰虫酰胺可分散油悬乳剂1500~2000倍液、10.5%三氟甲吡醚乳油3000~4000倍液、20%甲维·茚虫威悬浮剂2000倍液。

（3）保护和利用天敌：如凹眼姬蜂、细黄胡蜂、赤眼蜂、两点广腹螳螂等。

六、夜蛾类

夜蛾类属鳞翅目夜蛾科，种类较多。为害方式有食叶性、切根（茎）性及钻蛀性。在园林植物上普遍发生的有斜纹夜蛾、银纹夜蛾、黏虫、臭椿皮蛾、甘蓝夜蛾、甜菜夜蛾等。

23.斜纹夜蛾

斜纹夜蛾 *Spodoptera litura* (Fabricius)，又名莲纹夜蛾、斜纹夜盗蛾、乌头虫、花头虫、黑头虫，属鳞翅目，夜蛾科。

图1-23a 斜纹夜蛾成虫

图1-23b 斜纹夜蛾幼虫

【为害状况】 该虫食性杂，寄主植物已达290余种。既为害荷花、睡莲等水生花卉植物，也为害菊花、牡丹、月季、扶桑等观赏植物。其以幼虫取食叶片、花蕾及花瓣，近年来对三叶草草坪为害特别严重。

【识别特征】 ①成虫：体长14~20 mm。胸、腹部深褐色，胸部背面有白色毛丛。前翅黄褐色，多斑纹，内、外横线间从前缘伸向后缘有3条白色斜线，故名斜纹夜蛾，后翅白色（图1-23a）。②卵：半球形，卵壳上有网状花纹，卵为块状。③幼虫：老熟时体长38~51 mm。头部淡褐色至黑褐色，胸腹部颜色多变，一般为黑褐色至暗绿色;背线及亚背线灰黄色,在亚背线上,每节有 1 对黑褐色半月形的斑纹(图 1–23b)。

【生活习性】1 年发生 4 代,以蛹在土中越冬。翌年 3 月成虫,对糖、酒、醋等发酵物有很强的趋性。卵产于叶背。初孵幼虫有群集习性,2~3 龄时分散为害,4 龄后进入暴食期。幼虫有假死性,3 龄以后表现更为显著。幼虫白天栖居阴暗处,傍晚出来取食,老熟后即入土化蛹。此虫世代重叠明显,每年 8~9 月为盛发期。

斜纹夜蛾是一种间歇性大发生的害虫,属于喜温性害虫,发育适宜温度为 28~30 ℃,不耐低温,长时间在 0 ℃以下基本不能存活。

24.东方黏虫

东方黏虫 *Mythimna separata* (Walker),又名剃枝虫、行军虫、五彩虫,属鳞翅目,夜蛾科。

图 1–24a　东方黏虫成虫

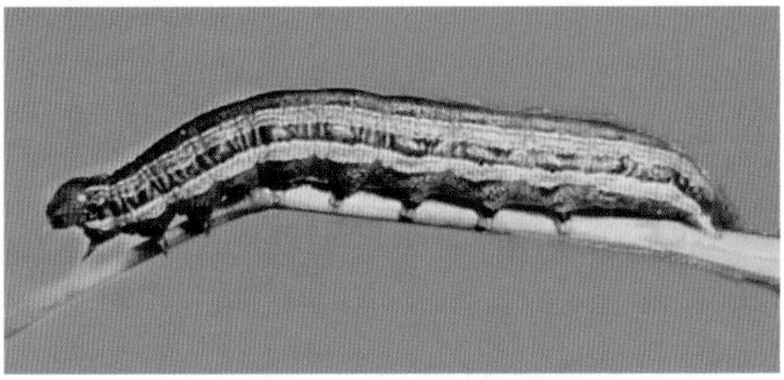

图 1–24b　东方黏虫幼虫

【为害状况】该虫为暴食性害虫,大量发生时常把叶片吃光,主要为害芦苇等禾本科植物。近年来对草坪的为害日趋严重。

【识别特征】①成虫:体长 15~17 mm,体灰褐色至暗褐色;前翅灰褐色或黄褐色;环形斑与肾形斑均为黄色,在肾形斑下方有 1 个小白点,其两侧各有 1 个小黑点;后翅基部淡褐色并向端部逐渐加深(图 1–24a)。②卵:馒头形,长 0.5 mm。③幼虫:老熟幼虫体长约 38 mm,圆筒形;体色多变,黄褐色至黑褐色;头部淡黄褐色,有"八"字形黑褐色纹;胸腹部背面有 5 条白、灰、红、褐色的纵纹(图 1–24b)。④蛹:红褐色,长 19~23 mm。

【生活习性】1 年发生 3 代,有随季风进行长距离南北迁飞的习性。成虫昼伏夜出,有较强的趋化性和趋光性。幼虫共 6 龄,1~2 龄幼虫白天潜藏在植物心叶及叶鞘中,高龄幼虫白天潜伏于表土层或植物茎基处,夜间出来取食植物叶片。幼虫有假死性,1~2 龄幼虫受惊后吐丝下垂,悬于半空,随风飘散;3~4 龄幼虫受惊后立即落地,身体蜷曲不动,安静后再爬上作物或就近转入土中。虫口密度大时可群集迁移为害。喜欢较凉爽、潮湿、郁闭的环境,高温干旱对其不利。1~2 龄幼虫只啃食叶肉,使叶呈现半透明的小斑点;3~4 龄时,把叶片咬成缺刻;5~6 龄的暴食期可把叶片吃光,虫口密度大时能把整块草坪吃光。

25.银纹夜蛾

银纹夜蛾 *Ctenoplussia agnata* (Staudinger),又名黑点银纹夜蛾、豆银纹夜蛾、菜步曲、豆尺蠖,属鳞翅目,夜蛾科。

【为害状况】 该虫为害菊花、大丽花、一串红、海棠、香石竹等植物。

【识别特征】 ①成虫:体长 15~17 mm,体灰褐色,胸部有 2 束毛耸立着。前翅深褐色,其上有 2 条银色波状横线,后翅暗褐色,有金属光泽(图 1–25a)。②卵:半球形,长约 0.5 mm,白色至淡黄绿色,表面具网纹。③幼虫:老熟幼虫体长 25~32 mm,青绿色。腹部 5、6 及 10 节上各有 1 对腹足,爬行时体背拱曲。背面有 6 条白色的细小纵线(图 1–25b)。④蛹:长约 18 mm,初期背面褐色,腹面绿色,末期整体黑褐色。

图 1–25a 银纹夜蛾成虫

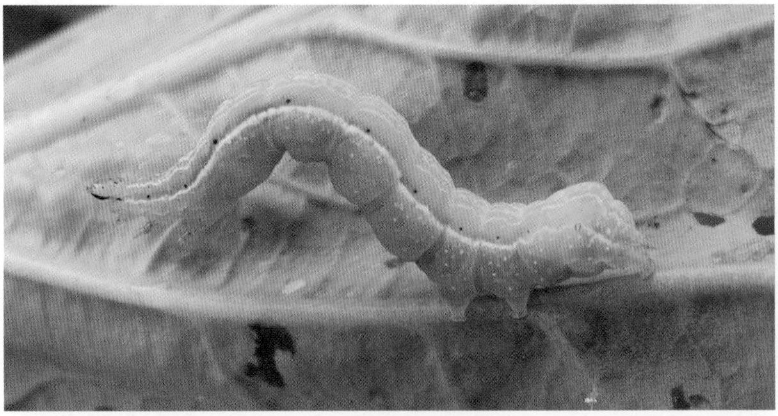

图 1–25b 银纹夜蛾老熟幼虫

【生活习性】 1 年发生 2~3 代,以老熟幼虫或蛹越冬。翌年 5~6 月出现成虫,成虫昼伏夜出,有趋光性,产卵于叶背。初孵幼虫群集叶背取食叶肉,能吐丝下垂,3 龄后分散为害,幼虫有假死性。10 月初幼虫入土化蛹越冬。

26.臭椿皮蛾

臭椿皮蛾 *Eligma narcissus* Gramer,又名旋皮夜蛾、椿皮灯蛾,属鳞翅目,夜蛾科。

【为害状况】 该虫主要以幼虫为害臭椿以及臭椿的变种——红叶椿、千头椿等植物的叶片,造成缺刻、孔洞或将叶片吃光。

图 1–26a 臭椿皮蛾成虫

【识别特征】 ①成虫:体

长 28 mm 左右，翅展 76 mm 左右。头部和胸部灰褐色，腹部橘黄色，各节背部中央有块黑斑。前翅狭长，前缘区黑色，后缘呈孤形，并附以白色，翅其余部分为赭灰色，翅面上有黑点。后翅大部分为橘黄色，外缘有条蓝黑色宽带（图 1–26a）。足黄色。②卵：近圆形，乳白色。③幼虫：老熟时体长约 48 mm。头深褐至黑色，前胸背板与臀板褐色，体橙黄色，体背各节有个褐色大斑，各毛瘤上长有白色长毛（图 1–26b）。④蛹：扁平椭圆形，红褐色（图 1–26c）。⑤茧：长扁圆形，土黄色，似树皮，质地薄（图1–26d）。

图 1–26b 臭椿皮蛾幼虫

【生活习性】1 年发生 2 代，以茧内蛹在枝干上、皮缝、伤疤等处越冬。翌年 4 月中旬（臭椿树刚发芽）成虫开始羽化，成虫有趋光性，将卵散产在叶片背面，卵期约 9 天。两代幼虫为害期分别发生在 5~6 月、8~9 月，全年以第 1 代幼虫为害严重。幼虫喜食幼芽、嫩叶，受惊后身体扭曲或弹跳蹦起。老熟幼虫爬到枝干上咬树皮，用丝相连做薄茧化蛹，茧紧贴于表皮，很像树皮的隆起。第 1 代蛹期约 12 天。

图 1–26c 臭椿皮蛾蛹

图 1–26d 臭椿皮蛾茧

27.变色夜蛾

变色夜蛾 *Enmonodia vespertili* Fabricius,属鳞翅目,夜蛾科。

【为害状况】该虫为害合欢、紫藤、紫薇、桃和梨等植物。幼虫取食叶片,为害严重时仅留主脉和叶柄,成虫吸食柑橘等果汁,引起落果。

图 1-27a 变色夜蛾成虫

【识别特征】①成虫:体长为 28 mm 左右,翅展 80 mm 左右。头部暗褐色,腹部杏黄色,前几节背面略带灰色。前翅浅褐色,略有差异。翅面密布黑棕色细点,内线褐色外弯,肾纹窄,黑棕色,后端外侧有 3 个卵形黑褐色斑。后翅灰褐色,端区带青色,后缘杏黄色。此外,前后翅面上有棕黑色和黑色波浪线纹(图 1-27a)。②幼虫:老熟幼虫浅灰褐色,与合欢树皮颜色近似,着生腹足的腹部背面有 1 块哑铃状的斑纹(图 1-27b)。

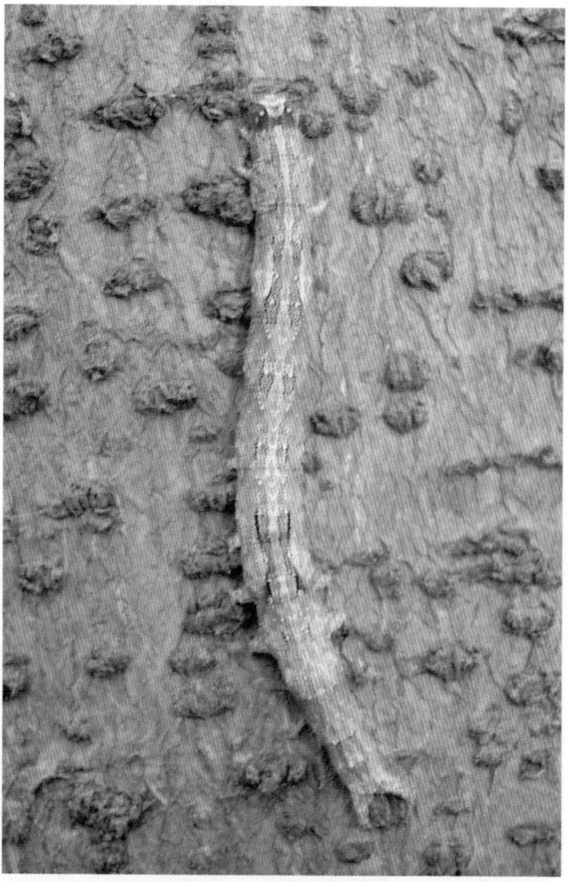

图 1-27b 变色夜蛾幼虫

【生活习性】1 年发生 2~3 代,以蛹在寄主根际附近土中越冬。翌年 4 月上旬至 5 月中旬羽化,4 月下旬至 5 月下旬产卵。卵多产在寄主干基部、枝杈及叶背面,呈块状或条状。幼虫多在清晨或傍晚孵化,白天藏伏在干基、树皮裂缝及枝杈处,晚上取食为害,次日清晨下树,阴天可全天取食为害。全年以 7~9 月为害最严重。

28.甘蓝夜蛾

甘蓝夜蛾 *Mamestra brassicae* (Linnaeus),又名地蚕、夜盗虫、菜夜蛾,属鳞翅目,夜蛾科。

【为害状况】该虫食性杂,除为害丝棉木、葡萄、紫荆、桑、柏、松、杉、鸢尾等植物外,还可为害十字花科、葫芦科、茄科、豆科植物。初孵幼虫群集在叶背啃食叶片,残留表皮成“开天窗”状。稍大渐分散,被食叶片呈小孔、缺刻状。4 龄以后蚕食叶片,仅留叶脉。

【识别特征】①成虫:体长 20 mm,翅展 45 mm,棕褐色,前翅具明显的肾形纹和环形纹，后翅外缘有1个小黑点。②卵：淡黄色。③幼虫：老熟时体长50 mm，头部褐色，腹部淡绿色，背面颜色多变，从浅蓝绿色、黄绿色、黄褐色至黑褐色，体色深的个体，各节中央两侧具“八”字形的黑斑(图1-28)。④蛹：长20 mm，棕红色。

图1-28 甘蓝夜蛾幼虫

【生活习性】1年发生3代，以蛹在土中越冬。越冬代成虫在气温15~16 ℃时羽化出土，6~7月是幼虫为害严重期。成虫对糖蜜有很强的趋性。平均气温18~25 ℃，相对湿度70%~80%时对生长发育最为有利。

29.甜菜夜蛾

甜菜夜蛾 *Spodoptera exigua* (Hübner)，又名贪夜蛾、白菜褐夜蛾、玉米叶夜蛾，属鳞翅目，夜蛾科。

【为害状况】该虫为害十字花科、茄科、豆科、菊科、百合科、蔷薇科植物。初孵幼虫常群集在原卵块附近，吐丝拉网，在其内取食叶肉，仅留上表皮，3龄后食成孔洞或缺刻，严重时仅留叶脉和叶柄，对幼苗则可整株咬食。

【识别特征】①成虫：体长8~14 mm，翅展19~30 mm。体灰褐色。前翅灰褐色，肾状纹和环状纹灰黄色，中央褐色，边缘黑色。内、外横线黑白两色双线波浪形，外缘有1列小黑点。后翅银白色半透明，外缘呈灰褐色。②卵：馒头形，初产时白色，渐变黄绿色，孵化前褐色。③幼虫：老熟时体长22~30 mm。体色多变，有绿色、黄绿色、黄褐色、褐色和黑色等。气门下线为明显的黄白色纵带，有时带粉红色。纵带末端直达腹末，不弯到臀足上。每体节的气门后上方有1个明显的白点（图1-29）。④蛹：长10 mm左右，黄褐色。中胸气门深褐色，显著外突。腹部第3~7节背面和5~7节腹面有粗点刻。

图1-29 甜菜夜蛾幼虫

【生活习性】1年发生4~5代，以蛹在土中越冬。成虫昼伏夜出，白天躲于土块、土缝、杂草丛中或枯枝落叶下，夜间活动，气温在20~23 ℃，相对湿度50%~75%，4级风以下，无月光为最适宜的活动条件。趋光性强，对糖醋液有趋性。成虫产卵于寄主叶背，为单层或双层卵块，上覆绒毛。幼虫1~3龄多群集叶背，吐丝结网，在内取食，为害不大；4龄后昼伏夜出，白天潜伏在植物基部或表土层内，下午6时开始向植株上部迁移，清晨4时向下迁移，食量大，为害重。幼虫密度大而缺乏食料时，可成群迁移和互相残杀；有假死性。幼虫老熟后在0.2~2 cm深的土层中化蛹。该虫各虫态抗高温的能力较强。

【夜蛾类的防治措施】

（1）清除园内杂草或于清晨在草丛中捕杀幼虫。人工摘除卵块、初孵幼虫或蛹。

（2）灯光诱杀成虫，或利用糖醋液诱杀，其配方为糖:酒:水:醋（2:1:2:2）+少量敌百虫。

（3）幼虫期喷洒Bt.乳剂500~800倍液、24%氰氟虫腙悬浮剂600~800倍液、10%溴氰虫酰胺可分散油悬乳剂1500~2000倍液、10.5%三氟甲吡醚乳油3000~4000倍液、20%甲维·茚虫威悬浮剂2000倍液等。

七、灯蛾类

灯蛾类属鳞翅目灯蛾科。因成虫趋光性强，夜间扑灯而得名。幼虫体毛甚多。在园林植物上常见的有美国白蛾、人纹污灯蛾、红缘灯蛾等。

30.美国白蛾

美国白蛾 *Hyphantria cunea* (Drury)，又名美国白灯蛾、秋幕毛虫，属鳞翅目，灯蛾科。

【为害状况】该虫食性极杂，可为害100多种植物，如桑、榆、杨、柳、泡桐、五角枫、糖槭、樱花、白蜡、法桐、臭椿、核桃、连翘、丁香、爬山虎、桃、苹果、梨等植物。

【识别特征】①成虫：体长9~12 mm，纯白色。多数雄蛾前翅散生数个黑色或褐色斑点，触角双栉齿状。雌蛾无斑点，触角为锯齿状（图1-30a）。成虫外形易与星白灯蛾、柳毒蛾混淆。②卵：圆球形，黄绿色，表面有刻纹（图1-30b）。③幼虫：分为“黑头型”和“红头型”。目前发现的多为“黑头型”。老熟幼虫体长28~35 mm，头黑色具光泽，腹部背面具1条灰褐色的宽纵带。背部毛瘤黑色，体侧毛瘤多为橙黄色，毛瘤上生白色长毛丛（图1-30c）。④蛹：深褐至黑褐色（图1-30d）。

【生活习性】1年发生3代，以茧内蛹在

图1-30a 美国白蛾成虫交尾状

图1-30b 美国白蛾卵

杂草丛、落叶层、砖缝及表土中越冬。成虫有趋光性，卵产在树冠外围叶片上，呈块状，每块有卵数百粒不等，卵表面有白色鳞毛（图 1-30e），卵期为 11 天左右。幼虫共 7 龄，5 龄后进入暴食期。初孵幼虫群集为害，并吐丝结网，缀叶 1~3 片成“网幕”状（图 1-30f）；随着虫龄增长，食量加大，更多的新叶片被包进网幕中，使网幕增大，犹如一层白纱包缚着叶片。大龄幼虫可耐饥饿 15 天，这有利于幼虫随运输工具传播扩散。各代成虫期约为：4 月上旬至 6 月上旬为越冬代成虫期，7 月上旬至 8 月上旬为第 1 代成虫期，8 月中旬至 9 月为第 2 代成虫期。成虫产块状卵于寄主叶片背面。各代幼虫期为：4 月下旬至 6 月下旬为越冬幼虫期，7 月下旬至 8 月下旬为第 1 代幼虫期，历期较短，9 月至 10 月为第 2 代幼虫期。蛹在夏季滞育。雄蛾前翅黑斑的出现由光周期控制，只有在短日照下诱导的滞育蛹在羽化后才会出现黑斑。

图 1-30c 美国白蛾幼虫

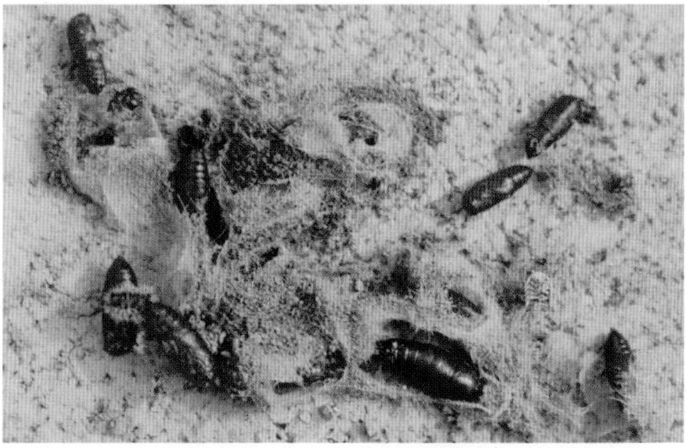

图 1-30d 美国白蛾蛹

图 1-30e 美国白蛾产卵状

图 1-30f 美国白蛾“网幕”

31.人纹污灯蛾

人纹污灯蛾 *Spilarctia subcarnea* (Walker)，又名红腹白灯蛾、人字纹灯蛾，属鳞翅目，灯蛾科。

【为害状况】该虫寄主植物为蔷薇、月季、木槿、碧桃、腊梅、杨、榆、槐、桑以及金盏菊、日本石竹、欧洲莲等草本花卉。幼虫为害叶片，常造成“开天窗”、缺刻或孔洞。

【识别特征】①成虫：体长约 20 mm，翅展 45~55 mm。体、翅白色，腹部背面除基节与端节外皆红色，背面、侧面具黑点列。前翅外缘至后缘有 1 斜列黑点，两翅合拢时呈“人”字形，后翅略染红色（图 1–31a）。②卵：扁球形，淡绿色，直径约 0.6 mm。③幼虫：头较小，黑色，体黄褐色，密被棕黄色长毛；中胸及腹部第 1 节背面各有横列的黑点 4 个；腹部第 7~9 节背线两侧各有 1 对黑色毛瘤，腹面黑褐色，气门、胸足、腹足黑色（图 1–31b）。④蛹：体长 18 mm，深褐色，末端具 12 根短刚毛。

【生活习性】1 年发生 2 代，老熟幼虫在地表落叶或浅土中吐丝黏合体毛作茧，以蛹越冬。翌春 5 月开始羽化，第 1 代幼虫出现在 6 月下旬至 7 月下旬，发生量不大，成虫于 7~8 月羽化；第 2 代幼虫期为 8~9 月，发生量较大，为害严重。成虫有趋光性，卵成块产于叶背，单层排列成行，每块数十粒至一二百粒。初孵幼虫群集叶背，啃食下表皮及叶肉，造成“开天窗”状（图 1–31c）；3 龄后分散为害，受惊后落地假死，蜷缩成环。幼虫爬行速度快，自 9 月即开始寻找适宜场所结茧化蛹越冬。

图 1–31a 人纹污灯蛾成虫

图 1–31b 人纹污灯蛾幼虫及为害

图 1–31c 人纹污灯蛾为害状——“开天窗”

32.红缘灯蛾

红缘灯蛾 *Aloa lactinea* (Cramer)，又名红袖灯蛾、红边灯蛾，属鳞翅目，灯蛾科。

【为害状况】 该虫为害菊花、月季、芍药、木槿、萱草、鸢尾等植物，以幼虫取食叶肉，3龄后取食叶片，影响寄主的发育和观赏。

【识别特征】 ①成虫：体长 18~20 mm。体及翅白色，前翅前缘鲜红色，后翅横脉有 1 黑斑，近外缘处有 1~3 个黑斑(图 1-32)。②卵：半球形，卵壳表面有多边形刻纹。③幼虫：老熟幼虫体长 36~60 mm，头部茶褐色，体茶黑色。体表有不规则的赤褐色至黑色毛。胸足黑色，腹足及臀足红色。④蛹：长 22~26 mm，黑褐色。

【生活习性】 1 年发生 1~2 代，以蛹在土中越冬。翌年 5 月成虫羽化，昼伏夜出，趋光性很强。产卵于叶背面，上面盖有黄毛，每块卵粒不等，卵期约 6 天。幼虫共 7 龄，6~9 月为幼虫为害期，幼龄群居，行动敏捷，中龄后分散。秋季老熟幼虫在土中、枯叶中做薄茧，在其内化蛹越冬。

【灯蛾类的防治措施】

（1）对美国白蛾加强检疫：疫区苗木未经过处理严禁外运，疫区内要积极防治，并加强对外检疫。

（2）摘除卵块和被群集为害的有虫叶片。

（3）冬季换茬耕翻土壤，消灭越冬蛹，或在老熟幼虫转移时，在树干周围束草，诱集化蛹，然后解下诱草烧毁。

（4）成虫羽化盛期利用黑光灯诱杀成虫。

（5）保护和利用寄生性、捕食性天敌，用苏云金杆菌和核型多角体病毒制剂喷雾防治。

（6）化学防治：喷施 24%氰氟虫腙悬浮剂 600~800 倍液、10%溴氰虫酰胺可分散油悬乳剂 1500~2000 倍液、10.5%三氟甲吡醚乳油 3000~4000 倍液、20%甲维·茚虫威悬浮剂 2000 倍液、1.5%华戎 1 号乳油 3000 倍等药剂。

图 1-32 红缘灯蛾成虫

八、斑蛾类

斑蛾类属鳞翅目斑蛾科。在园林植物上常见的有大叶黄杨斑蛾、竹斑蛾、梨星毛虫等。

33.大叶黄杨斑蛾

大叶黄杨斑蛾 *Pryeria sinica* Moore，又名大叶黄杨长毛斑蛾、冬青卫矛斑蛾，属鳞翅目，斑蛾科。

【为害状况】 该虫为害大叶黄杨、银边黄杨、金心冬青卫矛、大花卫矛、扶芳藤和丝棉木等植物。以幼虫取食寄主叶片，初期啃食表皮与叶肉，后造成缺刻、孔洞（图 1–33a），严重时将叶片食光，影响植物正常生长。

图 1–33a 大叶黄杨斑蛾幼虫为害状

图 1–33b 大叶黄杨斑蛾雌成虫及产卵状

【识别特征】 ①成虫：体长 7~12 mm，触角、头胸和腹端黑色，中胸与腹部大部分污橘黄色。前翅浅灰黑色，略透明，基部 1/3 浅黄色。后翅大小为前翅的一半，色稍淡（图 1–33b）。②卵：椭圆形。③幼虫：老熟时体长为 15 mm 左右，腹部黄绿色，前胸背板有“A”字形黑斑纹。体背共有 7 条纵带，体表有毛瘤和短毛（图 1–33c、图 1–33d、图 1–33e）。④蛹：黄褐色，表面有不明显的 7 条纵纹。

【生活习性】 1 年发生 1 代，以卵在 1 年生枝条上越冬。翌年 3 月底至 4 月初卵孵化，低龄幼虫群集枝梢取食新叶，以后随虫龄增长分散为害，食量剧增，并可吐丝缠绕叶片。幼虫稍受震动即吐丝下垂。4 月底至 5 月初幼虫老熟，在浅土中结茧（图 1–33f）化蛹，以蛹越夏。11 月上旬成虫羽化，交配后产卵于枝梢，以卵越冬。

图 1–33c 大叶黄杨斑蛾低龄幼虫

图 1-33d 大叶黄杨斑蛾中龄幼虫

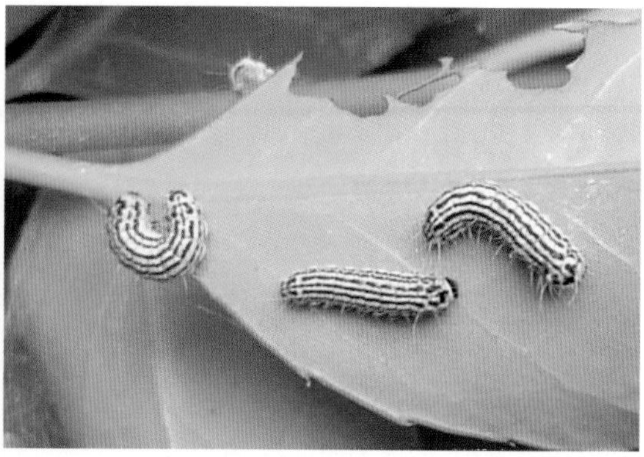

图 1-33e 大叶黄杨斑蛾高龄幼虫

图 1-33f 大叶黄杨斑蛾茧

34.竹斑蛾

竹斑蛾 *Artona funeralis* (Butler)，又名竹小斑蛾、竹毛虫，属鳞翅目，斑蛾科。

【为害状况】 该虫主要为害毛竹、刚竹、淡竹、青皮竹、茶秆竹等竹类植物。以幼虫取食竹笋及竹叶。轻则影响竹林长势，严重时使来年发笋率降低，如连年严重受害则可致竹子死亡。近年来，随着北方地区园林绿地竹类栽植的日趋增多，该虫有逐年加重之势。

图 1-34a 竹斑蛾幼虫

【识别特征】 ①成虫：体长 9~11 mm，体黑色，有光泽。雌蛾触角丝状，雄蛾触角羽毛状。翅黑褐色，后翅中部和基部半透明。②卵：椭圆形，长约 0.7 mm，乳白色，有光泽。③幼虫：老熟幼虫体长 14~20 mm，砖红色。各体节横列 4 个毛瘤，瘤上长有成束的黑短毛和白色长毛(图 1-34a)。④蛹：10~12 mm，黄褐色至灰黑色。⑤茧：长 12~15 mm，瓜子形，黄褐色，茧上有白粉(图 1-34b、图 1-34c)。

【生活习性】 1 年发生 3 代，以老熟幼虫在竹箨内壁、石块下和枯竹筒内等处结茧越冬。翌年 4 月下旬至 5 月上旬化蛹，5 月中下旬羽化为成虫。成虫白天活动，多在竹林上空、林缘及道路边飞翔，并取食金缨子、细叶女贞等花蜜，补充营养。交尾、产卵也在白天，尤以下午 3~6 时最盛，夜间及阴雨天潜伏枝叶间不动。每雌蛾产卵 200~450 粒，卵单层块产于 1 m 以下的小竹嫩叶或大竹下部叶背面。各代幼虫为害期分别在 6 月上旬至7 月中旬，8 月上旬至 9 月中旬，9 月底至 11 月初。幼龄幼虫群集为害，常在叶背头向一方整齐并排，啃食叶肉，形成不规则白膜或全叶呈白膜状(图 1-34d)，严重时致全叶枯白。3 龄后幼虫能吐丝下垂，分散活动，取食全叶，日夜均取食。老熟后下竹落地结茧化蛹。

竹斑蛾多发生在温度较高，湿度较低，光线充足的竹林地，当年新竹和幼壮竹受害更为严重。

图 1-34b 竹斑蛾茧

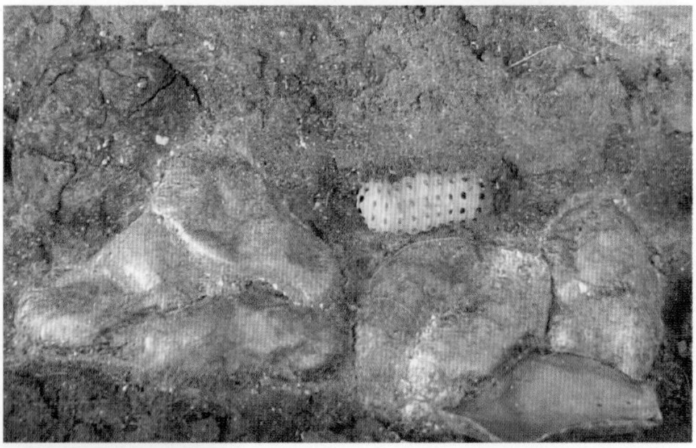

图 1-34c 竹斑蛾越冬茧与越冬幼虫

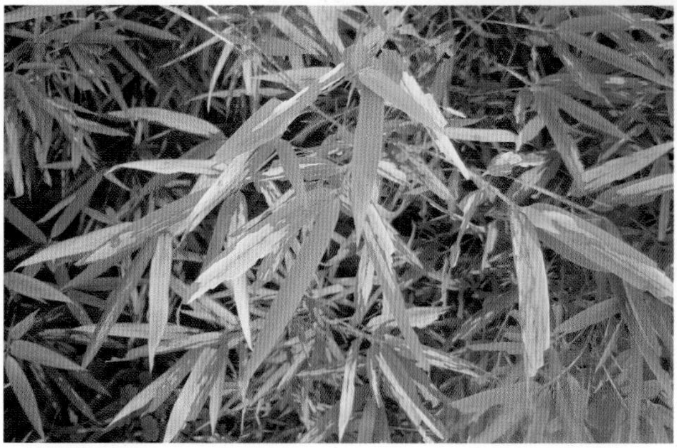

图 1-34d
竹斑蛾初期为害状

35.梨星毛虫

梨星毛虫 *Illiberis pruni* Dyar，又名梨斑蛾、梨叶斑蛾、梨狗子、饺子虫，属鳞翅目，斑蛾科。

【为害状况】 该虫主要为害山楂、梨、苹果等植物。早春幼虫钻食花芽，将其食空，使其不能开放，变黑枯死，并有黄褐色树液从被害芽里流出。展叶后小幼虫啃食叶肉成筛网状，幼虫稍大后吐丝连缀叶缘，将叶片向正面纵折包成饺子形虫苞，在其中取食叶肉，仅残留下表皮成透明状，被害叶枯焦(图 1–35a)；严重时全树叶片干枯，引起第 2 次发芽开花，往往造成连年不结果，损失严重。

图 1–35a　梨星毛虫为害山楂状

图 1–35b　梨星毛虫成虫

图 1–35c　梨星毛虫老熟幼虫

【识别特征】 ①成虫：体长 9~12 mm，灰黑色。翅灰黑色，半透明，翅缘颜色较深（图 1–35b）。②卵：扁椭圆形，长 0.7 mm，初产乳白色，近孵化时黄褐色。③幼虫：老熟幼虫体长约 20 mm，白色，纺锤形，从中胸到腹部第 8 节背面两侧各有 1 个圆形黑斑，每节背侧还有星状毛瘤 6 个（图 1–35c）。④蛹：体长约 12 mm，纺锤形，初淡黄色，后期黑褐色。

【生活习性】1年发生1代，以幼虫在粗皮缝内越冬，大多在树干、根茎部结茧越冬。梨花芽膨大期开始活动，开绽期钻入花芽内蛀食花蕾或芽基。吐蕾期蛀食花蕾，展叶期则卷叶为害。叶向正面卷成饺子状，啃食正面叶肉，留叶脉和下表皮，每吃光1片叶则转移到另1片新叶，仍吐丝将叶纵卷为害，1头幼虫可为害5~8片叶，严重时将全树叶片吃光。幼果期幼虫在最后1片包叶内结茧化蛹。蛹期约10天，6月中旬出现成虫，傍晚活动，交尾产卵，卵期7~8天，6月出现当年第1代幼虫，群居叶背，啃食叶肉，留上表皮成透明乳状，但不卷叶，叶呈筛网状。幼虫取食10~15天，即转移树皮缝结长椭圆形似革质的厚茧越夏并越冬。

【斑蛾类的防治措施】

（1）结合冬春修剪，剪除虫卵。生长期人工捏杀虫苞、摘除虫叶，集中销毁，捕捉成虫；以幼虫越冬的，可在幼虫越冬前在树干基部束草把诱杀。

（2）幼虫期喷洒青虫菌500倍液、1%灭虫灵2000~3000倍液、24%氰氟虫腙悬浮剂600~800倍液、10%溴氰虫酰胺可分散油悬乳剂1500~2000倍液、10.5%三氟甲吡醚乳油3000~4000倍液、20%甲维·茚虫威悬浮剂2000倍液。

九、螟蛾类

螟蛾类属鳞翅目草螟科、螟蛾科。为害园林植物的螟蛾除能够卷叶、缀叶的种类外，还有许多钻蛀性害虫。在园林植物上较常见的有黄杨绢野螟、棉大卷叶螟、核桃缀叶螟等。

36.黄杨绢野螟

黄杨绢野螟 *Cydalima perspectalis* (Walker)，又名黄杨黑缘螟蛾，属鳞翅目，草螟科。

【为害状况】该虫为害大叶黄杨、瓜子黄杨、庐山黄杨、锦熟黄杨、朝鲜黄杨、雀舌黄杨、冬青和卫矛等植物。以幼虫食害嫩芽和叶片，常吐丝缀合叶片，于其内取食，受害叶片枯焦。为害严重的区域被害株率在50%以上，甚至可达90%；暴发时可将叶片吃光，造成黄杨成株枯死，影响美观，污染环境（图1–36a、图1–36b、图1–36c）。

【识别特征】①成虫：体长23 mm，除前翅前缘、外缘、后缘及后翅外缘为黑褐色宽带外，全体大部分被有白色鳞片，有紫红色闪光。在前翅前缘宽带中有1块新月形白斑（图1–36d）。②卵：长圆形，扁平，排列整齐，不易发现。③幼虫：老熟时体长40 mm，头部黑色，胸、腹黄绿色。背中线深绿色，两侧有黄绿及青灰色横带，各节有明显的黑色瘤状突起，瘤突上

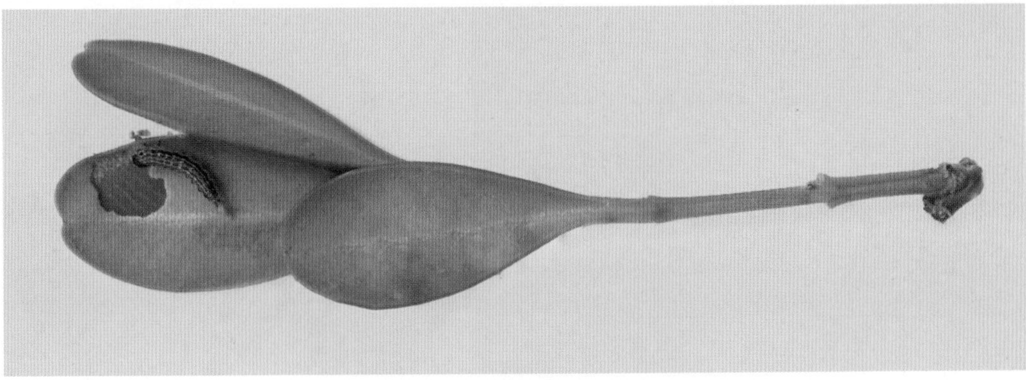

图1–36a 黄杨绢野螟低龄幼虫为害状

着生刚毛(图 1-36e)。④蛹:纺锤形,臀棘 8 根,排成 1 列,尖端卷曲成钩状(图 1-36f)。

【生活习性】 1 年发生 3 代,以 2 龄幼虫在缀叶中越冬。翌年 3 月中旬至 4 月上旬越冬幼虫活动为害,5 月上旬为盛期,5 月中旬在缀叶中化蛹,蛹期 9 天左右。成虫有弱趋光性,昼伏夜出,雌蛾将卵产在叶背面,卵期约 7 天。幼虫共 6 龄。第 1 代在 5 月上旬至 6 月上旬,第 2 代在 7 月上旬至 8 月上旬,第 3 代在 7 月下旬至 9 月下旬,以第 2 代幼虫发生普遍,为害严重。若防治不及时,叶片被蚕食光,植株变黄枯萎。9 月下旬幼虫结网缀叶做虫苞,在虫苞内结薄茧越冬。其天敌有凹眼姬蜂、蚂蚁、卵跳小蜂等。

图 1-36b 黄杨绢野螟中龄幼虫为害状

图 1-36c 黄杨绢野螟高龄幼虫为害状

图 1-36e 黄杨绢野螟幼虫

图 1-36d 黄杨绢野螟成虫

图 1-36f 黄杨绢野螟蛹

37.棉大卷叶螟

棉大卷叶螟 *Haritalodes derogata* (Fabricius),又名棉褐环野螟、棉卷叶野螟、棉卷叶螟、卷叶虫、打苞虫,属鳞翅目,草螟科。

【为害状况】 该虫为害木槿、苹果、梨、海棠、蜀葵、大花秋葵、锦葵等植物。幼虫吐丝将叶片卷成筒状(图1-37a、图1-37b、图1-37c、图1-37d),在卷叶内取食,严重时将叶片吃光。

【识别特征】 ①成虫:体长10~15 mm,淡黄色。头部浅黄色,胸部背面有12个黑褐色小点排成4行。前后翅内横线及外横线为波状栗色,前翅前缘近中央处有"OR"形的褐

图1-37a 棉大卷叶螟为害木槿状

图1-37b 棉大卷叶螟为害蜀葵状

图1-37c 棉大卷叶螟为害蜀葵状

图1-37d 棉大卷叶螟为害蜀葵状

色斑纹，缘毛淡黄色，后翅中室端部有细长棕色环纹，外横线和亚外缘线波状，缘毛淡黄色。②卵：扁椭圆形，长 0.12 mm，宽0.09 mm，初产乳白色，后变浅绿色。③幼虫：老熟幼虫体长 25~26 mm，体绿色，头部棕黑色，胸足黑色，体上有稀疏的长刚毛（图 1–37e）。④蛹：纺锤形，红褐色。

【生活习性】 1 年发生 3~4 代，以老熟幼虫在茎秆、落叶、杂草或树皮缝中越冬。翌年 5 月羽化成虫，成虫有趋光性，卵散产于叶背，以植株上部最多。幼虫 6 月中旬至 7 月孵化，初孵幼虫多聚集于叶背啃食叶肉；3 龄后分散为害，将叶片卷成筒状，幼虫潜藏其中为害，并有转叶为害习性，严重时将叶片吃光。7 月下旬出现第 2 代成虫，8 月底至 9 月上旬出现第 3 代成虫，11 月以幼虫越冬。

图 1–37e 棉大卷叶螟幼虫

38.核桃缀叶螟

核桃缀叶螟 *Locastra muscosalis* (Walker)，又名木橑黏虫、缀叶丛螟，属鳞翅目，螟蛾科。

【为害状况】 该虫为害核桃、板栗、臭椿、女贞、盐肤木、黄连木、木橑、火炬树、黄栌、酸枣等植物。初龄幼虫群居在叶面吐丝结网，稍长大，由 1 窝分为几群，把叶片缀在一起，使叶片呈筒形，幼虫在其中食害，并把粪便排在里面；最初卷食复叶，复叶卷得越来越多最后成团状。发生严重的年份，往往可把树叶吃光（图 1–38a、图 1–38b、图 1–38c、图 1–38d）。

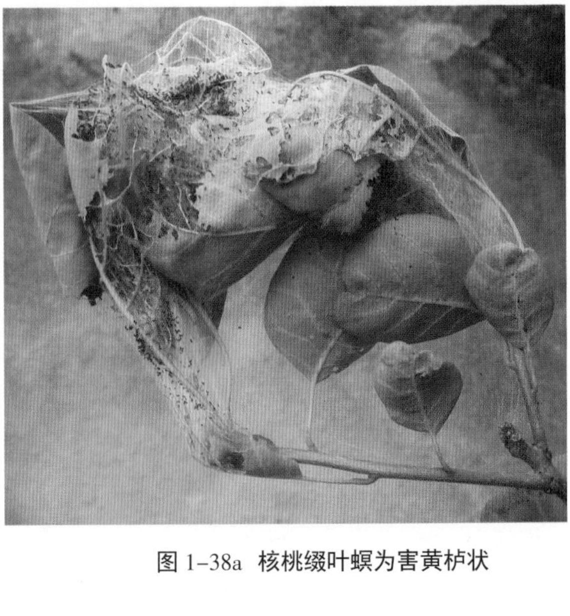

图 1–38a 核桃缀叶螟为害黄栌状

【识别特征】 ①成虫：体长 14~20 mm，翅展 35~50 mm，全体黄褐色。前翅色深，稍带淡红褐色，有明显的黑褐色内横线及曲折的外横线，横线两侧靠近前缘处各有黑褐色斑点 1 个，外缘翅脉间各有黑褐色小斑点 1 个。前翅前缘中部有 1 个黄褐色斑点。后翅灰褐色，越接近外缘颜色越深。②卵：球形，密集排列成鱼鳞状卵块，每块有卵约 200 粒。③幼虫：初龄幼虫色浅，后渐变深，老熟时头黑色，有光泽，前胸背板黑色，前缘有黄白斑点 6 个；背中线杏黄色较宽，亚背线、气门上线黑色，体侧各节生黄白色，腹部腹面黄色，全体疏生短毛（图 1-38e、图 1-38f）。④蛹：长 16 mm 左右，深褐至黑色。⑤茧：深褐色，扁椭圆形，形似牛皮纸。

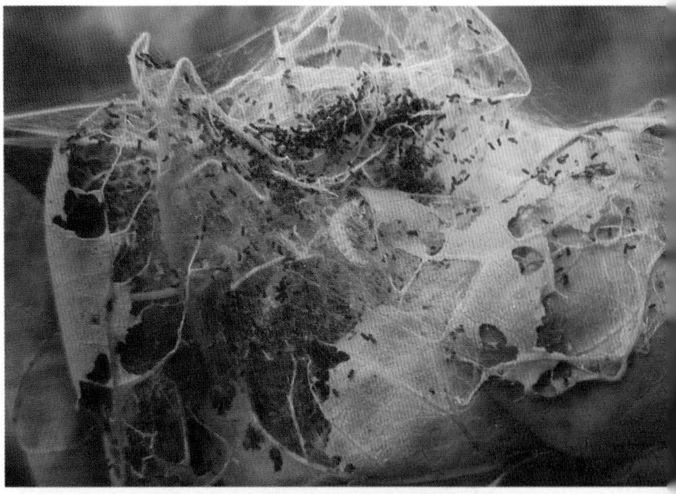

图 1-38b 核桃缀叶螟为害黄栌状

【生活习性】 1 年发生 1 代，以老熟幼虫在根茎部及距树干 1 m 范围内的土中结茧越冬，入土深度 10 cm 左右。翌年 6 月中旬越冬幼虫开始化蛹，化蛹盛期在 6 月底至 7 月中旬，末期在 8 月上旬，蛹期 10~20 天，平均 17 天左右。6 月下旬开始羽化出成虫，7 月中旬为羽化盛期，末期在 8 月上旬。成虫产卵于叶面。7 月上旬孵化幼虫，7 月末至 8 月初为盛期。幼虫在夜间取食、活动、转移，白天静伏在被害卷叶内呈隐蔽状态，很少为害。8~9 月入土越冬。

图 1-38c 核桃缀叶螟为害火炬树状

【螟蛾类的防治措施】

（1）消灭越冬虫源：如秋季清理枯枝落叶及杂草，并集中烧毁。

（2）在幼虫为害期可人工摘虫苞。

（3）发生面积大时，于初龄幼虫期喷洒 24%氰氟虫腙悬浮剂 600~800 倍液、10%溴氰虫酰胺可分散油悬乳剂 1500~2000 倍液、10.5%三氟甲吡醚乳油 3000~4000 倍液、20%甲维·茚虫威悬浮剂 2000 倍液。

（4）开展生物防治：卵期释放赤眼蜂，幼虫期施用白僵菌等。

图 1-38d 核桃缀叶螟为害火炬树状

图 1-38e 核桃缀叶螟低龄幼虫

图 1-38f 核桃缀叶螟高龄幼虫

十、天蛾类

天蛾类属鳞翅目天蛾科，是一类大型的蛾子。前翅狭长，后翅短三角形，身体粗壮，飞翔迅速，成虫身体花纹怪异，触角尖端有 1 个小钩，易与其他蛾类区别。幼虫粗大，身体上有许多颗粒，体侧大多有 1 列斜纹，尾部背面有尾角，俗称"豆虫"。我国天蛾科昆虫种类约 130 种，园林植物上常见的有丁香天蛾、蓝目天蛾、豆天蛾、葡萄天蛾、雀纹天蛾、甘薯天蛾、枣桃六点天蛾、榆绿天蛾等。

图 1-39a 丁香天蛾成虫

39.丁香天蛾

丁香天蛾 *Psilogramma increta* (Walker)，又名泡桐灰天蛾、霜天蛾，属鳞翅目，天蛾科。

【为害状况】 该虫为害梧桐、丁香、女贞、泡桐、白蜡、苦楝、樟、楸等植物，以幼虫取食叶片。

【识别特征】 ①成虫：体长 45~50 mm，体翅灰白至暗灰色。胸部背面有由灰黑色鳞片组成的圆圈。前翅上有黑灰色斑纹，顶角有 1 个半圆形黑色斑纹，中室下方有两条黑色纵纹，后翅灰白色（图 1-39a）。②卵：球形，淡黄色。③幼虫：老熟幼虫体长 75~96 mm，有两种体色：一种是绿色，腹部 1~8 节两侧有 1 条白斜纹，斜纹上缘紫色，尾角绿色（图 1-39b）；另一种也是绿色，上有褐色斑块，尾角褐色，上生短刺。④蛹：长 50~60 mm，红褐色。

【生活习性】1年发生1代，以蛹在土中越冬，翌年6月成虫羽化。8~9月为害最重。10月底幼虫老熟后入土化蛹越冬。成虫白天隐藏，夜间活动，有趋光性。卵多散产于叶背。幼虫孵化后先啃食叶表皮，随后蚕食叶片，咬成大的缺刻和空洞，甚至将全叶吃光。树下有大量的碎叶和深绿色大粒虫粪。

图1-39b 丁香天蛾幼虫

40.蓝目天蛾

蓝目天蛾 *Smerithus planus* Walker，又名柳天蛾，蓝目灰天蛾，属鳞翅目，天蛾科。

【为害状况】该虫为害杨、柳、梅花、桃花、樱花等植物，低龄幼虫食叶成缺刻或孔洞，稍大常将叶片吃光，残留叶柄。

【识别特征】①成虫：体长25~37 mm，翅展66~106 mm，体灰黄色，胸背中央具褐色纵宽带，腹背中央有不明显的褐色中带。触角栉齿状，黄褐色；复眼球形，黑褐色。前翅外缘波状，翅基1/3色浅，穿过褐色内线向臀角突伸1长角，末端有黑纹相接，中室端具新月形带褐边的白斑，外缘顶角至中后部有近三角形大褐斑1个。后翅浅黄褐色，中部具灰蓝或蓝色眼状大斑1个，周围青白色，外围黑色，其上缘粉红至红色（图1-40a）。②卵：椭圆形，长1.7 mm，绿色有光泽。③幼虫：体长60~90 mm，黄绿或绿色，密布黄白色小颗粒，头顶尖，三角形，口

图1-40a 蓝目天蛾成虫

图1-40b 蓝目天蛾幼虫

器褐色。胸部两侧各具由黄白色颗粒构成的纵线 1 条；1~7 腹节两侧具斜线；第 8 腹节背面中部具 1 密布黑色小颗粒的尾角，胸足红褐色（图 1–40b）。④蛹：长 35 mm 左右，黑褐色，臀棘锥状。

【生活习性】 1 年发生 2 代，以蛹在根际土壤中越冬。翌年 5~6 月羽化为成虫，有明显的趋光性。成虫晚间活动，觅偶交尾，交尾后第 2 天晚上即行产卵。卵多散产在叶背枝条上，每雌蛾可产卵 200~400 粒，卵经 7~14 天孵化为幼虫。初孵幼虫先吃去大半卵壳，后爬向较嫩的叶片，将叶子吃成缺刻。到 5 龄后食量大而为害严重，常将叶片吃尽，仅留光枝。老熟幼虫在化蛹前 2~3 天，体背变为暗红色，从树上爬下，钻入土中 55~115 mm 处，做成土室后即脱皮化蛹越冬。

41.葡萄天蛾

葡萄天蛾 *Ampelophaga rubiginosa* Bremer et Grey，又名葡萄轮纹天蛾，属鳞翅目，天蛾科。

【为害状况】 该虫为害葡萄、爬山虎、乌蔹莓、猕猴桃等园林植物。幼龄幼虫取食叶片，造成缺刻和孔洞；3 龄后食量增大，将叶片蚕食一光，只留下叶柄和粗叶脉。

【识别特征】 ①成虫：体长 46 mm 左右，翅展 90 mm 左右。体粗壮，茶褐色，背中线为灰白色。前翅顶角突出，有深茶褐色三角斑 1 个。翅面有数条暗褐色波浪纹，两翅展平后这些线纹各在同一环圈上，形似车轮，故又名车天蛾。后翅黑褐色（图 1–41a）。②幼虫：老熟时体长为 80 mm 左右，体圆筒形，粗壮，青绿或灰褐色。体表有多条横线纹和黄色粒点，体背各节有“八”字形纹，体两侧有 7 条黄白色斜线。尾角锥形，绿或褐色，向下方呈弧形（图 1–41b）。

图 1–41a 葡萄天蛾成虫

图 1–41b 葡萄天蛾幼虫

【生活习性】 1 年发生 2 代，以蛹在表土下 3~7 cm 内越冬。6~7 月发生成虫，成虫白天潜伏，夜间活动，进行交尾、产卵。有趋光性，黄昏常在林中飞舞。卵散产于叶背面和嫩梢上，每雌产卵 400~500 粒。成虫寿命 7~10 天。卵期约 7 天。幼虫白天静伏，静伏时头胸收缩稍扬起，受触动时头左右摆动口吐绿水示威，晚上活动取食，蚕食叶片呈不规则状，严重时仅残留叶柄。幼虫活动迟缓，常吃光1片叶后，再转移至其他枝叶取食。幼虫期40~50天。7月下旬陆续老熟入土化蛹，蛹期一般约10天。8月上旬开始羽化，8月中旬发生第2代幼虫，9月下旬老熟幼虫入土化蛹越冬。

42.雀纹天蛾

雀纹天蛾 *Theretra japonica* (Orza)，葡萄斜纹天蛾、爬山虎天蛾、葡萄叶绿褐天蛾，属鳞翅目，天蛾科。

【为害状况】 该虫为害葡萄、爬山虎、麻叶绣球、刺槐、榆等植物。幼虫食叶成缺刻与孔洞，高龄幼虫食叶后仅残留叶柄。

【识别特征】 ①成虫：体长27~38 mm，翅展59~80 mm，体绿褐色。头、胸两侧及背部中央具灰白色绒毛，背线两侧有橙黄色纵线；腹部侧面橙黄色，背中线及两侧具数条不明显暗褐平行纵纹。前翅黄褐色，后缘中部白色，翅顶至后缘具6~7条暗褐色斜线，上面1条明显，第2~4条色浅；外缘有微紫色带。后翅黑褐色，外缘有不明显的黑色横线（图1-42a、图1-42b）。②卵：近圆形，长径1.1 mm；淡绿色。③幼虫：体长约75 mm，有褐色和绿色两型。褐色型，全体褐色，背线淡褐色，亚背线色深，第1、2腹节亚背线上各有1个较大的眼状纹，第3节亚背线上有1个较大的黄色斑，1~7腹节两侧各具1条暗色斜带，尾角细长弯曲。绿色型，全体绿色，背线明显，亚背线白色，其他斑纹同褐色型（图1-42c）。④蛹：长36~38 mm，茶褐色，第1、2腹节背面及第4腹节以下节间黑色，臀棘较尖，黑褐色。

图1-42a 雀纹天蛾成虫

图1-42b 雀纹天蛾成虫

图1-42c 雀纹天蛾幼虫

【生活习性】 1年发生1代，以蛹越冬。越冬蛹6~7月羽化，成虫昼伏夜出，有趋光性，喜食花蜜，卵散产在叶背。幼虫喜在叶背取食，老熟后在寄主附近6~10 cm深处做土室化蛹。

43.甘薯天蛾

甘薯天蛾 *Agrius convolvuli* (Linnaeus)，又名旋花天蛾，属鳞翅目，天蛾科。

【为害状况】该虫主要为害观赏甘薯、牵牛花等旋花科植物。幼虫食害寄主植物的叶和嫩茎，严重时能把叶吃光，降低观赏价值。

【识别特征】①成虫：灰褐色，体长 43~52 mm，翅展 100~120 mm。前翅褐色，上有许多锯齿状纹和云状斑纹；后翅淡灰色，有 4 条黑褐色斜带。雄蛾触角栉齿状；雌蛾触角棍棒状，末端膨大(图 1–43)。②卵：球形，淡黄绿色，直径约 2 mm。③幼虫：老熟时体长 83~100 mm，体色有绿色和褐色，共 5 龄，头顶圆，第 8 腹节背面有 1 个光滑成弧形的尾角。④蛹：体长约 56 mm，褐色，喙伸出很长并弯曲呈象鼻状。

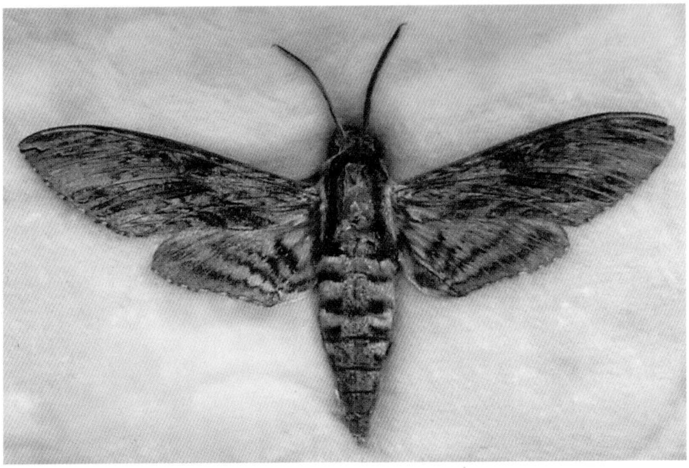
图 1–43 甘薯天蛾成虫

【生活习性】1 年发生 1~2 代，以老熟幼虫在土中 5~10 cm 深处做室化蛹越冬。成虫于 5~10 月上旬出现，有趋光性，卵散产于叶背。幼虫取食叶片和嫩茎，高龄幼虫食量大，严重时可把叶食光，仅留老茎。

44.豆天蛾

豆天蛾 *Clanis bilineata tsingtauica* Mell，又名大豆天蛾，属鳞翅目，天蛾科。

【为害状况】该虫为害女贞、刺槐、泡桐、榆、柳、槐、紫藤等植物。幼虫食叶，严重时将全株叶片吃光。

【识别特征】①成虫：体长 40~45 mm，翅展 100~120 mm。体、翅黄褐色，头及胸部有较细的暗褐色背线，腹部背面各节后缘有棕黑色横纹。前翅狭长，前缘近中央有较大的半圆形褐绿色斑；中室横脉处有 1 个淡白色小点，内横线及中横线不明显，外横线呈褐绿色波纹；近外缘呈扇形，顶角有 1 条暗褐色斜纹，将顶角分为二等分。后翅暗褐色，基部上方有赭色斑(图 1–44)。②卵：椭圆形，2~3 mm，初产黄白色，后转褐色。③幼

图 1–44 豆天蛾成虫

虫:老熟幼虫体长约 90 mm,黄绿色,体表密生黄色小突起。胸足橙褐色。腹部两侧各有 7 条向背后倾斜的黄白色条纹,臀背具尾角 1 个。④蛹:长约 50 mm,宽 18 mm,红褐色。头部口器明显突出,略呈钩状,喙与蛹体紧贴,末端露出。5~7 腹节的气孔前方各有 1 条气孔沟,当腹节活动时可因摩擦而微微发出声响;臀棘呈三角形,具许多粒状突起。

【生活习性】1 年发生 1 代,以老熟幼虫在 9~12 cm 深的土层中越冬。翌春移动至表土层化蛹。1 代发生区,一般在 6 月中旬化蛹,7 月上旬为羽化盛期,7 月中下旬至 8 月上旬为成虫产卵盛期,7 月下旬至 8 月下旬为幼虫发生盛期,9 月上旬幼虫老熟入土越冬。成虫飞翔力很强,但趋光性不强。卵期 6~8 天。幼虫共 5 龄。越冬后的老熟幼虫当表土温度达 24 ℃左右时化蛹,蛹期 10~15 天。幼虫 4 龄前白天多藏于叶背,夜间取食(阴天则全天取食),并常转株为害。

45.枣桃六点天蛾

枣桃六点天蛾 *Marumba gaschkewitschi* (Bremer et Grey),又名桃六点天蛾、枣天蛾、枣豆虫、桃雀蛾,属鳞翅目,天蛾科。

【为害状况】该虫主要寄主为桃、苹果、梨、杏、樱桃、枇杷、海棠、葡萄等植物,以幼虫啃食叶片,发生严重时,常逐枝吃光叶片,甚至全树叶片被食殆尽,严重影响产量和树势。

图 1-45 枣桃六点天蛾成虫

【识别特征】①成虫:体长 36~46 mm,体肥大,深褐色,头细小,复眼紫黑色。前翅狭长,灰褐色,有数条较宽的深浅不同的褐色横带,在后缘臀角处有 1 块紫黑色斑纹。后翅近三角形,枯黄至粉红色,翅脉褐色,臀角处有 2 个紫黑色斑纹(图 1-45)。②卵:扁圆形,绿色透明。③幼虫:老熟幼虫体长 80 mm,黄绿色,头部呈三角形,体上附生黄白色颗粒,第 4 节后每节气门上方有黄色斜条纹,有 1 个尾角。④蛹:长 45 mm,纺锤形,黑褐色,尾端有短刺。

【生活习性】1 年发生 2 代,以蛹在地下 5~10 cm 深处的蛹室中越冬。越冬代成虫于 5 月中旬出现,白天静伏不动,傍晚活动,有趋光性。卵产于树枝阴暗面或树干裂缝内或叶片上,散产。每雌蛾产卵量为 170~500 粒。卵期约 7 天。第 1 代幼虫在 5 月下旬至 6 月为害,6 月下旬幼虫老熟后,入地做穴化蛹,7 月上旬出现第 1 代成虫。7 月下旬至 8 月上旬第 2 代幼虫开始为害,9 月上旬幼虫老熟,入地 4~7 cm 做穴(土茧)化蛹越冬。

46.榆绿天蛾

榆绿天蛾 *Callambulyx tatarinovi* (Bremer et Grey),又名云纹天蛾,属鳞翅目,天蛾科。

【为害状况】 该虫主要以幼虫为害榆、柳、杨、槐、构、桑等植物的叶片。

【识别特征】 ①成虫:体长 30~33 mm,翅展 75~79 mm。翅面粉绿色,有云纹斑;胸背墨绿色。前翅前缘顶角有 1 块较大的三角形深绿色斑,后缘中部有块褐色斑;内横线外侧连成 1 块深绿色斑,外横线呈 2 条弯曲的波状纹;翅的反面近基部后缘淡红色。后翅红色,后缘角有墨绿色斑,外缘淡绿;翅反面黄绿色;腹部背面粉绿色,每腹节有条黄白色线纹。触角上面白色,下面褐色。各足腿节淡绿色,内侧有绿色密毛,跗节赤褐色(图 1-46)。②卵:淡绿色,椭圆形。③幼虫:长 80 mm,鲜绿色,头部有散生小白点,各节横皱,有白点并列。腹部两侧第 1 节起有 7 个白斜纹,斜纹两侧有赤褐色线缘。背线赤褐色,两侧有白线。尾角赤褐色,有白色颗粒。④蛹:长 35 mm,浓褐色。

【生活习性】 1 年发生 1~2 代,以蛹在土壤中越冬。翌年 5 月出现成虫,6~7 月为羽化高峰。成虫日伏夜出,趋光性较强,卵散产在叶片背面。6 月上中旬见卵及幼虫,6~9 月为幼虫为害期。

【天蛾类的防治措施】

(1)结合耕翻土壤,人工挖蛹。根据树下虫粪寻找幼虫进行捕杀。

(2)利用新型高压灯或黑光灯诱杀成虫。

(3)虫口密度大、为害严重时,喷洒 Bt.乳剂 500 倍液、24%氰氟虫腙悬浮剂 600~800 倍液、10%溴氰虫酰胺可分散油悬乳剂 1500~2000 倍液、10.5%三氟甲吡醚乳油 3000~4000 倍液、20%甲维·茚虫威悬浮剂 2000 倍液。

图 1-46 榆绿天蛾成虫

十一、枯叶蛾类

枯叶蛾类属鳞翅目枯叶蛾科，是中大型的蛾子。体躯粗壮，被厚毛，静止时形似枯叶而得名。幼虫大型多毛，有毒，常统称毛虫。在园林植物上发生普遍的有黄褐天幕毛虫、杨枯叶蛾等。

47.黄褐天幕毛虫

黄褐天幕毛虫 *Malacosoma neustria* (Linnaeus)，又名天幕毛虫、顶针虫，属鳞翅目，枯叶蛾科。

【为害状况】 该虫为害杨、梅、桃、李、杨、柳、榆、栎、苹果、梨、樱桃等多种阔叶树木。该虫食性杂，以幼虫食叶，严重时能将叶片全部吃光。

【识别特征】 ①成虫：体长 17~24 mm。雄蛾体、翅褐色。前翅中央有 1 条深红褐色宽带。翅的外缘褐色和白色相间。雌蛾前翅中部也具 1 条浅褐色宽带，宽带外侧有 1 条黄褐色镶边（图 1-47a）。②卵：椭圆形，灰白色，卵块顶针状（图 1-47b）。③幼虫：老熟幼虫体长 55 mm，头部蓝灰色，体部背面橙黄色、黄色，中央有 1 白色纵线，体侧有鲜艳的蓝灰色、黄色或黑色带。

【生活习性】 1 年发生 1 代，以卵在小枝条上越冬。翌春孵化，初孵幼虫吐丝作巢，群居生活。稍大以后，于枝杈间结成大的丝网群居。白天潜伏，晚上外出取食。老龄幼虫分散取食。6 月末 7 月初幼虫老熟并在叶间作茧化蛹。7 月中下旬羽化成虫。卵产于细枝上，呈“顶针状”。成虫有趋光性。

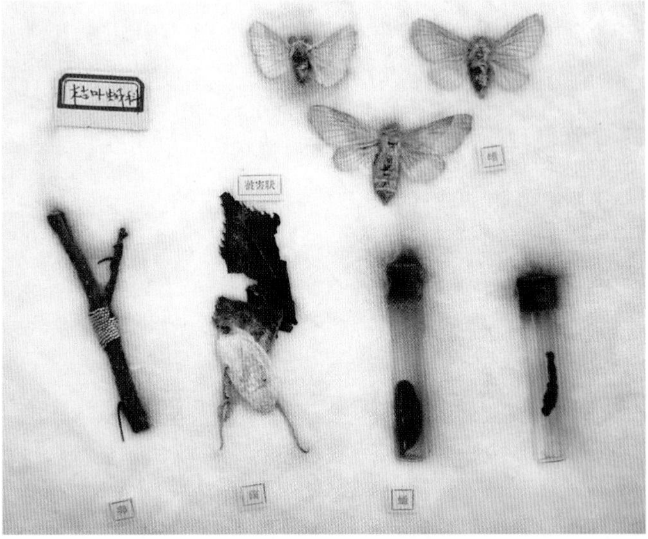

图 1-47a　黄褐天幕毛虫卵、幼虫、蛹、成虫与茧

图 1-47b　黄褐天幕毛虫卵与茧

48.杨枯叶蛾

杨枯叶蛾 *Gastropacha populifolia* Esper，又名柳星枯叶蛾、白杨毛虫、杨柳枯叶蛾、白杨枯叶蛾，属鳞翅目，枯叶蛾科。

【为害状况】该虫主要为害桃、樱花、李、梅、杨、柳等植物。以幼虫取食叶片，将树叶咬成缺刻与孔洞，严重时将叶片吃光，仅剩叶柄与主脉；在大发生年份，常将整个树枝的叶片吃光，导致树势衰弱甚至枯死。

【识别特征】①成虫：体翅黄褐色，雌蛾翅展 56~76 mm，雄蛾翅展 40~60 mm。前翅狭长，缘呈波状弧形，有 5 条黑色断续波状纹，后翅有 3 条明显波状纹，前后翅散布稀疏黑色鳞片（图 1–48）。②卵：椭圆形，灰白色，卵块上覆盖灰黄色绒毛。③幼虫：体长 80~85 mm，头棕褐色，体灰褐色，中、后胸背面有蓝色斑各 1 块，斑后有灰黄色横带。腹部第 8 节有 1 个瘤突，体侧各节有大小不同的褐色毛瘤 1 对。

图 1–48 杨枯叶蛾成虫

【生活习性】1 年发生 2 代，以幼虫紧贴在树皮凹陷处越冬。当日平均气温大于 5 ℃以上时，开始取食。4 月中下旬化蛹，5 月下旬至 6 月上中旬第 1 代幼虫为害，初孵幼虫群集取食，3 龄后分散，数量多时，可将叶片吃光。幼虫老熟以后，吐丝缀叶或在树干上结茧化蛹。每头雌虫可产卵 200~300 粒。

【枯叶蛾类的防治措施】

（1）消灭越冬虫体，可结合修剪、肥水管理等消灭越冬虫源。

（2）物理机械防治：人工摘除卵块或孵化后尚群集的初龄幼虫及蛹茧；灯光诱杀成虫；于幼虫越冬前，树干基部绑草绳诱杀。

（3）化学防治：发生严重时，可喷洒 24%氰氟虫腙悬浮剂 600~800 倍液、10%溴氰虫酰胺可分散油悬乳剂 1500~2000 倍液、10.5%三氟甲吡醚乳油 3000~4000 倍液、20%甲维·茚虫威悬浮剂 2000 倍液防治。

（4）生物防治：利用松毛虫卵寄生蜂；用白僵菌、青虫菌、松毛虫杆菌等微生物制剂使幼虫致病死亡。

十二、大蚕蛾类

大蚕蛾属鳞翅目大蚕蛾科，是昆虫中个体最大的种类之一，色彩鲜艳，被誉为“凤凰蛾”。翅面上有透明的眼斑，喙不发达。幼虫能吐丝作茧，体形较大，体表有枝刺，无毒。该类昆虫我国有记载的有 28 种，为害园林植物的主要有以下两种，即樗蚕与燕尾水青蛾。

49.樗蚕

樗蚕 *Samia cynthia* (Drurvy)，又名臭椿蚕、柏蚕、小乌桕蚕、乌桕樗蚕蛾，属鳞翅目，大蚕蛾科。

【为害状况】 该虫为害木槿、樱桃、白玉兰、紫玉兰、卫矛、银杏、泡桐、悬铃木、臭椿、乌桕、梧桐、梨、桃、槐、柳、石榴、马褂木、花椒、蓖麻等植物。幼虫食叶和嫩芽，轻者食叶成缺刻或孔洞，严重时把叶片吃光。

图 1-49a 樗蚕成虫

图 1-49b 樗蚕幼虫

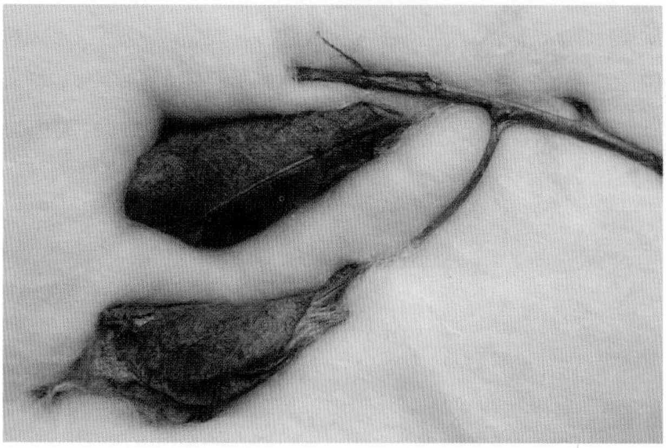

图 1-49c 樗蚕茧

【识别特征】 ①成虫：大型蛾子，体长 30 mm 左右，翅展 127~130 mm。翅黄褐色，上有粉红色斑纹，翅顶宽圆突出，有 1 个黑色圆斑，上方成白色弧状；体青褐色，腹部背线、侧线和腹部末端均为灰白色(图 1-49a)。②卵：扁椭圆形，长 1.5 mm 左右，灰白色。③幼虫：老熟幼虫体长 75 mm 左右，头部黄色，体黄绿色，并附有白粉，各节均具有 6 个对称的刺状突起，突起之间有黑褐色斑点(图 1-49b)。④蛹：长约 30 mm，深褐色，外被有坚韧的丝茧，分两层，外层较松薄，里层较坚厚硬实。⑤茧：呈口袋状或橄榄形，长约 50 mm，上端开口，两头小中间粗，用丝缀叶而成，土黄色或灰白色。茧柄长 40~130 mm，常以 1 片寄主的叶包着半边茧(图 1-49c)。

【生活习性】1年发生2代，以蛹越冬。成虫有趋光性，并有远距离飞行能力，飞行距离可达3000 m以上。羽化出的成虫当即进行交配。成虫寿命5~10天。卵产在寄主的叶背和叶面上，聚集成堆或成块状，每雌产卵300粒左右，卵历期10~15天。初孵幼虫有群集习性，3~4龄后逐渐分散为害。在枝叶上由下而上，昼夜取食，并可迁移。第1代幼虫在5月份为害，幼虫历期30天左右。幼虫蜕皮后常将所蜕之皮食尽或仅留少许。幼虫老熟后即在树上缀叶结茧，树上无叶时，则下树在地被物上结褐色粗茧化蛹。第2代茧期约50天，7月底8月初是第1代成虫羽化产卵时间。9~11月为第2代幼虫为害期，以后陆续作茧化蛹越冬，第2代越冬茧长达5~6个月，蛹藏于厚茧中。越冬代常在石榴等枝条密集的灌木丛的细枝上结茧，严重时，一株石榴树上常能采到30~40个越冬茧。

50.燕尾水青蛾

燕尾水青蛾 *Actias ningpoana* C. Felder et R. Felder，又名水青蛾、大水青蛾、燕尾蛾、绿尾大蚕蛾、长尾蛾、长尾月蛾、长尾目蚕、绿翅天蚕蛾、柳蚕，属鳞翅目，大蚕蛾科。

【为害状况】该虫为害杜仲、苹果、梨、沙果、杏、樱桃、葡萄、月季、桃等植物。幼虫食叶，低龄时将叶片咬成缺刻或孔洞，稍大时能将全叶吃光，仅残留叶柄或粗脉。

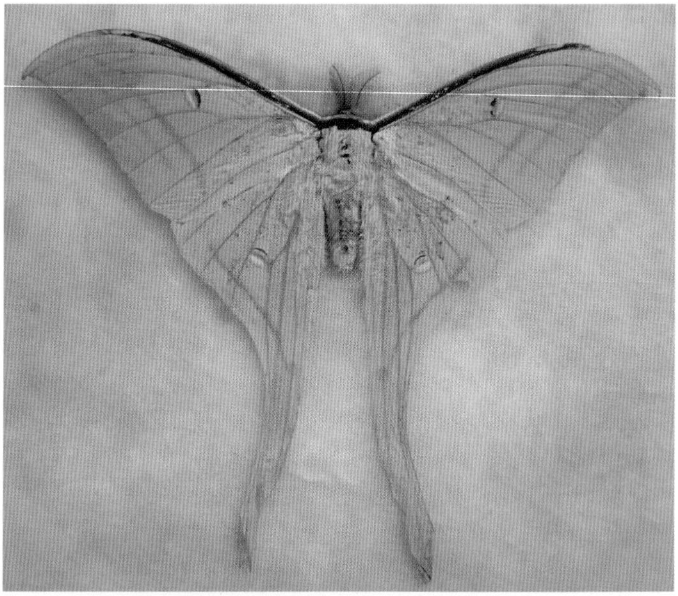

图1–50a 燕尾水青蛾成虫

图1–50b 燕尾水青蛾幼虫

【识别特征】①成虫：体长35~40 mm，翅展120 mm左右，体豆绿色，密布白色鳞毛。翅粉绿色，前翅前缘紫褐色，前后翅中央各有1个椭圆形的眼斑，外侧有1条黄褐色波纹，后翅尾状，特长，40 mm左右（图1–50a）。②卵：近球形，稍扁，直径约2 mm，初产绿色，后变褐色。

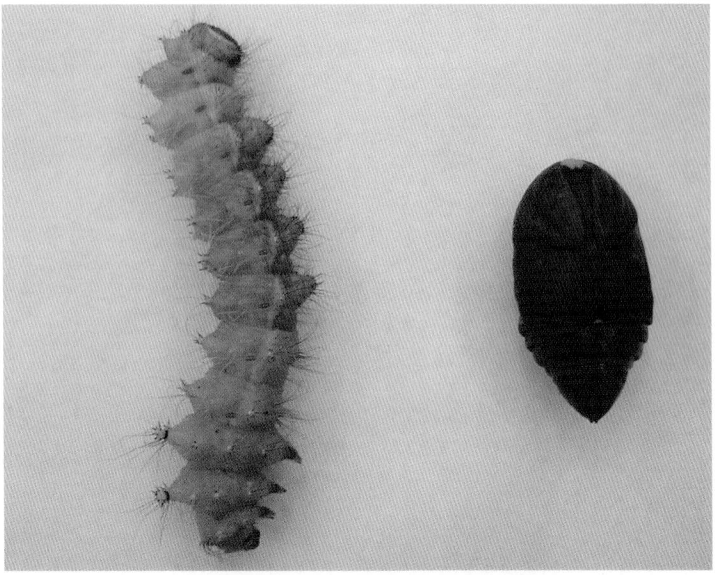

图 1–50c 燕尾水青蛾幼虫与蛹

③幼虫：体长 80~100 mm，体黄绿色，粗壮。体节近 6 角形，着生肉突状毛瘤，前胸 5 个，中、后胸各 8 个，腹部每节 6 个，毛瘤上具白色刚毛和褐色短刺；中、后胸及第 8 腹节背上毛瘤大，顶黄基黑，其他处毛瘤端蓝色基部棕黑色。第 1~8 腹节气门线上边赤褐色，下边黄色。体腹面黑色，臀板中央及臀足后缘具紫褐色斑。胸足褐色，腹足棕褐色，上部具黑横带（图 1–50b）。④蛹：长约 40 mm，紫褐色，外包有黄褐色茧（图 1–50c、图 1–50d）。

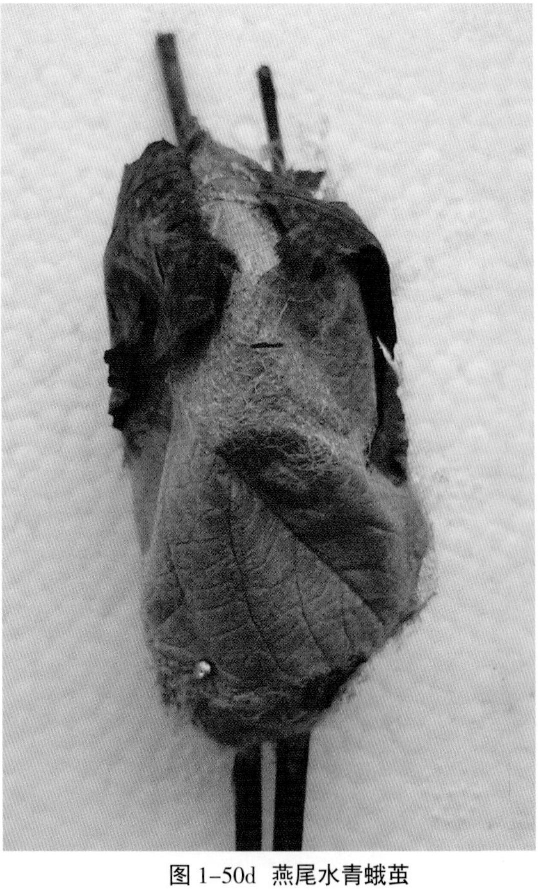

图 1–50d 燕尾水青蛾茧

【生活习性】1 年发生 2 代，以蛹越冬。翌年 4 月下旬至 5 月上旬成虫羽化，有趋光性。卵散产于叶片上。每雌蛾产卵 200~300 粒。第 1 代幼虫 5 月中旬至 7 月为害，6 月底至 7 月老熟幼虫结茧化蛹并羽化第 1 代成虫。7~9 月为第 2 代幼虫为害期，9 月底幼虫开始老熟，并爬至树枝或枯草层内结茧化蛹越冬。初龄幼虫群集为害，3 龄后分散取食，幼虫蚕食叶片，仅剩叶柄。

【大蚕蛾类的防治措施】

（1）人工捕杀幼虫或摘除虫茧。

（2）灯光诱杀成虫。

（3）化学防治：发生严重时，喷洒 Bt. 乳剂 500 倍液、24% 氰氟虫腙悬浮剂 600~800 倍液、10% 溴氰虫酰胺可分散油悬乳剂 1500~2000 倍液、10.5% 三氟甲吡醚乳油 3000~4000 倍液、20% 甲维·茚虫威悬浮剂 2000 倍液喷雾防治。

（4）保护利用天敌，如姬蜂、茧蜂等。

图 1–51a　杨柳小卷蛾为害状

图 1–51b　杨柳小卷蛾幼虫

十三、卷叶蛾类

卷叶蛾指鳞翅目卷蛾科的部分蛾类昆虫，幼虫常将叶片连缀在一起为害，影响花木生长，降低观赏价值。常见的种类有杨柳小卷蛾、黄斑长翅卷叶蛾、褐带卷叶蛾等。

51.杨柳小卷蛾

杨柳小卷蛾 *Gypsonoma minutana* (Hübner)，属鳞翅目，卷蛾科。

【为害状况】 该虫为害杨、柳。以幼虫食害叶片，常吐丝将 1~2 片树叶连缀卷曲在一起（图 1–51a），幼虫活泼。

【识别特征】 ①成虫：体长约 5 mm，翅展 13 mm 左右；前翅狭长，斑纹淡褐色或深褐色，基斑中夹杂有少许白色条纹，基斑与中带间有 1 条白色条纹，前缘有明显的钩状纹；后翅灰褐色。②卵：圆球形。③幼虫：末龄体长约 6 mm，体较粗壮，灰白色，头淡褐色，前胸背板褐色，两侧下缘各有 2 个黑点，体节毛片淡褐色，上生白色细毛（图 1–51b）。④蛹：长约 6 mm，褐色。

【生活习性】 1 年发生 3~4 代，以低龄幼虫越冬。翌年 4 月树木发芽后幼虫开始继续为害，4 月下旬先后老熟化蛹、羽化，5 月中旬为羽化盛期，5 月底为末期。第 2 次成虫盛发期在 6 月上旬，该代成虫发生数量多，幼虫为害最重。以后世代重叠，各虫期参差不齐，直到 9 月仍有成虫出现。幼虫为害至 10 月底，在树皮缝隙处结灰白色薄茧越冬。成虫产卵于叶面。幼虫孵化后吐丝将 1~2 片叶黏结在一起，啃食表皮，呈网状；大龄幼虫吐丝将几片叶连缀一起，并卷曲形成一小撮叶。老熟幼虫在叶片黏结处吐丝结白色丝茧化蛹。

52.黄斑长翅卷蛾

黄斑长翅卷蛾 *Acleris fimbriana* (Thunberg),又名黄斑卷叶蛾,属鳞翅目,卷蛾科。

【为害状况】该虫为害苹果、海棠类、桃、紫叶李、杏等植物。低龄幼虫取食花芽和叶片,被害花芽出现缺刻或孔洞。大龄幼虫卷叶为害,将整个叶簇卷成团或将叶片沿叶脉纵卷(图 1–52),被害叶出现缺刻或仅剩主脉。

【识别特征】①成虫:体长 7~9 mm,翅展 17~20 mm。成虫有冬型和夏型之分。冬型成虫灰褐色,复眼黑色,雌蛾比雄蛾颜色稍深。夏型成虫前翅金黄色,其上散生银白色鳞片,后翅灰白色。复眼红色。冬型和夏型成虫的触角均为丝状,与体同色。②卵:椭圆形,扁平。初产时淡黄色,半透明,逐渐变成暗红色。③幼虫:低龄幼虫的头和前胸背板漆黑色,体黄绿色。老熟幼虫头和前胸背板黄褐色,体黄绿色。体长约 22 mm。臀棘 5~7 根。

【生活习性】1 年发生 3~4 代,以冬型成虫在树下的落叶、杂草、阳坡的砖石缝隙中越冬。越冬代成虫抗寒力较强。翌春花木萌芽期,成虫开始出蛰活动并产卵。成虫多在白天活动,晴朗温暖的天气尤为活跃。越冬代成虫产卵于枝条上,少数产卵于芽的两侧或芽基部。第 1 代幼虫发生在 4 月中旬,幼虫先为害花芽,再为害叶簇和叶片。6 月上旬出现成虫。成虫产卵于叶片上,老叶着卵量比新叶多,以叶背较多。卵散产。第 2 代幼虫发生在 6 月中下旬,8 月上旬出现成虫。第 3 代幼虫期在 8 月中旬,9 月上旬是成虫发生期。第 4 代幼虫期在 9 月中旬,10 月中旬出现越冬型成虫。除第1 代卵期约 20 天外,其他各代卵期均为 4~5 天。幼虫不活泼,行动较迟缓,主要为害叶片,并有转叶为害的习性。老熟幼虫大部分转移到新叶,内卷叶作茧化蛹。

图 1–52 黄斑长翅卷叶蛾为害状

53.褐带卷叶蛾

褐带卷叶蛾 *Pandemis heparana* (Denis & Schifferm ller),又名苹褐卷蛾、褐卷蛾、鸢色卷叶蛾、柳弯角卷叶蛾,属鳞翅目,卷蛾科。

【为害状况】 该虫为害金叶女贞、大叶黄杨、秋葵、碧桃、紫叶素、三叶草等园林植物。以幼虫食害幼嫩的芽、叶、花蕾,常吐丝连缀2~3片叶片或纵卷1叶,潜藏在卷叶内为害,受害严重时不能展叶,严重的使整个叶片残缺不全,影响观赏价值(图1-53a、图1-53b)。

图1-53a 褐带卷叶蛾为害金叶女贞状

【识别特征】 ①成虫:体长8~11 mm,翅展16~25 mm。体及前翅褐色,雌成虫前翅前缘稍呈弧形拱起,外缘较直,顶角不突出,翅面具网状细纹。基斑、中带和端纹均为深褐色。中带下半部增宽,其内侧中部呈角状突起,外侧略弯曲。后翅灰褐色。下唇须前伸。腹面光滑,第2节最长。雄成虫前翅前缘呈弧形拱起更明显,中带深褐色前窄后宽,其内缘中部凸出,外缘略弯曲,基斑褐色(图1-53c)。②卵:扁圆形,长约0.9 mm,初为淡黄绿色,近孵化时变为褐色。卵块一般由数十粒排成鱼鳞状,表面有胶状覆盖物。③幼虫:体长19~22 mm。体绿色,头近方形,头及前胸背板淡绿色,大多数个体前胸背板后缘两侧各有1个黑斑,毛片淡褐色。腹部末端具臀节。头部单眼区黑色,单眼6枚(图1-53d)。④蛹:长9~11 mm。头、胸背面深褐色,腹面稍带绿色。腹部第2节背面有2排横列刺突。腹部第3~7节背面亦有2列刺突。第1列大而稀,靠近节间;第2节小而密。蛹的顶端不太突出,末端细,平扁而齐,具有8枚弯曲而强壮的臀棘,两侧各2枚,末端4枚。

图1-53b 褐带卷叶蛾为害金叶女贞状

【生活习性】1年发生2~3代，以低龄幼虫在树干粗皮缝、剪锯口裂缝、死皮缝隙和疤痕等处作白色薄茧越冬。树木开始萌芽时，越冬幼虫出蛰，取食幼嫩的芽、叶和花蕾，受害叶表面被咬成箩底状，仅剩叶脉。5月中下旬至6月上旬幼虫卷叶为害。6月中旬老熟幼虫在卷叶内开始化蛹，蛹期为8~10天。6月下旬至7月上旬羽化为成虫。成虫有趋化性和弱趋光性，白天隐藏在叶背或草丛灌木中，夜间交尾产卵。卵期7~8天，多产在叶面上，每雌虫可产卵100~140粒。第2代幼虫在7月中旬开始发生，取食叶肉，为害时间较短，8月上中旬羽化为成虫。第3代幼虫9月下旬孵化，于10月上中旬寻找越冬场所。初孵幼虫群集在叶片上，幼虫长大后分散活动，如遇惊动即吐丝下落或迅速逃逸，触动后有倒退或弹跳习性。成虫对糖醋具有趋性。

图1-53c 褐带卷叶蛾成虫

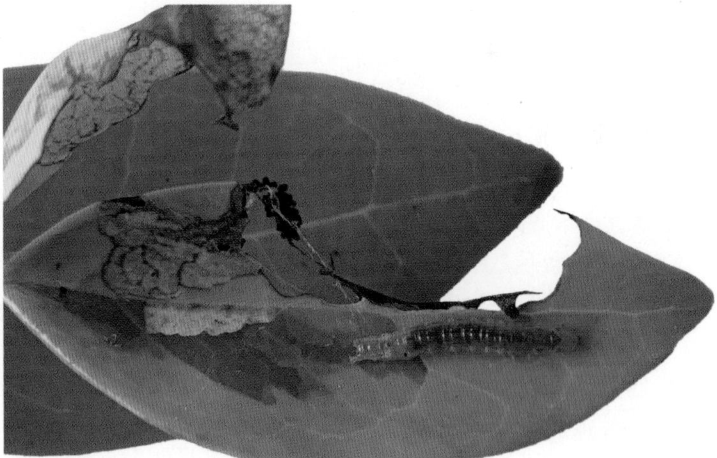

图1-53d 褐带卷叶蛾幼虫

【卷叶蛾类的防治措施】

(1)人工防治：结合树木冬剪，同时清除杂草、枯枝、落叶等隐蔽物，消灭在此越冬的成虫。在苗圃，实行人工捕杀幼虫。

(2)灯光诱杀：成虫发生期，采用黑光灯消灭成虫。

(3)生物防治：利用白僵菌、青虫菌、松毛虫杆菌等微生物制剂使幼虫致病死亡。

(4)化学防治：发生严重时，喷洒24%氰氟虫腙悬浮剂600~800倍液、10%溴氰虫酰胺可分散油悬乳剂1500~2000倍液、10.5%三氟甲吡醚乳油3000~4000倍液、20%甲维·茚虫威悬浮剂2000倍液防治。

十四、其他蛾类

其他蛾类包括部分潜叶或结网为害的蛾类昆虫，影响花木生长，降低观赏价值。常见的种类有大叶黄杨巢蛾、含羞草雕蛾、桃潜叶蛾、杨银叶潜蛾、柳细蛾等。

54.大叶黄杨巢蛾

大叶黄杨巢蛾 *Yponomeuta griseatus* Moriuti，又名冬青卫矛巢蛾，属鳞翅目，巢蛾科。

【为害状况】该虫主要为害扶芳藤、大叶黄杨（包括金心、金边、银边黄杨等变种）。初孵幼虫蛀入叶肉为害，可见弯曲的白色虫道，后钻出叶面，在枝叶上吐丝结网，群集为害。幼虫蚕食叶片，可将叶片吃光，嫩茎亦被啃食，植株表面覆盖大量白色丝网，上挂虫粪与虫皮（图 1-54a、图 1-54b）；严重时植株枯萎，大大降低绿化观赏的效果。

图 1-54a 大叶黄杨巢蛾为害状——“结网”

【识别特征】①成虫：体长 9 mm，翅展 20 mm。全体灰白色，复眼黑色，触角丝状。胸部背面有 5 个小黑点，4 个在中间排成方形，另 1 个点在其后端。前翅有黑点 30 多个，纵向排列成数行，外缘呈深褐色边缘，有较长缘毛，后翅也具缘毛。②卵：椭圆形，扁平，淡黄色，卵壳表面有皱纹。③幼虫：老熟幼虫体长 15~20 mm，体部末端两侧呈黄色，其余部分均为青黑色，前胸背面黑色，中线米黄色，体部每节两侧各有 1 块黑斑，有的还附有 2~3 个黑点。胸足黑褐色，腹足乳白色，臀足黑色（图 1-54c）。④蛹：长 9 mm，纺锤形，淡黄褐色，外包白色扁椭圆形丝质的茧（图1-54d、图 1-54e）。

图 1-54b 大叶黄杨巢蛾为害状

【生活习性】1 年发生 4 代，以蛹越冬。翌年 4 月上中旬羽化为成虫并产卵。幼虫为害期为第 1

代5月初至6月中旬，第2代6月下旬至7月中下旬，第3代8月上旬至9月中旬，第4代9月下旬至11月中下旬。第4代老熟幼虫在寄主上丝网内的枝丛、卷叶、折叶上结茧化蛹越冬。成虫产卵于叶背主脉附近，成块状排列，不整齐。幼虫孵化后直接潜入叶内剥食叶肉，2龄后开始钻出叶面，在枝叶上开始吐丝结网，虫体活泼，群集为害；3龄后食量大增，4龄进入暴食期，可将叶片吃光，全株枯萎。第4代4龄幼虫因气温逐渐下降，结茧前食量减少，虫体缩短。4龄后期在避风处结茧化蛹。

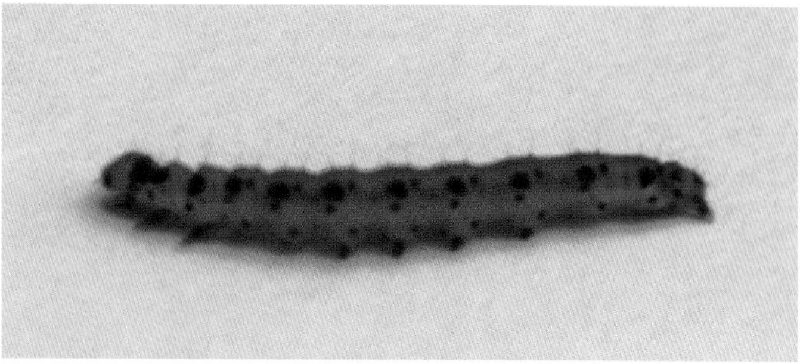

图1-54c 大叶黄杨巢蛾幼虫

图1-54d 大叶黄杨巢蛾蛹

图1-54e 大叶黄杨巢蛾新结的茧

55.含羞草雕蛾

含羞草雕蛾 *Homadaula anisocentra* Meyrick，属鳞翅目，雕蛾科。

【为害状况】该虫主要为害合欢、皂荚。幼虫孵化后先啃食叶片造成灰白色网斑，稍大后吐丝，将小枝与叶片连缀在一起做成巢，严重时大量叶片连接、黄枯（图1-55a、图1-55b），并提早脱落。

【识别特征】①成虫：体长6 mm，翅展15 mm。前翅外缘毛细长，后翅赤灰色，外线及后缘毛更长，前翅灰色并密布黑色斑点。触角丝状。单眼大而明显。下唇须向上弯曲，常超过头顶。②卵：椭圆形，长径约0.5 mm，短径约0.2 mm。③幼虫：老熟时体长13 mm。初孵时为乳白色，老熟时变黑褐色，体侧有

2条白色横带从胸部第1节到臀部。④蛹：赤褐色，长8 mm，头及腹部末端均较圆钝而光滑，腹部体节上有毛数根。

【生活习性】1年发生2代，以蛹在树皮缝里、树洞里、附近建筑物上特别是墙檐下过冬。翌年6月中下旬（合欢盛花期）成虫羽化，交尾后产卵在叶片上，每片叶产卵数粒到20~30粒。7月中旬幼虫孵化，先啃食叶片，叶片上出现灰白色网状斑，稍长大后吐丝把小枝条和叶连缀在一起，群体藏在巢内咬食叶片为害。7月下旬开始在巢内化蛹。8月上旬第1代成虫羽化。8月中旬第2代幼虫孵化为害，此时容易出现灾害，树冠出现枯干现象。9月底幼虫开始结茧化蛹越冬。

图1–55a 含羞草雕蛾为害状

图1–55b 含羞草雕蛾为害状

56.桃潜叶蛾

桃潜叶蛾 *Lyonetia clerkella* (Linnaeus)，又名桃线潜叶蛾、桃叶线潜叶蛾、桃叶潜蛾，属鳞翅目，潜叶蛾科。

【为害状况】该虫主要为害桃，也为害杏、李、樱桃、苹果、梨等植物。以幼虫潜入叶内蛀食叶肉，串成线状弯曲潜道（图1–56），造成叶片脱落，影响树体正常生长与观赏。

【识别特征】①成虫：体长3~4 mm，翅展约8 mm，体及前翅银白色；前翅狭长，先端尖，附生3条黄白色斜纹，翅先端有黑色斑纹；前后翅均具灰色长缘毛。②卵：圆形，乳白色。③幼虫：体长约6 mm，淡翠绿色，胸足黑褐色。④蛹：半裸式，触角、胸足游离，外被白色丝茧；茧两端有粘于叶片的细长丝2根。

图 1-56 桃潜叶蛾为害状

【生活习性】1 年发生约 7 代，以蛹在被害叶片上结茧越冬。翌年 4 月桃树展叶后，越冬代成虫羽化。成虫夜间活动，卵多产于叶片背面。幼虫孵化后即潜入叶内蛀食为害，潜食蛀道呈线状并弯曲。幼龄幼虫蛀道较细，后随幼虫长大蛀道加宽。5 月份为第 1 代幼虫为害期，幼虫老熟后，多自蛀道端部的叶背咬孔爬出，于叶背吐丝结 1 白色薄茧化蛹。第 1 代成虫一般发生于 6 月中旬前后，7 月上中旬出现第 2 代成虫，以后每 20~25 天发生 1 代，但世代重叠现象严重。最后 1 代成虫发生于 10 月下旬至 11 月上旬。

57.杨银叶潜蛾

杨银叶潜蛾 *Phyllocnistis saligna* Zeller，属鳞翅目，潜叶蛾科。

【为害状况】该虫主要为害杨树苗木及幼树。初孵幼虫潜入叶片食害叶肉，被害叶片留有弯曲的虫道（图 1-57），影响叶片的光合作用，发生严重时，整个叶片仅留叶皮及叶脉。

【识别特征】①成虫：体纤细，体长 3.5 mm，翅展 6~8 mm。全体银白色，头顶平滑。复眼黑色，椭圆形。前翅中央有 2 条褐色纵纹，其间呈金黄色。上面纵纹的外方有 1 条源于前缘的短纹；下方纵纹的末端有 1 条向前弯曲的褐色弧形纹。前线角的内方有 2 条斜纹，在外侧缘斜纹的下方有 1 个三角形的黑色斑纹，斑纹的下侧尚有 1 条向后缘弯曲的斜纹，其内方呈现金黄色，并由此向外发出放射状的缘毛。②卵：灰白色，扁椭圆形，长 0.3 mm，宽 0.2 mm。③幼虫：浅黄色，体表光滑，足退化，头及胸部扁平，体节明显，以中胸及腹部第 3 节最大，向后渐次缩小。头部窄小，口器向前方突出，褐色。④蛹：细小，长 3.5 mm 左右，淡褐色。头顶有 1 个向后方弯曲的褐色钩，其侧方各有 1 个突起。腹部末端

图 1-57 杨银潜叶蛾为害状

两侧有 1 对突起，各腹节侧方有长毛 1 根。

【生活习性】1 年发生 4~5 代，以成虫在地表缝隙及枯枝落叶层中越冬，或以蛹在被害叶上越冬。越冬成虫春天气稍微转暖时便开始活动，白天栖息于距地面 20 cm 高处的叶片背面或枯枝落叶层中，傍晚进行交尾、产卵。卵散产，每个叶片上产卵 1~3 粒，多为 1 粒。幼虫孵出后突破卵壳，潜入叶表皮下取食。幼虫靠体节的伸缩而移动，蛀食后留有弯曲的虫道；老熟幼虫在虫道末端吐丝将叶向内折 1 mm 左右，做成近椭圆形的蛹室，在其中化蛹。

58.柳细蛾

柳细蛾 *Lithocolletis pastorella* Zeller，属鳞翅目，细蛾科。

【为害状况】该虫为害柳树。以幼虫潜入寄主叶片取食为害，被害处呈现近圆形稍突起的褪绿色网状斑，严重时仅留上下表皮及叶脉，肉眼可见网状虫斑内的幼虫、蛹及虫粪（图 1–58a、图 1–58b）。

【识别特征】①成虫：体长约 3 mm，翅展约 9 mm，体银白色，有黄铜色花纹。触角细长，常近体长。前翅狭长，端部较尖，翅基 1/2 翅处银白色，近中室处有 1 个圆形小铜斑，端部 1/2 有 3 条铜色波状横带；在此横带外侧有黑褐色饰边，前 2 条横带向基部弯曲，后 2 条与前缘几乎垂直；翅外线中部有长形黑斑。后翅特别狭长，灰褐色，缘毛特别长，色淡。②卵：扁圆形，乳白色，有网状花纹，卵四周有扁边，如帽缘状。③幼虫：老熟幼虫体长约 4 mm，淡黄色，腹部各节背后有 1 个近三角形黑斑。初龄幼虫白色，无足；胸部特别发达，长度几乎占全体之半；头扁，三角形，褐色；上颚向前突出，如 2 个圆盘锯状。在各龄幼虫脱皮初期，虫体色淡，以后颜色逐渐加深。幼虫体上有稀疏细长毛。④蛹：长约 4 mm，黄褐色，前端尖。

图 1–58a 柳细蛾为害状——正面观

图 1–58b 柳细蛾为害状——背面观

【生活习性】1 年发生 3 代，以成虫在老树皮下、建筑物缝隙、土缝中越冬。翌年 4 月柳树展叶初期成虫开始产卵，产卵于叶背。4 月下旬幼虫孵化,从卵壳底部潜入叶内,被害处呈近圆形稍突起的褪绿色网状斑,能够见到叶内的黑色虫粪,约经 1 个月在潜斑内化蛹,6 月上旬出现成虫。6 月中下旬至 7 月末为第 2 代幼虫为害期,8 月至 9 月中旬为第 3 代幼虫为害期,10 月开始越冬。

【其他蛾类的防治措施】

(1)消灭越冬虫体:可结合清除枯枝落叶、修剪等园林管理措施消灭越冬虫源。

(2)物理机械防治:人工摘除卵块或孵化后尚群集的初龄幼虫及蛹茧;灯光诱杀成虫;于幼虫越冬前,干基绑草绳诱杀。

(3)化学防治:发生严重时,喷洒 24%氰氟虫腙悬浮剂 600~800 倍液、10%溴氰虫酰胺可分散油悬乳剂 1500~2000 倍液、10.5%三氟甲吡醚乳油 3000~4000 倍液、20%甲维·茚虫威悬浮剂 2000 倍液防治。

(4)生物防治:利用白僵菌、青虫菌、松毛虫杆菌等微生物制剂使幼虫致病死亡。

十五、蝶类

蝶类属鳞翅目,球角亚目。园林植物上常见的有柑橘凤蝶、菜粉蝶、柳紫闪蛱蝶、黄钩蛱蝶等。该类昆虫的成虫大都具有较高的观赏价值。近年来,有些种类已演变为饲养对象,可以加工成为价值不菲的艺术品。现把常见的种类简述如下。

59.柑橘凤蝶

柑橘凤蝶 *Papilio xuthus* Linnaeus,又名花椒凤蝶、黄凤蝶、橘黑黄凤蝶,橘凤蝶、黄菠萝凤蝶等,属鳞翅目,凤蝶科。

【为害状况】 该虫为害柑橘、金橘、柠檬、佛手、花椒、黄波罗等植物。以幼虫取食幼芽及叶片,是园林中常见的蝶类。

【识别特征】 ①成虫:体长 22~32 mm,体黄色,背面中央有黑色纵带。翅面上有黄黑相间的斑纹,亚外缘有 8 个黄色新月形斑。后翅外缘波状,后角有 1 尾状突起(图 1–59a)。②卵:圆球形,长 1 mm,初时黄白色,近孵化时黑灰色。③幼虫:幼龄时颜色较深,老熟幼虫体长 40~51 mm,绿色,后胸有眼状纹及弯曲成马蹄形的细线纹。腹部第 1 节后缘有 1 条大形黑带,第 4~6 腹节两侧具黑色斜带,头部臭丫腺为黄色(图 1–59b、图 1–59c)。④蛹:长 29~32 mm,纺锤形,头部分二叉,胸部稍突起(图 1–59d)。

【生活习性】 1 年 2~3 代,以蛹悬于枝条上越冬。翌年 4 月出现成虫,第1 代幼虫在 5 月上中旬,第 2 代幼虫

图 1–59a 柑橘凤蝶成虫

在7月中旬至8月中旬,第3代幼虫在9月上旬至10月，有世代重叠现象。成虫白天活动,卵单个产于嫩叶及枝梢上。初孵幼虫茶褐色,似鸟粪。幼虫老熟后吐丝缠绕于枝条上化蛹。成虫春、夏二型颜色有差异。

图 1-59b 柑橘凤蝶低龄幼虫

图 1-59c 柑橘凤蝶老熟幼虫

图 1-59d 柑橘凤蝶蛹

60.菜粉蝶

菜粉蝶 *Pieris rapae* (Linnaeus)，又名菜青虫，属鳞翅目，粉蝶科。

【为害状况】该虫为害羽衣甘蓝、桂竹香、醉蝶花、旱金莲、大丽花、二月兰等草本花卉。幼虫取食叶片，造成缺刻孔洞，严重时仅剩叶脉。

图 1-60a 菜粉蝶成虫

【识别特征】①成虫:体灰黑色,翅白色,鳞粉细密。前翅基部灰黑色,顶角黑色;后翅前缘有 1 块不规则的黑斑,后翅底面淡粉黄色（图 1-60a）。②卵:瓶状,竖立,初产时乳白至淡黄色,后变橙黄色,表面有较规则的纵横脊纹。③幼虫:初孵化时灰黄色,后变青绿色;体圆筒形,中段较肥大,体上各节均有 4~5 条横皱纹;背部有1 条不明显的断续黄色纵线；气门线黄色，每节的线上有 2 块黄斑(图 1-60b)。④蛹:纺锤形,两端尖细,背部有 3 条纵隆线和 3 个角状突起。

图 1-60b 菜粉蝶幼虫

【生活习性】1 年发生 4 代,以蛹越冬,有滞育性。越冬场所多在寄主植物附近的房屋墙壁、篱笆、风障、树干上。越冬代成虫 3 月间出现,以 5 月下旬至 6 月为害最重,7~8 月因高温多雨,天敌增多,寄主缺乏,而导致虫口数量显著减少,到 9 月虫口数量回升,形成第 2 次为害高峰。成虫白天活动,以晴天中午活动最盛,寿命 2~5 周。产卵对十字花科花卉有很强趋性,尤以厚叶类的羽衣甘蓝着卵量大,夏季多产于叶片背面,冬季多产在叶片正面。卵散产,幼虫行动迟缓,不活泼,老熟后多爬至干燥不易浸水处化蛹,非越冬代则常在植株底部叶片背面或叶柄化蛹,并吐丝将蛹体缠结于附着物上。

61.柳紫闪蛱蝶

柳紫闪蛱蝶*Apatura ilia* (Denis et Schiffermüller)，又名幻紫蛱蝶、柳闪蛱蝶、淡紫蛱蝶、紫蛱蝶，属鳞翅目，蛱蝶科。

【为害状况】该虫为害杨、柳。幼虫为害叶片，将叶片咬成缺刻、孔洞。

【识别特征】①成虫：翅展59~64 mm。翅黑褐色，翅膀在阳光下能闪烁出强烈的紫光。前翅约有10个白斑，中室内有4个黑点；反面有1个黑色蓝瞳眼斑，围有棕色眶。后翅中央有1条白色横带，并有1个与前翅相似的小眼斑；反面白色带上端很宽，下端尖削成楔形带；中室端部尖出显著（图1-61a）。②卵：半圆球形，径约1 mm，初为淡绿色，后为褐色。③幼虫：绿色，头部有1对白色角状突起，端部分叉（图1-61b）。④蛹：长约30 mm，腹背棱线突出。

【生活习性】1年发生3~4代，以幼虫在树干缝隙内越冬。蛹绿色，蛹期9~12天。幼虫期较长。卵单产于叶片背部，刚孵化的幼虫啃食自己的卵壳。以高龄幼虫为害最重，严重时将叶片吃光，仅残有叶柄。成虫喜欢吸食树汁或畜粪，飞行迅速。

图1-61a 柳紫闪蛱蝶

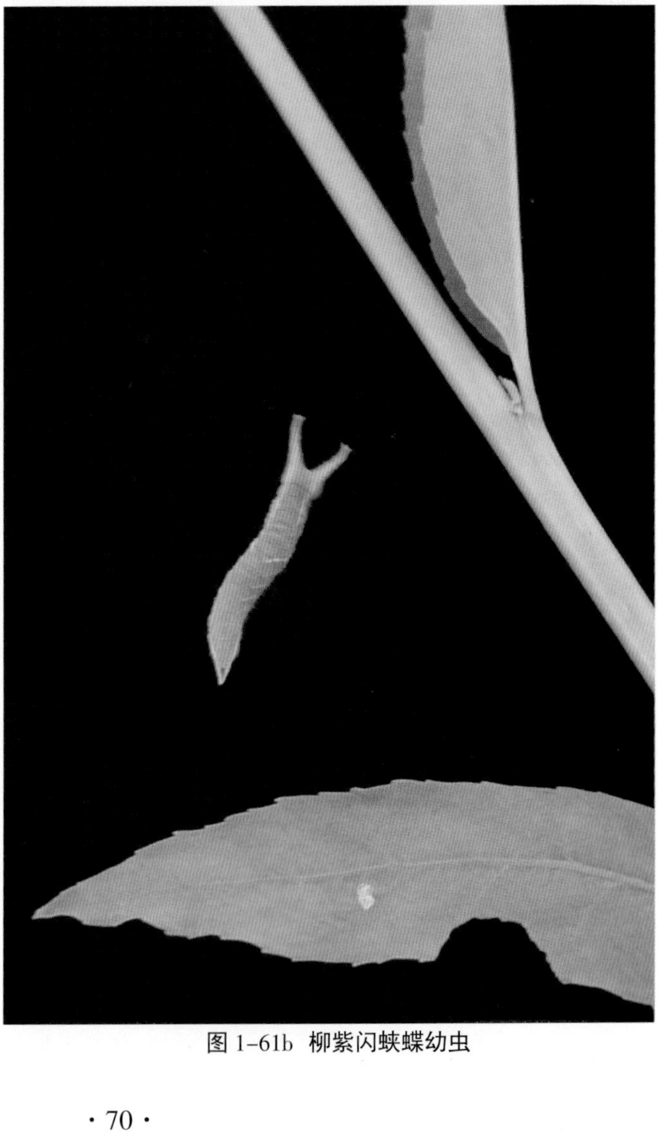

图1-61b 柳紫闪蛱蝶幼虫

62.黄钩蛱蝶

图 1-62a 黄钩蛱蝶成虫背面观

黄钩蛱蝶 *Polygonia c-aureum* (Linnaeus),又名多角蛱蝶,属鳞翅目,蛱蝶科。

【为害状况】 该虫为害一串红、小丽花、榆、梨等植物。

【识别特征】 ①成虫:翅缘凹凸分明,外缘具黑色带,翅面上散生黑斑,翅黄褐色,翅基部具黑斑,前翅中室内有 3 个黑斑,前翅两脉和后翅 4 脉末端突出部分尖锐,秋型更明显(图 1-62a、图 1-62b)。②卵:近圆形。③幼虫:头上有突起,呈角状,体节上有棘刺,腹足趾钩中列式。④蛹:体背有突起,上唇 3 瓣,喙不达翅芽的末端。

图 1-62b 黄钩蛱蝶成虫侧面观

【生活习性】 成虫于 6~10 月出现,食性广泛。

【蝶类防治措施】

(1)人工摘除越冬蛹,并注意保护天敌。

(2)结合花木修剪管理,人工采卵、杀死幼虫或蛹体。

(3)严重发生时喷洒 Bt. 乳剂 500 倍液、24%氰氟虫腙悬浮剂 600~800 倍液、10%溴氰虫酰胺可分散油悬乳剂 1500~2000 倍液、10.5%三氟甲吡醚乳油 3000~4000 倍液、20%甲维·茚虫威悬浮剂 2000 倍液防治。

十六、叶甲类

叶甲类属鞘翅目，叶甲科，又名金花虫，小至中型，体卵形或圆形，有金属光泽。幼虫肥壮，3 对胸足发达，体背常具枝刺、瘤突等，成虫和幼虫都咬食叶片。成虫有假死性，多以成虫越冬。为害园林植物的种类很多，常见的甲虫有榆蓝叶甲、泡桐叶甲、柳圆叶甲、马铃薯瓢虫、枸杞负泥虫等。

63.榆蓝叶甲

榆蓝叶甲 *Pyrrhalta aenescens* (Fairmaire)，又名榆蓝金花虫、榆毛胸萤叶甲、榆绿毛萤叶甲，属鞘翅目，叶甲科。

【为害状况】 该虫以成虫、幼虫取食榆叶，常将叶片吃光。

【识别特征】 ①成虫：体长 7~8.5 mm，近长椭圆形，黄褐色，鞘翅蓝绿色，有金属光泽，头部有 1 块黑斑。前胸背板中央有 1 个黑斑(图 1–63)。②卵：黄色，长椭圆形，长径 1.1 mm。③幼虫：老熟幼虫体长约11 mm，长形微扁平，深黄色。体背中央有 1 条黑色纵纹。头、胸足及腹部所有毛瘤均漆黑色。前胸背板后缘近中部有 1 对四方形黑斑。④蛹：污黄色，椭圆形，长 7.5 mm。

图 1–63 榆蓝叶甲成虫

【生活习性】 1 年发生 2 代，以成虫越冬。翌年 4~5 月成虫开始活动，为害叶片，并产卵于叶背，成 2 行。初孵幼虫剥食叶肉，被害部呈网眼状，2 龄以后将叶食成孔洞。老熟幼虫于 6 月中下旬开始爬至树洞、树杈、树皮缝等处群集化蛹。成虫羽化后取食榆叶补充营养。成虫有假死性。越冬成虫死亡率很高，所以第 1 代为害不太严重。

64.泡桐叶甲

泡桐叶甲 *Basiprionota bisignata* (Boheman),又名二斑波缘龟甲、北锯龟甲、泡桐金花虫,属鞘翅目,叶甲科。

【为害状况】该虫为害泡桐、梓、楸等植物。成虫、幼虫均取食叶片,将叶片咬食成网状,严重时整个树冠呈灰黄色,导致泡桐提早落叶,影响树势。

【识别特征】①成虫:体长 12 mm,橙黄色,椭圆形,触角淡黄色,基部 5 节,端部各节黑色,前胸背板向外延伸;鞘翅背面凸起,中间有 2 条隆起线,鞘翅两侧向外扩展,形成边缘,近末端 1/3 处各有 1 个大的椭圆形黑斑(图 1-64a)。②卵:橙黄色,椭圆形,竖立成堆,外附 1 层胶质物。③幼虫:体长 10 mm,淡黄色,两侧灰褐色,纺锤形,体节两侧各有 1 浅黄色肉刺突,向上翘起,上附蜕皮(图 1-64b)。④蛹:体长 9 mm,淡黄色,体侧各有 2 个三角形刺片。

【生活习性】1 年发生 2 代,以成虫越冬。翌年 4 月中下旬出蛰,飞到新萌发的叶片上取食、交配、产卵。幼虫孵化后,啃食表皮,5 月下旬幼虫老熟,6 月上旬成虫出现。第 2 代成虫于 8 月中旬至 9 月上旬羽化。10 月底至 11 月上中旬潜伏于石块下、树皮缝内及地被物下或表土中越冬。成虫白天活动,产卵于叶背面,数十粒聚集一起,竖立成块。幼虫孵化后,群集叶面,啃食上表皮,残留下表皮,6~7 月常和幼虫同时发生,为害甚烈,常把表皮啃光。泡桐叶甲的卵期和蛹期寄生率较高,对抑制泡桐叶甲的数量有相当大的作用。

其主要天敌有叶甲卵姬小蜂、啮小蜂、螳螂、大黑蚂蚁、七星瓢虫、异色瓢虫、苹褐卷蛾长尾小蜂、无脊大腿小蜂、猎蝽等。

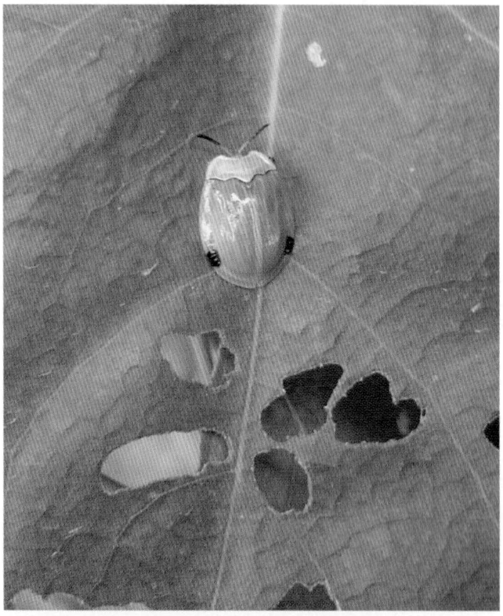

图 1-64a 泡桐叶甲成虫

图 1-64b 泡桐叶甲幼虫

65.柳圆叶甲

柳圆叶甲 *Plagiodera versicolora* (Laicharting),又名柳蓝叶甲、柳树金花虫、橙胸斜缘叶甲,属鞘翅目,叶甲科。

【为害状况】该虫为害垂柳、旱柳、杞柳、泡桐、葡萄、杨、榛、乌桕等植物。以成虫、幼虫取食叶片,造成缺刻、孔洞。

【识别特征】①成虫:体长 4 mm 左右,近圆形,深蓝色,具金属光泽。头部横阔,触角 6 节,基部细小,余各节粗大,褐色至深褐色,上生细毛。前胸背板横阔光滑。鞘翅上密生略成行列的细点刻,体腹面、足色较深具光泽(图 1-65a)。②卵:橙黄色,椭圆形,成堆直立在叶面上(图 1-65b)。③幼虫:体长约 6 mm,灰褐色,全身有黑褐色凸起状物,胸部宽,体背每节具 4 个黑斑,两侧具乳突(图 1-65c)。④蛹:长 4 mm,椭圆形,黄褐色,腹部背面有 4 列黑斑。

【生活习性】1 年发生 6 代,以成虫在土缝内和落叶层下越冬。翌年 4 月上旬越冬成虫开始上树取食叶片,并在叶片上产卵,卵期 5 天左右。幼虫有群集性,使叶片呈网状。自第 2 代起世代重叠,在同一叶片上,常见到各种虫态。以 7~9 月为害最严重,10 月下旬成虫陆续下树越冬,有假死性。

图 1-65a 柳圆叶甲成虫

图 1-65b 柳圆叶甲卵

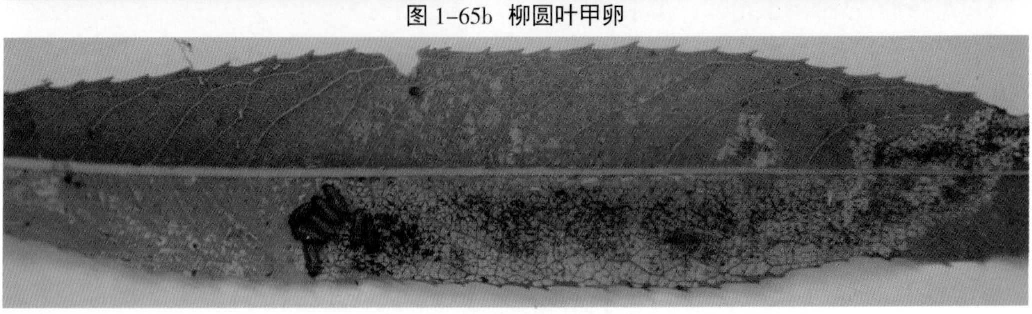

图 1-65c 柳圆叶甲幼虫

66.枸杞负泥虫

枸杞负泥虫 *Lema decempunctata* (Gebler)，又名十点叶甲、稀屎蜜，属鞘翅目，叶甲科。

【为害状况】 该虫为害枸杞。以成虫、幼虫食害叶片成不规则的缺刻或孔洞，后残留叶脉。植株受害后，叶片被排泄物污染，影响生长和结果。

【识别特征】 ①成虫：体长 4.5~5.8 mm，宽 2.2~2.8 mm，全体头胸狭长，鞘翅宽大。头、触角、前胸背板、体腹面、小盾片蓝黑色，鞘翅黄褐至红褐色，每个鞘翅上有近圆形的黑斑 5 个，肩胛 1 个，中部前后各 2 个，斑点常有变异，有的全部消失。足黄褐至红褐色或黑色。头部有粗密刻点，头顶平坦，中央具纵沟 1 条。触角粗壮黑色。复眼硕大突出于两侧；前胸背板近方形，两侧中部稍收缩，表面较平，无横沟。小盾片舌形，刻点行有 4~6 个刻点(图 1–66a)。②卵：长圆形，橙黄色。③幼虫体长 7 mm，灰黄色，头黑色，具反光，前胸背板黑色，身部各节背面具细毛 2 横列，3 对胸足，腹部各节的腹面具 1 对吸盘，使之与叶面紧贴(图 1–66b)。④蛹：长 5 mm，浅黄色，腹端具 2 根棘毛。

图 1–66a 枸杞负泥虫成虫

图 1–66b 枸杞负泥虫幼虫

图 1–66c 枸杞负泥虫产于叶背排成“人”字形的卵

【生活习性】 1 年发生 5 代，以成虫、幼虫在枸杞根际附近的土下越冬。翌年 4 月上旬开始活动，4~9 月在枸杞上可见各虫态。成虫喜栖息在枝叶上，把卵产在叶面或叶背面，排成“人”字形(图 1–66c)。成虫、幼虫都为害叶片，幼虫背负自己的排泄物，故称负泥虫。幼虫老熟后入土，吐白丝粘土粒结成土茧，化蛹于其中。

67.马铃薯瓢虫

马铃薯瓢虫 *Henosepilachna vigintioctomaculata* (Motschulsky),又名酸浆瓢虫、土媳妇、茄瓢虫,属鞘翅目,瓢虫科。

【为害状况】 该虫为害金银花、枸杞、五爪金龙、冬珊瑚、三色堇等植物,以成虫和幼虫取食叶肉,严重时全叶食尽(图 1-67a、图 1-67b)。

【识别特征】 ①成虫:半球形,黄褐色,头部黑色,体表密生黄色细毛。前胸背板上有 6 个黑点,2 个鞘翅上共有 28 个黑斑(图 1-67c)。②卵:长 0.7 mm,长纺缍形,淡黄至褐色。③幼虫:体长 8 mm,淡黄色,中部膨大,两端较细,体背各节有 6 个枝刺。

【生活习性】 1 年发生 2 代,以成虫在土块下、树皮缝中、杂草丛中越冬。每年以 5 月发生数量最多,为害最重。成虫白天活动,有假死性和自残性。初孵幼虫群集为害。取食下表皮和叶肉,只剩上表皮。2 龄后分散为害,造成许多缺刻或仅留叶脉。幼虫 4 龄后老熟,并在叶背或茎上化蛹。

图 1-67a 马铃薯瓢虫为害状

图 1-67b 马铃薯瓢虫成虫为害状

图 1-67c 马铃薯瓢虫成虫

【甲虫类的防治措施】

(1)消灭越冬虫源:清除墙缝、石砖、落叶、杂草下等处越冬的成虫,减少越冬基数。

(2)利用假死性人工震落捕杀成虫,人工摘除卵块。

(3)化学防治:各代成虫、幼虫发生期喷洒 24%氰氟虫腙悬浮剂 600~800 倍液、10%溴氰虫酰胺可分散油悬乳剂 1500~2000 倍液、20%甲维·茚虫威悬浮剂 2000 倍液。

(4)保护、利用寄生蜂、瓢虫、鸟类等天敌来减少虫害。

十七、蜂类

蜂类害虫，包括膜翅目三节叶蜂科的月季三节叶蜂、玫瑰三节叶蜂，叶蜂科的中华厚爪叶蜂、柳厚壁叶蜂以及切叶蜂科的拟蔷薇切叶蜂等。三节叶蜂科、叶蜂科的幼虫与鳞翅目幼虫相似，但前者有 6~8 对腹足，腹足上无趾钩，且仅有 1 对单眼，这是与鳞翅目幼虫的不同点。

68.月季三节叶蜂

月季三节叶蜂 *Arge geei* Rohwer，属膜翅目，三节叶蜂科。

【为害状况】 该虫为害月季、玫瑰、蔷薇、黄刺梅、刺梨、多花蔷薇、野蔷薇等植物。以幼虫取食寄主叶片，常被蚕食殆尽，仅残留主脉或叶柄。嫩枝因成虫产卵形成的棱状伤口不能愈合，极易被风折枯死，严重影响植株生长、开花，降低了观赏价值及商品价值。

图 1-68a 月季三节叶蜂成虫

【识别特征】 ①成虫：雌虫体长 8.4 mm，翅展 17.3 mm；橘黄色，体较大，头黑色具光泽，横长方形，后缘中部微凹，被毛黑褐色短密；额宽，中部纵隆，两侧凹陷；触角基外侧最明显，刻点细疏；复眼黑褐色；单眼红褐色；触角黑褐色至黑色，第 1、2 节短，第 3 节长，触角基突上具"Y"形凸纹。胸背橘黄至橘红色，前胸背板深圆凹；中胸翅基片黑褐色、小盾片两侧凹窝内黑褐色。翅浅黄色半透明。足黑色有光泽。雄虫体长6.9 mm，翅展 13.2 mm。头、胸部黑色，略具蓝色金属光泽，

图 1-68b 月季三节叶蜂低龄幼虫

图 1-68c 月季三节叶蜂中龄幼虫

图 1-68d 月季三节叶蜂中龄幼虫与产卵痕

图 1-68e 月季三节叶蜂高龄幼虫

图 1-68f 月季三节叶蜂成虫产卵状

腹部淡黄褐色，仅第 1 背板淡暗褐色。足黑色，略具蓝色金属光泽。前翅烟色，后翅透明，翅脉暗褐色（图 1-68a）。②卵：乳白至浅黄白色，肾形，表面光滑。③幼虫：末龄幼虫体长 20 mm，头部亮褐色，体、足浅绿色，化蛹前浅黄色（图 1-68b、图 1-68c、图 1-68d、图 1-68e）。④蛹：颜色变化大，浅黄色或暗绿色。

【生活习性】 1 年发生 3~4 代，以老熟幼虫于土中结茧越冬。翌年 4 月下旬开始化蛹，5 月上旬开始有成虫羽化，产卵；5 月中旬卵开始孵化；从 5 月中旬至 10 月中旬末均有幼虫为害。各代幼虫的为害盛期分别为：第 1 代 5 月下旬至 6 月上旬；第 2 代 7 月上旬至 7 月中旬；第 3 代 8 月中旬至 8 月下旬；第 4 代 9 月下旬至 10 月上旬。雌虫产卵前先在嫩枝上来回爬动，并用产卵器做试探性产卵，选择好半木质化的阴面，产卵时头多向下（图 1-68f），将锯齿状产卵齿刺入枝条达髓部，将卵以“人”字形两列纵向排列依次产出（图 1-68g）。1~2 龄幼虫有群集性，3 龄后分散为小群体。幼虫昼夜取食，强光、高温和雨天不取食。3 龄以后食量很大。老熟幼虫停食后，爬至地面，于寄主根迹周围的松土内结茧。

图 1-68g 月季三节叶蜂卵及初孵幼虫

69.玫瑰三节叶蜂

玫瑰三节叶蜂 *Arge pagana* Panzer，属膜翅目，三节叶蜂科。

【为害状况】该虫为害玫瑰、蔷薇、黄刺玫、月季、月月红、十姐妹等植物。主要以幼虫取食叶片为害，致花卉生长不良，降低观赏价值，发生严重时甚至死亡。

图 1-69a 玫瑰三节叶蜂的成虫与幼虫

【识别特征】①成虫：体长 8~9 mm，翅展约 17 mm。呈褐色状，头、胸、翅和足均为蓝黑色，带有金属蓝光泽。触角 3.5~4.5 mm。中胸背面尖“X”形凹陷。腹部暗橙黄色。雌蜂产卵器发达，呈并合的双镰刀状(图 1-69a)。②卵长 0.5 mm，淡黄色，椭圆形，末端稍大。③幼虫：老熟幼虫体长 20~23 mm，黄绿色，头部黄色，臀板红褐色；胸部第 2 节至腹部第 8 节，每体节上均有 3 横列瘤状突起，呈黑褐色（图 1-69b）。④蛹：长 9.5 mm；头部、胸部褐色，腹部棕黄色；外被淡黄色的薄茧。

图 1-69b 玫瑰三节叶蜂幼虫

【生活习性】1 年发生 2~3 代，世代重叠，以蛹在土中结茧越冬。翌年 4~5 月羽化成虫，成虫白天羽化，次日交配。雌蜂交尾后将卵产在寄主枝条皮层内，通常产卵可深至木质部，卵期 7~19 天。近孵化时，产卵处的裂缝开裂，孵出的幼虫自裂缝爬出，并向嫩梢爬行。6 月发生第 1 代幼虫，8 月发生第 2 代幼虫。幼虫共 6 龄，喜群集，昼夜均取食，有互相残杀和假死性。幼虫在 9 月底至 11 月陆续入土作茧越冬。

70.中华厚爪叶蜂

中华厚爪叶蜂 *Stauronematus sinicus* Liu, Li&Wei, sp. Nov.1,属膜翅目,叶蜂科。

【为害状况】该虫主要为害杨树的黑杨派品系,如中林 46、107、108、2025 等。幼虫取食叶片,1~2 龄幼虫群集取食,被害部呈针尖状小圆孔;3 龄以后分散为害,食量大,常将大片叶肉吃光,仅残留叶脉,呈不规则的孔洞。幼虫取食时分泌白色泡沫状液体,凝固成蜡丝(图 1-70a)。蜡丝长约 3 mm,留于食痕周围。

【识别特征】①成虫:雌蜂体连翅长 6.7 mm,体长 6.05 mm,体黑色,有光泽,被稀疏白色短绒毛。触角黑褐色,侧扁,雄蜂尤甚;共 9 节,第 1~2 节总长约为第 3 节的 1/4, 第 3~8 节各节端部横向加宽,呈角状。翅透明,翅痣黑色,翅脉淡褐色。前胸背板、翅基片和足黄褐色,后足胫节末端及跗节端部暗褐色至黑褐色。②卵:长椭圆形,长 1.3 mm,宽 0.6 mm,初产卵包略突起于叶脉表面, 随着卵的发育,逐渐膨胀、明显突出。③幼虫:雌幼虫 5 龄,雄幼虫 4 龄。初孵幼虫通体白色,近透明,口器淡褐色,单眼黑色,胸足端部淡褐色。随着取食,体渐变为绿色或鲜绿色,头部褐色,单眼黑色,各胸足基半部及外侧淡褐色; 胸、腹部的背面和侧面着生大小不等的圆形或长形褐色斑点。老熟时,体色变为黄绿、青绿或嫩绿色(图 1-70b)。④蛹:离蛹,长 4. 97 mm;初为绿色,仅复眼和触角基部淡褐色; 羽化前渐变为褐色至黑色。⑤茧:椭圆形,初为黄褐色或绿褐色,后为深褐色或茶褐色。

图 1-70a 中华厚爪叶蜂为害状

图 1-70b 中华厚爪叶蜂幼虫

【生活习性】 1 年发生 7~8 代,以老熟幼虫在树冠投影面积内,深约 5 cm 的土壤表层作茧越冬。翌年 3 月下旬、4 月上旬开始化蛹,4 月中下旬开始羽化,当天即可交尾,第 2 天即产卵。4 月下旬开始出现幼虫。由于各虫态发育期短,从第 1 代后期开始,林间各世代重叠。幼虫 9 月下旬开始老熟越冬,10 月中下旬全部老熟越冬。

71.柳虫瘿叶蜂

柳虫瘿叶蜂 *Pontania pustulator* Forsius，又名柳瘿叶蜂、垂柳瘿叶蜂，属膜翅目，叶蜂科。

【为害状况】 该虫主要为害垂柳、绦柳及旱柳。受害柳树叶片形成瘤状虫瘿，发生严重时，造成叶片枯黄、早期脱落、树势衰弱。严重影响树木生长和绿化景观效果（图 1–71a、图 1–71b）。

图 1–71a 柳虫瘿叶蜂虫瘿

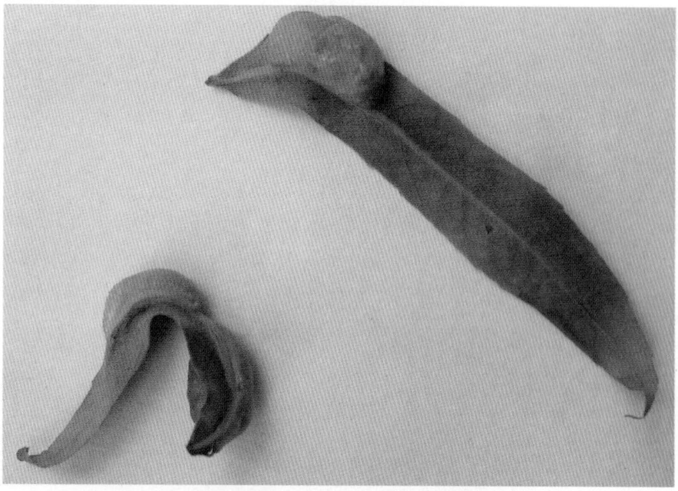

图 1–71b 柳虫瘿叶蜂虫瘿

【识别特征】 ①成虫：体长 5 mm 左右，土黄色。头部橙黄色，头顶正中具黑色宽带；前胸背板土黄色，中胸背板中叶有 1 个椭圆形黑斑，侧叶沿中线两侧各有 2 个近菱形黑斑。腹部橙黄色，各节背面具黑色斑纹。②卵：椭圆形，灰白色。③幼虫：幼虫体长 6~13.5 mm，圆柱形，黄白色（图 1–71c、图 1–71d）。④蛹：黄白色，外被土黄色丝质茧。

【生活习性】 1 年发生 1 代，以老熟幼虫在土中茧内越冬。翌年 4 月上中旬出现成虫，产卵于叶缘组织内；卵单粒散产。幼虫孵化后啃食叶肉，致使叶片上、下表皮逐渐肿起。4 月中下旬叶缘即出现红褐色小虫瘿；以后虫瘿限制在叶片中脉和叶缘间，并逐渐增

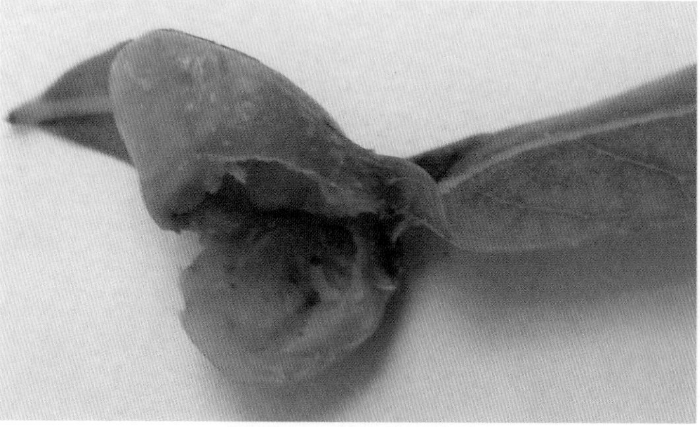

图 1–71c 柳虫瘿叶蜂幼虫

图 1–71d 柳虫瘿叶蜂幼虫

大加厚，上、下凸起呈椭圆形或肾形，最后虫瘿可达长 12 mm、宽 6 mm 左右，后期呈紫红色。1 片叶上可多至数个虫瘿(图 1–71e)。由于虫瘿较重，致使叶片下垂；1 个枝条上叶面虫瘿多时，可导致枝条下垂。幼虫在虫瘿内为害到 10 月底至 11 月初，随落叶掉落地面，幼虫从虫瘿内钻出，入土作茧越冬。

图 1–71e 柳虫瘿叶蜂虫瘿

72.拟蔷薇切叶蜂

拟蔷薇切叶蜂 *Megachil subtranguilla* Yasumatsu，属膜翅目，切叶蜂科。

【为害状况】 该虫为害蔷薇、月季、玫瑰等蔷薇科植物为主，同时也为害紫荆、国槐、白蜡、核桃、柿子、核桃、枣、月季、蔷薇、栀子等花木。雌蜂切取植物叶片，使叶片形成很规

图 1–72a 拟蔷薇切叶蜂为害蔷薇叶片状

则的半圆缺刻(图 1-72a、图 1-72b),影响植物生长和观赏价值。切取的叶片用来筑巢,把卵产在巢中,使其孵化发育为成虫。

【识别特征】 ①成虫:成虫似蜜蜂,2 对翅膜质。雌虫体长 13~14 mm,宽 5~6 mm,体黑色,被黄色毛,头宽于长,颚 4 齿,第 3 齿宽大呈刀片状;翅透明;腹部有黄毛色带,腹毛刷为褐黄、黑褐色,第 2、3 腹节具横沟,沟前刻点密,后部平滑。雄虫体长 11~12 mm,宽 5~5.5 mm,头、胸及第 1 腹节背板具浅黄色宽毛带,4~6 腹节背板具黑稀短毛。②卵:长卵形,乳白色。③幼虫:体呈"C"形,淡褐黄色,体多皱纹。④蛹:体褐色。⑤茧:近圆筒形。

图 1-72b 拟蔷薇切叶蜂为害栀子叶片状

【生活习性】 1 年发生 1 代,以茧内老熟幼虫在潮湿的洞穴、墙缝内越冬。翌年 6 月上中旬化蛹,6 月末至 8 月中旬为羽化期,7 月为高峰。独居,但具群栖习性。在寄主附近的地下枯井、菜窖、潮湿的墙缝隙内以切来的叶片筑巢,巢穴首尾相接可数个相连,每巢内备有蜂粮(花粉、蜂蜜混合物),内产卵 1 粒,最后以叶片将巢封闭。幼虫孵化后以蜂粮为食,约经 1 个月,2~4 龄幼虫吐丝作茧,将虫体包在茧内并越冬。

【蜂类的防治措施】

(1)休眠期防治:冬春季结合土壤翻耕消灭叶蜂类越冬茧,或秋后清除烧毁随落叶掉落在地面上的柳虫瘿叶蜂虫瘿。

(2)人工防治:人工摘除带柳虫瘿叶蜂虫瘿的叶片,或人工捣毁为害现场附近的切叶蜂蜂穴,或寻找叶蜂产卵枝梢、叶片,人工摘除卵梢、卵叶及孵化后尚群集的幼虫。

(3)药剂防治:叶蜂类幼虫可喷洒 Bt.乳剂 500 倍液、24%氰氟虫腙悬浮剂 600~800 倍液、10%溴氰虫酰胺可分散油悬乳剂 1500~2000 倍液、10.5%三氟甲吡醚乳油 3000~4000 倍液、20%甲维·茚虫威悬浮剂 2000 倍液;柳虫瘿叶蜂可在 4 月中旬向树冠喷施 25%高渗苯氧威可湿性粉剂 300 倍液,每 1 cm 胸径注药 1 mL;用药剂熏杀枯井、菜窖、墙缝内的蜂巢,蜂巢多在寄主植物附近 200 m 之内。

(4)保护利用天敌:螳螂、蜘蛛、蚂蚁能以叶蜂类害虫为食,壁虎、步甲是拟蔷薇切叶蜂的天敌,另在拟蔷薇切叶蜂羽化时,随时有尖腹蜂将卵产在蜂巢内,利用其幼虫发育快的习性,将蜂粮吃光,将切叶蜂饿死。

十八、蝗虫类

蝗虫属直翅目蝗总科，均为植食性。在园林植物上比较重要的种类有短额负蝗、短角异斑腿蝗、中华蚱蜢、棉蝗等。

73.短额负蝗

图 1-73a 短额负蝗春夏型成虫

短额负蝗 *Atractomorpha sinensis* Bolivar，又名中华负蝗、尖头蚱蜢、小尖头蚱蜢、小尖头蚂蚱，属直翅目，锥头蝗科。

【为害状况】该虫主要为害一串红、凤仙花、鸡冠花、三色堇、千日红、长春花、金鱼草、冬珊瑚、菊花、月季、茉莉、扶桑、大丽花、栀子花等植物。

【识别特征】①成虫：雄虫体小，体长 20~30 mm，头至翅端长 30~48 mm。绿色（春夏型）或褐色（秋冬型）。头尖削，绿色型自复眼起向斜下有 1 条粉红纹，与前胸、中胸背板两侧下缘的粉红纹衔接。体表有浅黄色瘤状突起；后翅基部红色，端部淡绿色。前翅长度超过后足腿节端部约 1/3（图 1-73a、图 1-73b、图 1-73c）。②卵：长 2.9~3.8 mm，长椭圆形，中间稍凹陷，一端较粗钝，黄褐至深黄色，卵壳表面呈鱼鳞状花纹。卵粒在卵块内倾斜排列成 3~5 行，并有胶丝裹成卵囊。③若虫：共 5 龄。与成虫近似，体较小，翅呈翅芽状态。

图 1-73b 短额负蝗秋冬型成虫

图 1-73c 短额负蝗雌雄交尾状

【生活习性】1 年发生 1 代，以卵越冬。翌年 5 月下旬至 6 月中旬为孵化盛期，7~8 月羽化为成虫。喜栖于地被多、湿度大、双子叶植物茂密的环境。成虫、若虫大量发生时，常将叶片食光，仅留秃枝。初孵若虫有群集为害习性，2 龄后分散为害。

74.短角异斑腿蝗

短角异斑腿蝗 *Xenocatantops brachycerus* (Willemse)，又名短角异腿蝗、短角外斑腿蝗，属直翅目，斑腿蝗科。

【为害状况】该虫为害多种灌木及草本植物。

【识别特征】①成虫：体长 17~28 mm，雄虫体形较小，黄褐色至灰褐色。触角粗短，丝状。复眼灰褐色。前胸背板具细刻点，后缘侧面具 1 条灰白色斜纹。前、中足灰褐色；后足腿节、胫节内侧红褐色，腿节外侧具 2 个黄白色大斑(图 1-74)。②若虫：末龄蝗蝻体长约 20 mm，褐色，密被黑色小点。前胸背板后缘侧面具灰白色斜纹，后足腿节具黑色斑纹。翅脉明显。

图 1-74 短角异斑腿蝗成虫

【生活习性】1 年发生 1 代，以卵在土层中越冬。翌年 5 月越冬卵开始孵化，7 月至 8 月间开始羽化，7 月至 9 月是为害高峰期，11 月成虫死亡。

75.中华蚱蜢

中华蚱蜢 *Acrida cinerea* Thunberg，又名中华剑角蝗、尖头蚱蜢、括搭板，属直翅目，剑角蝗科。

【为害状况】该虫为害草坪草及各种一、二年生草本花卉，常将叶片咬成缺刻或孔洞，严重时将叶片吃光。

【识别特征】①成虫：体长 80~100 mm，常为绿色(春夏型)或黄褐色(秋冬型)，雄虫体小，雌虫体大，背面有淡红色纵条纹。前胸背板的中隆线、侧隆线及腹缘呈淡红色。前翅绿色或枯草色，沿肘脉域有淡红色条纹，或中脉有暗褐色纵条纹，后翅淡绿色(图 1-75a、图 1-75b)。②卵：块状。③若虫：与成虫近似，个体小，翅呈翅芽状态。

【生活习性】1 年发生 1 代，以卵在土层中越冬。成虫产卵于土层内，成块状，外被胶

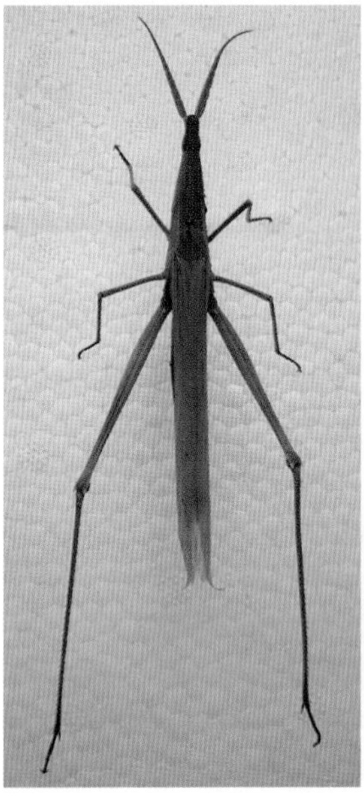

图 1-75a 中华蚱蜢雌成虫

图 1-75b 中华蚱蜢雌成虫

囊。若虫(蝗蝻)为 5 龄。成虫善飞,若虫以跳跃扩散为主。

76.棉蝗

棉蝗 *Chondracris rosea rosea* (De Geer),又名大青蝗、蹬倒山,属直翅目,斑腿蝗科。

【为害状况】 该虫为害草坪草及各种一、二年生草本花卉。常将叶片咬成缺刻或孔洞,严重时将叶片吃光。

【识别特征】 ①成虫:雄虫体长 44~55 mm,翅长 43~46 mm;雌虫体长 62~80 mm,翅长 50~62 mm。身体黄绿色。后翅基部玫瑰红色。头顶中部、前胸背板沿中隆线以及前翅臀脉域具有黄色纵条纹。头较大,矩于前胸背板长度,颜面向后倾斜,且隆起扁平。前胸背板粗糙,中隆线高,侧面呈弧形。雄虫腹部末节无尾片,雌虫产卵瓣短粗(图 1-76a、图1-76b)。

图 1-76a 棉蝗成虫

图 1–76b 棉蝗成虫

【生活习性】1 年发生 1 代，以卵在土中越冬。翌年越冬卵于 5 月下旬孵化，6 月上旬进入盛期，7 月中旬为成虫羽化盛期，9 月后成虫开始产卵越冬。

【蝗虫类防治措施】

（1）人工捕捉：初孵若虫群集为害及成虫交配期进行网捕。

（2）若虫或成虫盛发时，可喷洒 2.5%高效氯氟氰菊酯乳油 1000~2000 倍液、1%甲维盐乳油 2000~000 倍液、20%甲维·茚虫威悬浮剂 2000 倍液，均有良好的效果。

（3）保护利用麻雀、青蛙、大寄生蝇等天敌进行生物防治。

十九、潜叶蝇类

潜叶蝇类害虫，又名绘图虫、鬼画符、斑潜蝇等，属双翅目潜蝇科。其以幼虫为害为主，在叶片内钻蛀潜食，在叶片表面形成不规则的蛇形白色潜道，严重时叶片干枯脱落。常见的种类有美洲斑潜蝇、豌豆叶潜蝇等。

77.美洲斑潜蝇

美洲斑潜蝇 *Liriomyza sativae* Blanchard，属双翅目，潜蝇科。

图 1–77a 美洲斑潜蝇为害非洲菊叶片状

【为害状况】该虫能为害多种花卉植物。成虫、幼虫均可为害，以幼虫为主。雌成虫刺伤叶片，产卵和取食。幼虫潜入叶片、叶柄蛀食，形成不规则的蛇形白色潜道（图 1–77a、图 1–77b、图 1–77c），终端明显变宽。严重受害叶片失去光合作用能力，干枯脱落，影响植物生长发育，降低商业与观赏价值。

【识别特征】①成虫：小型，头部黄色，复眼酱红色，外顶鬃着生在暗色区域，内顶鬃

图 1-77b 美洲斑潜蝇为害蜀葵状

图 1-77c 美洲斑潜蝇为害野菊状

常着生在黄暗交界处。胸、腹背面大体黑色，中胸背板黑色发亮，后缘小盾片鲜黄色,体腹面黄色。前翅 M3+4 脉末端为前一段的 3~4 倍，后翅退化为平衡棒。雌虫体较雄虫大,雌成虫体长 1.50~2.13 mm,翅长 1.18~1.68 mm，雄成虫体长 1.38~1.88 mm，翅长 1.0~1.35 mm。②卵：椭圆形,米白色,半透明,长径 0.24~0.36 mm，短径 0.12~0.24 mm。③幼虫:蛆形,共 3 龄。初孵幼虫米色半透明,体长 0.32~0.60 mm,老熟幼虫橙黄色,体长 1.68~3.0 mm,腹部末端有 1 对圆锥形后气门,在气门突末端分叉，其中 2 个分叉较长，各具 1 个气孔开口。④蛹：椭圆形,腹面稍扁平,多为橙黄色，有时呈暗至金黄色,长 1.48~1.96 mm,后气门 3 孔。

【生活习性】 1 年发生 10~11 代,可在保护地内常年为害，其中露地可完成 6~7 代,保护地 4 代左右,完成 1 代需 15~30 天,其繁殖速率随温度和作物不同而异。

成虫有飞翔能力,但较弱,对黄色趋性强。雌成虫以伪产卵器刺破叶片上表皮取食和产卵,喜在中、上部叶片而不在顶端嫩叶上产卵,下部叶片上落卵也少。幼虫孵出后潜入叶内为害,潜道随虫龄增加而加宽。第 1、2、3 龄幼虫潜道宽度分别为 0.11 mm、0.56 mm、1.83 mm。老熟幼虫由潜道顶端或近顶端 1 mm 处，咬破上表皮，爬出潜道外，在叶片正面或滚落地表或土缝中化蛹。卵和幼虫可随寄主植株、带叶的瓜果豆菜类、切花、盆栽、土壤或交通工具等作远距离传播。在北方自然条件下不能越冬,但可以以各种虫态在温室内繁殖过冬。因此,北方温室成为翌年露地唯一的虫源。传播途径是通过温室育苗移栽露地,将虫源传到露地蔓延为害;秋季露地育苗移栽保护地,再把露地虫源带入保护地,或成虫直接由露地转入邻近的保护地为害。

78.豌豆潜叶蝇

豌豆潜叶蝇 *Chromatomyia horticola* (Goureau)，又名豌豆彩潜蝇、油菜潜叶蝇、拱叶虫、夹叶虫、叶蛆，属双翅目，潜叶蝇科。

【为害状况】该虫是一种多食性害虫，可为害翠菊、雏菊、虞美人、二月兰等多种草本花卉。幼虫潜食叶片，在叶面上形成不规则的蛇形白色潜道(图 1–78a、图 1–78b、图 1–78c)，严重时叶片干枯脱落。

【识别特征】①成虫：体小，似果蝇。雌虫体长 2.3~2.7 mm，翅展 6.3~7.0 mm。雄虫体长 1.8~2.1 mm，翅展 5.2~5.6 mm。全体暗灰色而有稀疏的刚毛。复眼椭圆形，红褐色至黑褐色。眼眶间区及颅部的腹区为黄色。触角黑色，分 3 节，第 3 节近方形，触角芒细长，分成 2 节，其长度略大于第 3 节的 2 倍。②卵：为长卵圆形，长 0.30~0.33 mm，宽 0.14~0.15 mm。③幼虫：虫体呈圆筒形，外形为蛆形(图 1–78d)。④蛹：为围蛹，长卵形略扁，长 2.1~2.6 mm，宽 0.9~1.2 mm。

图 1–78a 豌豆潜叶蝇为害虞美人状

【生活习性】1 年发生 4~18 代，世代重叠，以蛹在被害叶片内越冬。从早春起，虫口数量逐渐上升，春末夏初为害猖獗。此虫不耐高温，35 ℃以上时自然死亡率高，活动减弱，甚至以蛹越夏，秋天再开始为害。成虫白天活动，吸食花蜜、善飞、会爬行、趋化性强。卵散产在叶背叶缘组织内，尤以叶尖处为多。幼虫

图 1–78b 豌豆潜叶蝇为害虞美人状

图 1-78c 豌豆潜叶蝇为害二月兰状

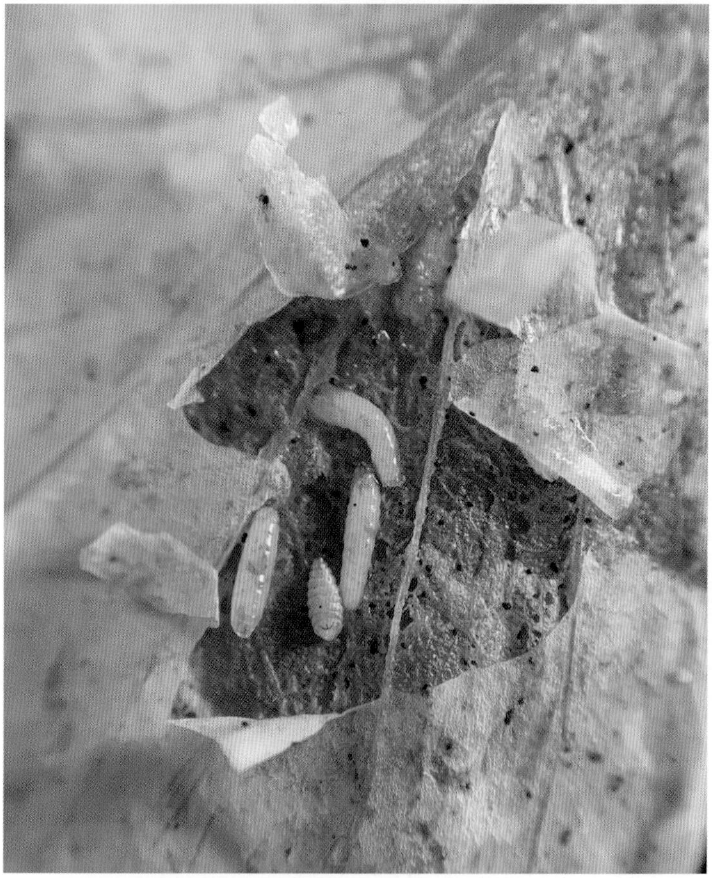

图 1-78d 豌豆潜叶蝇幼虫与蛹

孵化后即潜食叶肉，出现曲折的隧道。幼虫共 3 龄，老熟幼虫在隧道末端化蛹。

【潜叶蝇类的防冶措施】

（1）严格检疫，防止该虫扩大蔓延。

（2）消灭虫源：花卉种植前，彻底清除杂草、残株、败叶，并集中烧毁，减少虫源；种植前深翻，活埋地面上的蛹，且最好撒施 3%米尔乐颗粒剂，用量为 1.5~2.0 kg/667 m^2（1 亩≈667 m^2）；发生盛期，中耕松土灭蝇。

（3）采用防虫网阻隔或黄板诱杀成虫。

（4）药剂防治：幼虫发生期，可选用 50%吡蚜酮可湿性粉剂 2500~5000 倍液、10%氟啶虫酰胺水分散粒剂 2000 倍液、50%蝇蛆净水溶粉剂 2000 倍液喷洒防治。成虫发生期，用 80%敌敌畏乳油（200~300 mL/667 m^2）拌锯末点燃，熏杀成虫；或采用 22%敌敌畏烟剂，用量为 400~450 g/667 m^2。翌日 10 时左右及时放烟，以免造成药害。

（5）保护利用天敌，如姬小蜂、金小蜂、瓢虫、椿象、蚂蚁、草蛉、蜘蛛等。

二十、瘿蚊类

瘿蚊类害虫属于双翅目瘿蚊科，幼虫为害时，常刺激叶片形成卷叶状的虫瘿，瘿内具灰白色的“蛆虫”。

79.枣瘿蚊

枣瘿蚊 *Contaria* sp.，属双翅目，瘿蚊科。

【为害状况】 该虫为害枣树、酸枣树。以幼虫吸食枣、酸枣嫩芽与嫩叶的汁液，并刺激叶肉组织，使受害叶向叶面纵卷呈筒状，被害部位由绿变为紫红，质硬发脆，不久变黑枯萎，1 个卷叶内常有多头幼虫为害（图 1–79）。

【识别特征】 ①成虫：虫体似蚊，橙红或灰褐色。雌虫体长 1.4~2.0 mm，头、胸灰黄色，胸背隆起，黑褐色；复眼黑色，触角灰黑色；雌虫腹部大，共 8 节。雄虫略小，体长 1.1~1.3 mm，灰黄色；触角发达，长过体半，腹部细长。②卵：近圆锥形，长 0.3 mm，半透明，初产卵白色，后呈红色，具光泽。③幼虫：蛆状，长 1.5~2.9 mm，乳白色，无足。④蛹：为裸蛹，纺锤形，长 1.5~2.0 mm，黄褐色，头部有角刺 1 对。⑤茧：长椭圆形，长径 2 mm，丝质，灰白色，外粘土粒。

【生活习性】 1 年发生 5~6 代，以幼虫于树冠下土壤内作茧越冬。翌年枣树芽动后开始上升于近地面的表土中另作茧化蛹。5 月中下旬羽化为成虫，然后交尾产卵。第 1~4 代幼虫盛发期分别在 6 月上旬、6 月下旬、7 月中下旬、8 月上中旬，8 月中旬出现第 5 代幼虫，9 月上旬枣树新梢停止生长时，幼虫开始入土作茧越冬。成虫羽化后不久即飞翔，多于离地面 20 cm 以内。成虫喜阴暗，惧光，产卵多于夜间进行，卵产于枝端尚未开展的嫩叶上。幼虫为害至老熟时，脱叶或随受害叶落地入土作茧化蛹。全年有 5 次以上明显的为害高峰。枣瘿蚊喜欢在树冠低矮、枝叶茂密的枣枝或丛生的酸枣上为害，树冠高大、零星种植或通风透光良好的枣树受害轻。

图 1–79 枣瘿蚊为害枣树叶片状

80.刺槐瘿蚊

刺槐瘿蚊 *Obolodiplosis robiniae* (Haldemann)，又名刺槐叶瘿蚊，属双翅目，瘿蚊科。

【为害状况】幼虫为害刺槐，孵化后在叶片背面沿叶缘取食。一般是3~8头幼虫群集为害，刺激叶片组织增生肿大并卷曲，形成伪虫瘿（图1-80a）。

【识别特征】①成虫：体微小，纤细、外形似蚊。复眼发达，通常左右愈合成1个。触角念珠状，10~36节，每节有环生放射状细毛。喙或长或短，有下颚须1~4节。翅较宽，有毛或鳞毛，翅脉极少，纵脉仅3~5条，无明显的横脉，有的种类仅在前翅基部有1个基室。足细长，基节短，胫节无距，爪简单或有齿，具中垫和爪垫。腹部8节，伪产卵器极长或短，能伸缩。②卵：长卵圆形，淡褐红色，半透明，长0.27 mm，宽0.07 mm。产于叶片背面，散产。③幼虫：体纺锤形，白、黄、橘红或红色。头部退化。中胸腹板上通常有1个突出的剑骨片，有齿或分成2瓣，为弹跳器官，是鉴别种的特征之一（图1-80b）。④蛹：长2.6~2.8 mm，淡橘黄色，翅、足等附肢粘连，位于蛹体腹面，但与蛹体分离，下伸达蛹体长的3/4处；腹部2~8节，背面每节基部生有1个横排褐色刺突；头顶两侧各生有1个深褐色的长刺，直立而伸出于头顶。

图1-80a 刺槐瘿蚊为害形成的虫瘿

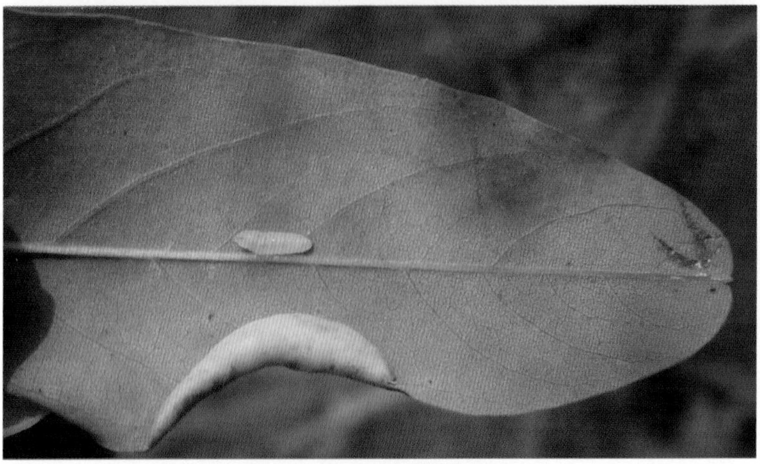

图1-80b 刺槐瘿蚊幼虫

【生活习性】1年发生多代，以老熟幼虫落地入土越冬。9月下旬至10月上旬，末代幼虫逐渐老熟，开始自卷叶边缘爬出，坠地入土在浅土层中越冬，至10月下旬，幼虫已大多入土越冬；11月上旬，全部越冬。

【瘿蚊类的防治措施】

（1）清理树上、树下的虫枝、虫叶、虫果，并集中烧毁，减少越冬虫源。

（2）成虫期采用灯光（黑光灯及诱蛾灯）灭虫法杀成虫，防止扩散蔓延。

（3）4月中下旬枣树、刺槐萌芽展叶时，喷施下列药剂：25%灭幼脲3号胶悬剂1000倍液、10%氯氰菊酯乳油2000倍液、25%噻嗪酮可湿性粉剂1500倍液、5%双丙环虫酯可分散液剂5000倍液、22.4%螺虫乙酯悬浮剂3000倍液。

二十一、软体动物类

软体动物类害虫属于软体动物门，其在外部形态、内部生理及生活习性等方面，与昆虫类害虫有着明显的不同。其包括两类：蜗牛与蛞蝓。

81.同型巴蜗牛

同型巴蜗牛 *Bradybaena similaris* (Ferussac)，又名水牛，属软体动物门，腹足纲，柄眼目，巴蜗牛科。

【为害状况】 该虫为害紫薇、芍药、海棠、玫瑰、月季、蔷薇、白蜡以及多种草本花卉。初孵幼螺只取食叶肉，留下表皮，稍大个体则用齿舌舔食嫩叶、嫩茎及果实。轻者食叶成缺刻或孔洞，严重的嫩芽被咬食，影响生长及开花。

【识别特征】 ①成体：贝壳中等大小，壳质厚，坚实，呈扁球形。壳高 12 mm、宽 16 mm，有 5~6 个螺层，顶部几个螺层增长缓慢，略膨胀，螺旋部低矮，体螺层增长迅速、膨大。壳顶钝，缝合线深。壳面呈黄褐色或红褐色，有稠密而细致的生长线。体螺层周缘或缝合线处常有 1 条暗褐色带(有些个体无)。壳口呈马蹄形，口缘锋利，轴缘外折，遮盖部分脐孔。脐孔小而深，呈洞穴状。个体之间形态变异较大(图 1–81a、图 1–81b)。②卵：圆球形，直径 2 mm，乳白色有光泽，渐变淡黄色，近孵化时为土黄色。

图 1–81a 同型巴蜗牛成虫

图 1–81b 同型巴蜗牛成虫

【生活习性】 1 年发生 1 代，以成贝在冬作物土中或作物秸秆堆下或以幼贝在冬作物根部土中越冬。翌年 4~5 月产卵，卵多产在根际湿润疏松的土中或缝隙中、枯叶、石块下，每个成贝可产卵 30~235 粒。孵化后生活在潮湿草丛中、田梗上、灌木丛、乱石堆下、植物根际土块及土缝中，也可生活在温室、塑料棚及阴暗潮湿的条件下，适应性强。

82.灰巴蜗牛

灰巴蜗牛 *Bradybaena ravida* (Benson)，又名蜒蚰螺、水牛儿，属软体动物门，腹足纲，柄眼目，巴蜗牛科。

【为害状况】该虫除为害月季、蜡梅、杜鹃、佛手等多种花木外，还为害草坪，尤其喜食三叶草、红花酢浆草等，发生严重时，每平方米可有80余头。

【识别特征】①成体：贝壳中等大小，壳质稍厚，坚固，呈圆球形。壳高19 mm、宽21 mm，有5~6个螺层，顶部几个螺层增长缓慢、略膨胀，体螺层急骤增长、膨大。壳面黄褐色或琥珀色，并具有细致而稠密的生长线和螺纹。壳顶尖。缝合线深。壳口呈椭圆形，口缘完整，略外折，锋利，易碎。轴缘在脐孔处外折，略遮盖脐孔。脐孔狭小，呈缝隙状。个体大小、颜色变异较大(图1-82a、图1-82b)。②卵：圆球形，白色。

图1-82a 灰巴蜗牛成虫

图1-82b 灰巴蜗牛成虫及为害状

【生活习性】1年发生1代，以成贝和幼贝在落叶下或浅土层中越冬。翌年3月上中旬开始活动，白天潜伏，傍晚或清晨取食，遇有阴雨天多整天栖息在植株上。4月下旬到5月上中旬成贝开始交配，后不久把卵成堆产在植株根茎部的湿土中，初产的卵表面具黏液，干燥后把卵粒粘在一起成块状。初孵幼贝多群集在一起取食，长大后分散为害，喜栖息在植株茂密低洼潮湿处。温暖多雨天气及田间潮湿地块受害重；遇有高温干燥条件，蜗牛常把壳口封住，潜伏在潮湿的土缝中或茎叶下，待条件适宜时，如下雨或灌溉后，于傍晚或早晨外出取食。11月中下旬又开始越冬。

83.野蛞蝓

野蛞蝓 *Agriolimax agrestis* (Linnaeus)，又名无蜒蚰螺，俗称鼻涕虫、黏腥虫、旱螺、软体蜗牛，属软体动物门，腹足纲，柄眼目，蛞蝓科。

【为害状况】 该虫食性很杂，可为害多种园林花卉植物。主要为害幼苗、幼嫩叶片和嫩茎，将其食成孔洞或缺刻，同时排泄粪便、分泌黏液污染植物。

【识别特征】 ①成体：体长 20~25 mm，爬行时体可伸长达 30~36 mm。体光滑柔软，无外壳。体色为黑褐色或灰褐色。头部与身体无明显分节，头前端着生唇须（前触角）、眼须（后触角）各 1 对，暗黑色。唇须长约 1 mm，起感觉作用。眼须长约 4 mm，其端部着生有眼点，色较深。口器位于头部腹面两唇须的凹陷处，内生有 1 条角质齿舌，用以嚼食植物叶片。体背中央隆起，前方有半圆形硬壳外套膜，约为体长的 1/3。其边缘卷起，内有 1 个退化的贝壳，头部收缩时即藏于膜下。呼吸孔在外套膜的后半部右侧 2/3 处，生殖孔位于右眼须的后侧方（图 1–83a）。肌肉组织的腺体能分泌黏液，覆布体表，凡爬行过的地方均留有白色痕迹（图 1–83b）。雌雄同体。②卵：椭圆形，直径 2~2.5 mm，白色透明可见卵核，且韧而富有弹性，近孵化时色变深。卵粒黏集成堆，每堆 8~9 粒，多的有 20 粒以上。③幼体：形似成体，全身淡褐色，外套膜下后方的贝壳隐约可见。初孵幼体长 2~2.5 mm，宽约 1 mm，1 周后长增至 3 mm，2 周后长至 4 mm，1 个月后长至 8 mm，3 个月后长达 10 mm、宽 2 mm，5~6 个月发育为成体（图 1–83c）。

【生活习性】 1 年四季均能繁殖为害，以春季和秋季繁殖最盛，为害最重。保护地内可常年发生。当成体性成熟后即可交配，交配后 2~3 天即可产卵，卵成堆产于潮湿土块下、土壤缝隙内或作物根际上，干燥的

图 1–83a 野蛞蝓成体

图 1–83b 野蛞蝓爬行留下的白色痕迹

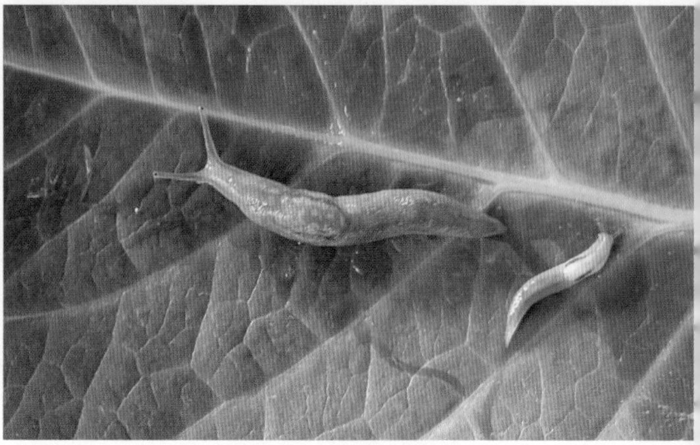

图 1–83c 野蛞蝓幼体

土壤不利于胚胎发育及卵的孵化。野蛞蝓成体、幼体均畏光怕热，喜阴暗、潮湿、多腐殖质的环境。成体、幼体白天隐藏在土块、背荫田埂杂草内或靠近地面的叶片下，夜晚至清晨及阴雨天外出取食活动。

【软体动物类的防治措施】

(1)发生量较小时，人工捡拾，集中杀灭。

(2)傍晚在害虫栖息处撒新鲜的石灰粉，用量为 75~112.5 kg/hm²，杀成体、幼体。

(3)用稀释成 70~100 倍的氨水，于夜间喷洒。

(4)在其活动场所或受害植物的周围，撒施 2%梅塔(灭旱螺)颗粒剂、6%蜗牛敌(多聚乙醛)颗粒剂，10 kg/hm²，或用蜗牛敌+豆饼+饴糖(1:10:3)制成的毒饵撒于草坪，诱杀蜗牛、蛞蝓。

二十二、鼠妇、马陆类

鼠妇属于甲壳纲，是甲壳纲类小动物中唯一的陆生类型；马陆属于节肢动物门，多足纲。其共同的为害特点是喜阴暗潮湿的环境。

84.卷球鼠妇

卷球鼠妇 *Armadillidium vulgare* (Latreille)，又名潮湿虫、西瓜虫、鞋底虫、地虱婆，属节肢动物门，甲壳纲，等足目，鼠妇科。

【为害状况】 该虫主要发生在保护地内，为害紫罗兰、海棠、仙客来、铁线蕨、瓜叶菊、仙人掌、金钟、仙人球、绒毛掌、松鼠尾、凤尾蕨、渐尖毛蕨、蜈蚣草、各类海棠、苏铁、水仙、含笑、松叶菊、天竺葵、一串红等花卉植物。成体、幼体取食寄主植物的幼嫩新根，咬断须根或咬坏球根，同时啃食地上部的嫩叶、嫩茎和嫩芽，造成局部溃烂。

【识别特征】 ①成体：体长 8~11 mm，长椭圆形，宽而扁，具光泽；体灰褐色或灰紫蓝色，胸部腹面略呈灰色，腹部腹面较淡白。体分 13 节，第 1 胸节与颈愈合，第 8、9 体节明显缢缩，末节呈三角形，各节背板坚硬；头宽 2.5~3 mm，头顶两侧有复眼 1 对，眼圆形稍突，黑色；触角土褐色，长短各 1 对，着生于头顶前端，其中长触角 6 节；短触角不显；口器小，褐色；腹足 7 对；雌体胸肢基部内侧有薄膜板，左右会合形成育室(图 1-84)。②幼体：初孵幼体白色，足 6 对，经过 1 次蜕皮后有足 7 对，蜕皮壳白色。

图 1-84 卷球鼠妇

【生活习性】 2 年发生 1 代，以成体或幼体在土层下、墙裂缝中或枯落叶下越冬。雌体产卵于胸部腹面的育室内，每雌产卵 30 余粒，卵经2个多月后在育室内孵化为幼鼠妇,随后幼体陆续爬出育室离开母体。1~2天后蜕第1次皮,再经6~7天后进行第2次蜕皮。幼体对蜕下的体皮自行取食或相互取食,幼体经多次蜕皮后便成熟。第2年3月大量出现,并为害植物。此虫性喜湿,不耐干旱,怕光,白天隐蔽,晚间活动。行动快、假死性强,受惊动时身体立刻蜷缩,头尾几乎相接呈球形。成体、幼体多潜伏在花盆排水孔或盆沿内外,夜间出来取食。

85.马陆

马陆 *Julidae bortersis* Wood,又名多足虫、草鞋爬子、百脚虫等,属节肢动物门,多足纲,山蛩虫科。

【为害状况】 该虫除为害草坪草外,受害植物还包括仙客来、瓜叶菊、洋兰、铁线蕨、吊钟海棠、文竹等花卉植物。成体、幼体取食根、嫩茎和叶,造成损伤和污染。

【识别特征】 ①成体:外形似蜈蚣状,体圆形稍扁,赤褐色或暗褐色,全体有光泽。头部着生触角1对,眼为单眼,口器在头的腹面,咀嚼式。体长25~30 mm,躯干共20节,每1体节有浅白色环带,背面两侧和步肢黄色。其最为明显的特征是每1体节有2对行动足(图1-85)。②卵:白色,圆球形。③幼体:初孵化的幼体白色、细长,经几次蜕皮后,体色逐渐加深。幼体和成体都能蜷缩成圆环状。

图1-85 马陆

【生活习性】 1年发生1代,性喜阴湿。一般生活在草坪土表、土块下面,或土缝内。白天潜伏,晚间活动为害。有时白天在地面爬行,常为单体活动,夏季雨后天晴出来爬行最多。受到触碰时,会将身体蜷曲成圆环形,呈假死状态,间隔一段时间后,复原活动。一般为害植物的幼根及幼嫩的小苗和嫩茎、嫩叶。卵产于草坪土表,卵成堆产,卵外有1层透明黏性物质,每头可产卵300粒左右。在适宜温度下,卵经过20天左右孵化为幼体,数月后成熟。寿命可达1年以上。

【鼠妇、马陆类的防治措施】

(1)保持草坪、花卉栽培场所的卫生,及时清除砖块、石块、花盆等杂物,扫除并烧毁枯枝落叶,以及减少其隐蔽场所。

(2)为害严重时,用24%氰氟虫腙悬浮剂600~800倍液、10%溴氰虫酰胺可分散油悬乳剂1500~2000倍液、10.5%三氟甲吡醚乳油3000~4000倍液、20%甲维·茚虫威悬浮剂2000倍液喷洒防治。

(3)毒饵诱杀:将麸皮或豆饼炒黄拌入500倍的“虫螨净”,撒在墙角等较暗的地方进行诱杀。

第二节　吸汁害虫

园林植物吸汁害虫种类很多，包括半翅目的蚜虫、介壳虫、叶蝉、蜡蝉、木虱、粉虱、蝽类，缨翅目的蓟马，蜱螨目的螨类等。其发生特点为：①以刺吸式口器吸取幼嫩组织的养分，导致枝叶枯萎；②发生代数多，高峰期明显；③个体小，繁殖力强，发生初期为害状不明显，易被人忽视；④扩散蔓延迅速，借风力、苗木传播远方；⑤多数种类为媒介昆虫，可传播病毒病和植原体病害。

一、蚜虫类

蚜虫类属半翅目蚜总科，为害园林植物的蚜虫种类很多。蚜虫的直接为害是刺吸汁液，使叶片褪色、卷曲、皱缩，甚至发黄脱落，形成虫瘿等，同时排泄蜜露，诱发煤污病。其间接为害是传播多种病毒，引起病毒病。在园林植物上常见的种类有：桃蚜、桃粉蚜、桃瘤蚜、月季长管蚜、棉蚜、苹果黄蚜、菊姬长管蚜、刺槐蚜、中国槐蚜、紫藤否蚜、胡萝卜微管蚜、东亚接骨木蚜、苹果瘤蚜、禾谷缢管蚜、紫薇长斑蚜、竹纵斑蚜、榆华毛斑蚜、榆长斑蚜、朴绵斑蚜、杨白毛蚜、柳倭蚜、女贞卷叶绵蚜、秋四脉绵蚜、榆绵蚜、杨枝瘿绵蚜、雪松长足大蚜、柏长足大蚜等。

86.桃蚜

桃蚜 *Myzus persicae* (Sulzer)，又名桃赤蚜、烟蚜、菜蚜、腻虫，属半翅目，蚜总科，蚜科。

【为害状况】 该虫为害桃、樱桃、海棠、郁金香、百日草、金鱼草、金盏花、樱花、蜀葵、梅花、夹竹桃、香石竹、大丽花、菊花、仙客来、一品红、白兰、瓜叶菊等植物。以成蚜、若蚜群集为害新梢、嫩芽和新叶。受害叶片向背面作不规则卷曲（图 1–86a）。

【识别特征】 ①无翅胎生雌蚜：体长约 2 mm，黄绿色或赤褐色，卵圆形。复眼红色，额瘤显著，腹管较长，圆柱形。②有翅胎生雌蚜：头及中胸黑色，腹部深褐色、绿色、黄绿或赤褐色，腹背有黑斑。复眼为红色，额瘤显著（图 1–86b）。③卵：长圆形，初为绿色，后变黑色。④若蚜：与无翅成蚜相似，身体较小，淡红色或黄绿色。

【生活习性】1年发生10~30代，以卵在枝梢、芽腋等裂缝和小枝等处越冬。温室中也可以雌蚜越冬。营孤雌生殖。生活史较复杂。翌年3月开始孵化为害，随气温增高桃蚜繁殖加快，4~6月虫口密度急剧增大，并不断产生有翅蚜迁飞至蜀葵及十字花科植物上为害。至晚秋10~11月又产生有翅蚜迁返桃树、樱花等树木。不久产生雌、雄性蚜，交配产卵越冬。

图1-86a 桃蚜为害桃树状

图1-86b 桃蚜的有翅蚜与无翅蚜

87.桃粉蚜

桃粉蚜 *Hyalopterus persikonus* (Miller, Lozier et Foottit)，又名桃大尾蚜、桃粉绿蚜、桃粉大蚜，属半翅目，蚜总科，蚜科。

【为害状况】 该虫为害桃、李、杏、樱桃、山楂、梨、梅、美人梅及禾本科植物等。以成蚜、若蚜群集于新梢和叶背刺吸汁液。被害叶片失绿并向叶背对合纵卷，卷叶内积有白色蜡粉，严重时叶片早落，嫩梢干枯(图1–87a、图1–87b)。排泄蜜露常致煤污病发生。

图1–87a 桃粉蚜为害紫叶桃状

【识别特征】 ①无翅胎生雌蚜：体长2.3 mm，宽1.1 mm，长椭圆形，绿色，被覆白粉，腹管细圆筒形，尾片长圆锥形，上有长曲毛5~6根（图1–87c）。②有翅胎生雌蚜：体长2.2 mm，宽0.89 mm，体长卵形，头、胸部黑色，腹部橙绿色至黄褐色，被覆白粉，腹管短筒形，触角黑色，第3节上有圆形次生感觉圈数十个。③卵：椭圆形，长0.5~0.7 mm，初产时黄绿色，后变黑绿色，有光泽。④若虫：形似无翅胎生雌蚜，但体小，淡绿色，体上有少量白粉。

图1–87b 桃粉蚜为害桃树状

【生活习性】 1年发生10~20代，以卵在桃、美人梅等冬寄主的芽腋、裂缝及短枝杈处越冬。冬寄主萌芽时孵化，群集于嫩梢、叶背为害繁殖。5~6月繁殖最盛为害严重，大量产生有翅胎生雌蚜，迁飞到夏寄主（禾木科等植物）上为害繁殖，10~11月产生有翅蚜，返回冬寄主上为害繁殖，产生有性蚜，交尾产卵越冬。

图1–87c 桃粉蚜的若蚜与无翅胎生雌蚜

88.桃瘤蚜

桃瘤蚜 *Tuberocephalus momonis* (Matsumura)，又名桃瘤头蚜、桃纵卷瘤蚜，属半翅目，蚜总科，蚜科。

【为害状况】该虫为害桃、碧桃、樱桃、梅、梨等园林植物和艾蒿等菊科植物。近年来，桃树受害十分严重。该虫自桃树发芽即可为害，成蚜、若蚜群集叶背刺吸汁液。被害叶片从边缘向背面纵卷，被害处组织增厚，凹凸不平，初淡绿，后呈桃红色；严重时全叶卷曲似绳状，逐渐干枯(图 1-88a)。

【识别特征】①无翅胎生雌蚜：体长约 2 mm，长椭圆形，肥大，深绿、黄绿、黄褐至暗黄褐色不等。复眼赤褐色，额瘤明显。触角共 6 节，第 3 节后半部及第 6 节呈覆瓦状。中胸两侧具小瘤状突起。腹部背面有黑色斑纹，腹管圆柱形。尾片短小，较腹管短(图 1-88b)。②有翅胎生雌蚜：体长 1.8 mm，翅展约 5 mm，浅黄褐色，翅透明，脉黄色。腹部背面有黑色斑纹。体深绿、黄绿、黄褐等色。③卵：椭圆形黑色。④若蚜：与无翅胎生雌蚜相似，有翅芽，体较小、淡黄或浅绿色，头部和腹管深绿色。复眼朱红色。有翅若蚜胸部发达。

图 1-88a 桃瘤蚜为害桃树状

【生活习性】1 年发生 10 余代，有世代重叠现象，以卵在桃、樱桃等树木的枝条、芽腋处越冬。翌年寄主发芽后孵化为干母。群集在叶背面取食为害，形成上述为害状。大量成虫和若虫藏在组织增厚的卷叶里为害，增加了防治难度。5~7 月是桃瘤蚜的繁殖、为害盛期。此时产生有翅胎生雌蚜迁飞到艾草等菊科植物上为害，晚秋 10 月份又迁回到桃、樱桃等树木上，产生有性蚜，交尾产卵越冬。

图 1-88b 桃瘤蚜的无翅胎生雌蚜与若蚜

89.棉蚜

棉蚜 *Aphis gossypii* Glover，又名瓜蚜、腻虫，属半翅目，蚜总科，蚜科。

【为害状况】 该虫为害木槿、石榴、扶桑、一串红、茶花、菊花、牡丹、常春藤、紫叶李、兰花、大丽花、紫荆、仙客来、玫瑰等植物。以成蚜和若蚜群集在寄主的嫩梢、花蕾、花朵和叶背，吸取汁液，使叶片皱缩，影响开花，还可诱发煤污病（图 1-89a、图 1-89b、图 1-89c、图 1-89d）。

【识别特征】 ①无翅胎生雌蚜：体长 1.5~1.8 mm，春季墨绿色，夏季棕黄至黑色；腹管圆筒形，尾片圆锥形（图 1-89e、图 1-89f）。②有翅胎生雌蚜：体长 1.2~1.9 mm，黄色或浅绿色，前胸背板黑色，腹部两侧有 3~4 对黑斑纹。腹管黑色，圆管形，尾片同无翅型。③卵：初产时橙黄色，6 天后变为漆黑色，有光泽，卵产在越冬寄主的叶芽附近。④无翅若蚜：与无翅胎生雌蚜相似，但体较小，腹部较瘦。⑤有翅若蚜：形状同无翅若蚜，2 龄出现翅芽，向两侧后方伸展，端半部灰黄色。

图 1-89a 棉蚜为害石榴状

图 1-89b 棉蚜为害扶桑状

图 1-89c 棉蚜为害大叶黄杨状

【生活习性】 1 年发生 20 代左右，以卵在木槿、石榴等枝条的芽腋处越冬。翌年春 3~4 月孵化为干母，在越冬寄主上进行孤雌胎生，繁殖 3~4 代，4~5 月产生有翅胎生雌蚜，飞

图 1-89d 棉蚜为害菊花状

图 1-89e 早春为害木槿的棉蚜无翅胎生雌蚜与若蚜

到菊花、扶桑、茉莉、瓜叶菊等夏寄主上为害,并继续孤雌生殖,晚秋10 月间产生有翅迁移蚜从夏寄主迁到冬寄主上，与雄蚜交配后产卵,以卵越冬。温室内可常年繁殖为害。

棉蚜是世界性害虫,已知寄主有 300 多种,可传播 55 种病毒,在花卉中有郁金香裂纹病毒、百合丛簇病毒及无病状病毒、美人蕉花叶病毒、锦葵黄化病毒、报春花花叶病毒、曼陀罗蚀纹病毒等。

图 1-89f 早春为害木槿的棉蚜无翅胎生雌蚜与若蚜

图 1-90a 月季长管蚜为害月季状

90.月季长管蚜

月季长管蚜 *Macrosiphum rosivorum* Zhang,属半翅目,蚜总科,蚜科。

【为害状况】 该虫为害月季、蔷薇、十姊妹等蔷薇属植物。以成蚜、若蚜群集于新梢、嫩叶和花蕾上为害(图 1-90a、图 1-90b)。植株受害后,枝梢生长缓慢,花蕾和幼叶不易伸展,花形变小。

【识别特征】 ①无翅胎生雌蚜:体形较大,长 4.2 mm。体长卵形,淡绿色,缘瘤圆形,位于前胸及第 2~5 腹节,头部黄色至浅绿色,胸、腹部草绿色,有时橙红色。背面及腹部有明显瓦纹,头部额瘤隆起,并明显地向外突出呈“W”形。腹管黑色,

图 1-90b 月季长管蚜为害蔷薇状

长圆筒形,端部有网纹,其余为瓦纹,约为尾片的 2.5 倍。尾片圆锥形,淡色,表面有小圆突起构成的横纹。②有翅胎生雌蚜:体长 3.5 mm,草绿色,中胸土黄色,腹部各节有中斑、侧斑、缘斑,第 8 节有大而宽的横带斑。③若蚜:较成蚜小,初孵若蚜体长约 1 mm,色淡,初为白绿色,渐变为淡黄绿色,复眼红色。

【生活习性】 1 年发生 10~20 代,以成蚜和若蚜在月季、蔷薇的叶芽和叶背越冬。营孤雌生殖。无翅胎生雌蚜 4 月初开始发生,4 月中下旬至 5 月发生数量和被害株数均明显增多。7~8 月高温天气对其不适宜,9~10 月发生量又增多。平均气温在 20 ℃左右,气候又比较干燥时,利于其生长和繁殖。温室内可常年繁殖为害。

91.苹果黄蚜

苹果黄蚜 *Aphis spriaecola* Patch,又名苹果蚜、绣线菊蚜,属半翅目,蚜总科,蚜科。

【为害状况】 该虫主要为害苹果、海棠、梨、山楂、绣线菊、樱花、榆叶梅、木瓜等植物。以

图 1-91a 苹果黄蚜为害木瓜海棠状

成蚜、若蚜群集为害新梢、嫩芽和新叶,受害叶片向背面横卷(图 1–91a)。

【识别特征】①无翅胎生雌蚜:体长 1.6~1.7 mm,宽 0.95 mm 左右。体近纺锤形,黄、黄绿或绿色。头部、复眼、口器、腹管和尾片均为黑色,口器伸达中足基节窝,触角显著比体短,基部浅黑色,无次生感觉圈。腹管圆柱形向末端渐细,尾片圆锥形,生有 10 根左右弯曲的毛,体两例有明显的乳头状突起,尾板末端圆,有毛 12~13 根(图 1–91b)。②有翅胎生雌蚜:体长 1.5~1.7 mm,翅展约 4.5 mm,体近纺锤形,头、胸、口器、腹管、尾片均为黑色,腹部绿、浅绿、黄绿色,复眼暗红色,口器黑色伸达后足基节窝,触角丝状 6 节,较体短,第 3 节有圆形次生感觉圈 6~10 个,第 4 节有 2~4 个,体两例有黑斑,并具明显的乳头状突起。尾片圆锥形,末端稍圆,有 9~13 根毛。③卵:椭圆形,长径约 0.5 mm,初产浅黄、渐变黄褐、暗绿,孵化前漆黑色,有光泽。④若蚜:鲜黄色,无翅若蚜腹部较肥大、腹管短,有翅若蚜胸部发达,具翅芽、腹部正常。

【生活习性】1 年发生 10 代左右,以卵在寄主植物的树皮缝、芽腋等处越冬。翌年 3 月花木萌芽时,越冬卵孵化,4 月下旬至 6 月中旬为发生盛期,5 月中旬至 6 月上旬为高峰,群集刺吸幼芽、嫩梢和幼叶汁液,造成叶片卷曲、枯黄,提早落叶。6 月中旬后蚜量减少,9 月中旬又有所增长,11 月下旬产卵越冬。

图 1–91b 苹果黄蚜的无翅胎生雌蚜与若蚜

92.苹果瘤蚜

苹果瘤蚜 *Ovatus malisuctus* (Matsumura)，又名苹果卷叶蚜、腻虫、油汗，属半翅目，蚜总科，蚜科。

【为害状况】 该虫为害苹果、沙果、海棠、山荆子等植物。以成蚜、若蚜群集叶片、嫩芽吸食汁液，受害叶边缘向背面纵卷成条筒状。通常仅为害局部新梢，被害叶由两侧向背面纵卷，有时卷成绳状，叶片皱缩，瘤蚜在卷叶内为害，叶外表看不到瘤蚜，被害叶逐渐干枯（图 1–92）。

【识别特征】 ①无翅胎生雌蚜：体长 1.4~1.6 mm，近纺锤形，体暗绿色或褐色，头漆黑色，复眼暗红色，具有明显的额瘤。②有翅胎生雌蚜：体长 1.5 mm 左右，卵圆形。头、胸部暗褐色，具明显的额瘤，且生有 2~3 根黑毛。③卵：长椭圆形，黑绿色而有光泽，长径约 0.5 mm。④若蚜：体小似无翅蚜，体淡绿色。其中有的个体胸背上具有 1 对暗色的翅芽，此型称翅基蚜，日后则发育成有翅蚜。

【生活习性】 1 年发生 10 多代，以卵在枝条的芽两侧缝隙处或锯口处越冬。越冬卵在发芽时开始孵化，自春至秋季均为孤雌生殖，以群集刺吸为害，5~6 月中旬为害最重。进入 11 月份以后产生有性蚜，交尾产卵，以卵越冬。

图 1–92 苹果瘤蚜为害海棠状

93.菊姬长管蚜

菊姬长管蚜 *Macrosiphoniella sanborni* (Gillette)，又名菊小长管蚜。属半翅目,蚜总科,蚜科。

【为害状况】该虫为害菊花、翠菊、天人菊、早小菊、万寿菊、波斯菊、五色菊、金不凋、野菊、悬崖菊、非洲菊等菊科植物。以成蚜和若蚜群集在嫩梢和叶柄上为害，有的在叶背为害,使叶片卷缩,影响新叶和嫩梢生长;开花前,还可群集为害花梗,影响开花。该虫分泌物还易诱发煤污病的发生。严重为害时，植株矮化或死亡（图1-93a、图1-93b、图1-93c）。

【识别特征】①无翅胎生雌蚜:体深红褐色,长2.0~2.5 mm;触角、腹管和尾片暗褐色;腹管圆筒形,末端渐细,表面呈网眼状。尾片圆锥形,表面有齿状颗粒，并长有11~15根毛（图1-93d、图1-93e）。②有翅胎生雌蚜:体暗红褐色,具翅1对。腹部斑纹较无翅型显著;腹管、尾片形状同无翅型，尾片毛9~12根。③若蚜:体赤褐色,体态似无翅成蚜。

【生活习性】1年发生10余代，在留种菊花叶腋和芽上越冬。翌年3~4月活动为害与繁殖,每年以4~6月、9~10月为害严重。夏季多雨时虫口密度下降,10月随寄主进入温室越冬。

图1-93a　菊姬长管蚜为害菊花状

图1-93b　菊姬长管蚜为害菊花状

图 1–93c 菊姬长管蚜为害野菊状

图 1–93d 菊姬长管蚜的无翅胎生雌蚜

图 1–93e 菊姬长管蚜的无翅胎生雌蚜

94.中国槐蚜

中国槐蚜 *Aphis sophoricola* Zhang，俗称腻虫、油虫，属半翅目，蚜总科，蚜科。

【为害状况】该虫为害国槐、龙爪槐、江南槐、紫穗槐、刺槐、蝴蝶槐、河南槐、紫藤和白玉兰等植物的嫩梢、嫩叶、花序（图 1–94a、图 1–94b），严重影响苗木正常生长。

【识别特征】①无翅胎生雌蚜：体长为 2 mm，较肥胖，黑色，体背被有蜡粉（图 1–94c）。②有翅胎生雌蚜：体长为 1.6 mm，黑色有光泽，触角与体等长，腹部有硬化斑，腹管细长。③卵：黑色。若虫黑褐色，被有白色蜡粉。

【生活习性】1 年发生 20 余代，以卵或若蚜在杂草中越冬。翌年 3 月卵孵化为害。4~5 月出现有翅蚜，迁移到槐树上为害。6 月增殖迅速，其为害最甚。夏季多雨时虫口密度大幅度下降。10 月有翅蚜迁飞到冬寄主上为害并越冬。

图 1–94a 中国槐蚜为害国槐嫩梢状

图 1–94b 中国槐蚜为害国槐花序状

图 1–94c 中国槐蚜的无翅胎生蚜

95.刺槐蚜

刺槐蚜 *Aphis robiniae* Macchiati，属半翅目，蚜总科，蚜科。

【为害状况】该虫为害刺槐、香花槐、紫穗槐等多种豆科植物。以成蚜、若蚜群集刺槐新梢吸食汁液，引起新梢弯曲，嫩叶卷缩，枝条不能生长（图 1-95a、图 1-95b），同时其分泌物常引起煤污病。

图 1-95a 刺槐蚜为害刺槐嫩梢状

【识别特征】①无翅胎生雌蚜：体长 2 mm 左右，卵圆形，体漆黑色，有光泽，头、胸及腹部第 1~6 节背面有明显六角形网纹；腹部第 7、8 节有横纹。②有翅胎生雌蚜：长卵圆形，体黑色，光滑，翅灰白色，透明。

【生活习性】1 年发生 20 多代，以无翅孤雌蚜、若蚜或少量卵于背风向阳处的野豌豆等豆科植物的心叶及根茎交界处越冬。翌年 3 月在越冬寄主上大量繁殖。至 4 月中下旬产生有翅孤雌蚜迁飞扩散至刺槐、紫穗槐上为害，为第 1 迁飞扩散高峰；5 月底 6 月初，有翅孤雌蚜又出现第 2 迁飞高峰；6 月份在刺槐上大量增殖形成第 3 迁飞扩散高峰。刺槐严重受害，新梢枯萎弯曲、嫩叶蜷缩。7 月下旬因雨季高温高湿，种群数量明显下降；但分布在阴凉处的刺槐和紫穗槐上的蚜虫仍继续繁殖为害。到 10 月间又见在紫穗槐收割后的萌芽条上繁殖为害。以后逐渐产生有翅蚜迁飞至越冬寄主上繁殖为害并越冬。

图 1-95b 刺槐蚜为害香花槐嫩梢状

96.日本忍冬圆尾蚜

日本忍冬圆尾蚜 *Amphicercidus japonicus* (Hori),属半翅目,蚜总科,蚜科。

【为害状况】该虫以成蚜、若蚜刺吸金银木叶片及新梢汁液,使得叶片失绿,同时产生蜜露,引发煤污病,严重时造成新梢坏死(图 1-96a、图 1-96b、图 1-96c、图 1-96d、图 1-96e)。

【识别特征】①无翅胎生雌蚜:体长 2.5~3.4 mm;体污绿至污黄色,被厚蜡粉;触角端节、腿节端、胫节端及跗节褐色或黑褐色;触角短于体长,约为体长的 4/5;腹管长筒形,为尾片长的 5 倍(图 1-96f)

【生活习性】1 年发生数代,有时发生数量很大。

图 1-96a 日本忍冬圆尾蚜为害金银木枝条状

图 1-96b 日本忍冬圆尾蚜为害金银木造成叶片卷曲状

图 1-96c 日本忍冬圆尾蚜为害金银木使得叶面产生"蜜露"状

图 1-96d 日本忍冬圆尾蚜为害金银木造成枝条枯萎状

图 1-96e 日本忍冬圆尾蚜为害金银木造成叶片黄枯状

图 1-96f 日本忍冬圆尾蚜的无翅胎生蚜

97.紫藤否蚜

紫藤否蚜 *Aulacophoroides hoffmanni* (Takahashi)，属半翅目，蚜总科，蚜科。

【为害状况】该虫主要为害紫藤。以成蚜、若蚜群集于紫藤嫩梢、幼叶背面为害，常布满整个嫩梢。被害叶蜷缩，嫩梢扭曲(图 1–97a)，严重时可造成枝梢枯死，严重影响生长、开花和观赏。

图 1–97a 紫藤否蚜为害紫藤嫩梢状

【识别特征】①无翅胎生雌蚜：体卵圆形，长约 3.3 mm，宽约 2 mm，棕褐色。复眼红褐色，触角及腹管紫褐色，腹管长。身体背面有不明显红褐色斑纹。足腿节、跗节紫褐色(图 1–97b)。②有翅胎生雌蚜：体卵圆形，长约 3.3 mm，宽约 2 mm，头、胸黑色，腹部褐色，有黑斑。③若蚜：椭圆形，浅棕褐色，复眼红色。随虫龄增大，腹部逐渐膨大成卵圆形。

图 1–97b 紫藤否蚜的无翅胎生雌蚜

【生活习性】1 年发生 7~8 代。5 月开始发生，为害紫藤嫩梢和嫩叶，以无翅胎生雌虫进行卵胎生大量繁殖，7 月后随气温上升而虫口密度一度下降，秋凉后虫口复增。春、秋季盛发时，产生有翅胎生雌虫迁飞到其他植株上，继续胎生繁殖。一般种植于荫蔽处的紫藤容易盛发该虫。

98.芒果蚜

图 1-98a 芒果蚜为害盐肤木状——分泌蜜露

芒果蚜 *Aphis odinae* (van der Goot)，属半翅目，蚜总科，蚜科。

【为害状况】该虫为害盐肤木、梧桐、樱花、栎、栾树、海桐、栗、槭树等植物。以成蚜、若蚜聚集于叶背、叶柄刺吸汁液，分泌蜜露（图 1-98a），可诱发煤污病。

【识别特征】①无翅胎生雌蚜：体长 2.5 mm，宽圆卵形，褐、红褐、黑褐、灰绿或黑绿色，有薄粉，中额瘤略显，额瘤明显，触角为体长一半，后足胫节内侧有长毛，体表有清楚网纹，毛长，腹背有五边形网纹，腹缘有微刺，腹面有长菱形斑纹。②有翅胎生雌蚜：体长 2.1 mm，长卵形，头胸黑色，腹部黑至黑绿色，有黑斑，第 6、7 腹节有横带，第 8 腹节横带贯全节，触角为体长 2/3，腹管圆筒形，长为基宽的 1/2，前斑小，后斑大，尾片长圆锥形，有毛 9~18 根（图 1-98b）。

【生活习性】1 年发生数代，以卵越冬。在嫩叶、叶柄及幼枝上为害，严重时诱发煤污病。

图 1-98b 芒果蚜的有翅胎生雌蚜与无翅胎生雌蚜

99.柳黑毛蚜

柳黑毛蚜 *Chaitophorus saliniger* Shinji，属半翅目，蚜总科，蚜科。

【为害状况】该虫为害柳、垂柳、杞柳、龙爪柳等柳属植物。该虫为间歇性暴发为害的蚜虫，大发生时常盖满叶背，有时在枝干地面可到处爬行，同时排泄大量蜜露在叶面上引起煤污病。为害严重时，造成大量落叶，甚至可使10年以上的大柳树死亡。

图1-99a 柳黑毛蚜无翅胎生雌蚜与若蚜

图1-99b 柳黑毛蚜为害柳叶状

【识别特征】①无翅胎生雌蚜：体卵圆形，长约1.4 mm，全体黑色；体表粗糙，胸背有圆形粗刻点，构成瓦纹；腹管截断形，有很短瓦纹，尾片瘤状（图1-99a）。②有翅胎生雌蚜：体长卵形，长约1.5 mm，体黑色，腹部有大斑。触角长0.81 mm，超过体长一半，腹管短筒形，仅0.06 mm。

【生活习性】1年发生20余代，以卵在柳枝上越冬。翌年3月柳树发芽时越冬卵孵化，在柳叶正反面沿中脉为害（图1-99b），5~6月大发生，严重时虫体常盖满叶片，且常常在枝条、地面爬行，并造成大量落叶。5月下旬至6月上旬产生有翅蚜，扩散为害，多数世代为无翅孤雌胎生雌蚜。雨季种群数量下降。10月下旬产生性蚜后交尾产卵越冬，全年在柳树上生活。

100.杨白毛蚜

杨白毛蚜 *Chaitophorus populialbae* (Boyer de Fonscolombe),属半翅目,蚜总科,蚜科。

【为害状况】该虫为害毛白杨、河北杨、北京杨、大官杨、箭杆杨、小叶杨和唐柳等植物,其中以毛白杨受害严重。成蚜、若蚜群集在叶片、幼枝和嫩芽刺吸为害(图1-100a、图1-100b),导致叶片干硬,植株生长不良,易引起早落叶,大量蜜露常引起煤污病的发生(图1-100c)。大量发生时所分泌的蜜露如微雨飘落一地,在地面形成一层褐色黏液。

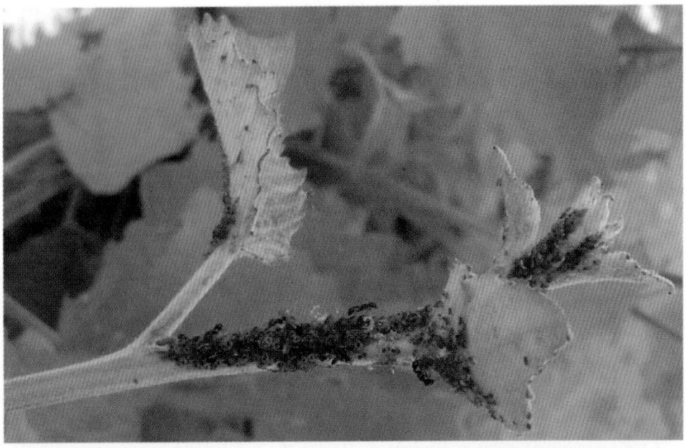

图1-100a 杨白毛蚜为害毛白杨嫩梢状

图1-100b 杨白毛蚜为害毛白杨叶片状

【识别特征】①无翅胎生雌蚜:长约1.9 mm,白至淡绿色,胸背面中央有深绿色斑纹2个,腹部背面有5个,体密生刚毛。②有翅胎生雌蚜:体长约1.9 mm,浅绿色,头部黑色,复眼赤褐色,翅痣黑褐色,中、后胸黑色,腹部深绿或绿色,背面有黑横斑。③卵:长圆形,灰黑色。④干母:体长约2.0 mm,淡绿或黄绿色。⑤若蚜:初期白色,后变绿色,复眼赤褐色。

【生活习性】1年发生10余代,以卵在芽腋等处越冬。翌年春季杨树叶芽萌发时,卵孵化。干母多在嫩叶和叶柄上为害,5~6月产生有翅孤雌胎生蚜扩散为害,尤其喜欢为害毛白杨的幼林、幼苗,在瘿螨为害形成的虫瘿内也有大量个体。整个生长期若蚜多群集在嫩枝上为害,叶背发生量少些。秋季比春季发生严重。常引起嫩枝变形,并诱发煤污病。10月下旬开始产卵,卵产在当年生的新条芽腋处,随着气温下降,11月下旬越冬。

图1-100c 杨白毛蚜为害引发的煤污病

101.禾谷缢管蚜

图 1-101a 禾谷缢管蚜为害榆叶梅状

禾谷缢管蚜 *Rhopalosiphum padi* (Linnaeus)，又名黍蚜，属半翅目，蚜总科，蚜科。

【为害状况】该虫为害榆叶梅、梅花、毛樱桃、西府海棠、碧桃、樱花、绣线菊、美人蕉、月季、细叶结缕草、野牛草等植物。以成蚜、若蚜初春为害梅花、榆叶梅等花木的新叶，在叶背吮吸汁液，受害叶片向叶背纵卷（图 1-101a），进而枯黄脱落，严重时，被害叶株卷曲率可达 90%以上。

【识别特征】①无翅胎生雌蚜：体长 1.9 mm，宽卵形，虫体黑绿色，嵌有黄绿色纹，被有薄粉。触角 6 节，黑色，长超过体长之半。复眼黑色，中额瘤隆起，喙粗壮，比中足基节长，长是宽的 2 倍。腹部暗红色，腹管黑色，圆筒形，短，端部缢缩为瓶颈状。尾片长圆锥形，具 4 根毛（图 1-101b）。②有翅胎生雌蚜：体长 2.1 mm，长卵形，头、胸部黑色，腹部深绿色，具黑色斑纹。额瘤不明显，触角比体长短，第 3 节具圆形次生感觉圈 19~30 个，第 4 节 2~10 个。前翅中脉 3 条，前两条分叉、甚小。第 7、8 节腹背具中横带。腹管近圆形，黑色，短，端部缢缩为瓶颈状。③卵：初产时黄绿色，较光亮，稍后转为墨绿色。

【生活习性】1 年发生 10~20 代，以卵在桃、李、杏等李属植物上越冬。翌年春季越冬卵孵化后，先在树木上繁殖几代，再迁飞到小麦、玉米等禾本科植物上繁殖为害。秋后产生雌雄性蚜，交配后在李属树木上产卵越冬。

图 1-101b 禾谷缢管蚜的无翅胎生雌蚜与若蚜

102.东亚接骨木蚜

东亚接骨木蚜 *Aphis horii* Takahashi，属半翅目，蚜总科，蚜科。

【为害状况】 该虫为害接骨木。以成蚜、若蚜分布于幼嫩枝条与叶背为害（图 1-102a、图 1-102b），分泌蜜露（图 1-102c），诱致煤污病。

【识别特征】 ①无翅胎生雌蚜：体长约 2.3 mm，卵圆形，黑蓝色，具光泽；触角第 6 节基部短于鞭部的 1/2，长于第 4 节；前胸和各腹节分别有缘瘤 1 对；足黑色，体毛尖锐；腹管长筒形，长为尾片的2.5 倍；尾片舌状，毛 14~16 根，尾板半圆形。②有翅胎生蚜：体长约 2.4 mm，长卵形，黑色有光泽，足黑色；触角第 6 节鞭部长于第 4 节；腹部有缘瘤；腹管长于触角第 3 节。③若蚜：个体小，颜色较浅（图 1-102d）。

【生活习性】 1 年发生多代，以卵在接骨木上越冬。翌年 4 月孵化，群集于寄主嫩梢与嫩叶背面为害，5~6 月为害重。

图 1-102a 东亚接骨木蚜为害嫩茎状

图 1-102b 东亚接骨木蚜为害嫩叶叶背状

图 1-102c 东亚接骨木蚜为害形成“蜜露”状

图 1-102d 东亚接骨木蚜的若虫态

103.紫薇长斑蚜

紫薇长斑蚜 *Sarucallis kahawaluokalani* (Kirkaldy),又名紫薇棘尾蚜,属半翅目,蚜总科,斑蚜科。

【为害状况】 该虫为害紫薇。以成蚜、若蚜密集于嫩梢、嫩叶背面吮吸汁液,使新梢扭曲,嫩叶蜷缩,凹凸不平,影响花芽形成,并使花序缩短,甚至无花,同时还会诱发煤污病,传播病毒病。

【识别特征】 ①无翅胎生雌蚜:长椭圆形,体长 1.6 mm 左右,黄、黄绿或黄褐色;头、胸部黑斑较多,腹背部有灰绿和黑色斑;触角 6 节,细长,黄绿色;腹管短筒形。②有翅胎生雌蚜:体长约 2 mm,长卵形,黄或黄绿色,具黑色斑纹;触角 6 节;前足基节膨大,腹管短筒状(图 1-103)。

【生活习性】 1 年发生 10 余代,以卵在芽腋、芽缝、枝杈等处越冬。翌春当紫薇萌发新梢抽长时,越冬卵开始孵化为干母,干母成熟后,营孤雌生殖。至 6 月以后虫口不断上升,并随着气温的增高而不断产生有翅蚜,有翅蚜再迁飞扩散。8 月份为害最重,炎热夏季或阴雨连绵时虫口密度下降。秋季产生两性蚜,雌雄交尾后,产卵越冬。

图 1-103 紫薇长斑蚜各虫态

104.榆长斑蚜

榆长斑蚜 *Tinocallis saltans* (Nevsky),属半翅目,蚜总科,斑蚜科。

【为害状况】 该虫为害榆树、紫穗槐。以成蚜、若蚜聚集于叶背刺吸汁液。

【识别特征】 ①有翅胎生雌蚜:体长约 2 mm,金黄色,有明显黑斑;头部无背瘤,体背有明显黑色或淡色瘤;前胸背板有淡色中瘤 2 对,中胸和第 1~8 腹节各有中瘤 1 对,中胸中瘤大于触角第 2 节,第 1~5 腹节有缘瘤,每瘤生刚毛 1 根;触角 6 节,约为体长的 2/3,

第 3 节有毛和长卵形次生感觉孔 9~15 个。翅脉正常，有深色；腹管短筒形，无缘突，有切迹；尾片瘤状，毛 9~13 根(图 1-104)。未见无翅型。

【生活习性】 成虫活跃，在叶背分散为害，6 月大发生时布满叶背，以背风向阳幼树为多。

图 1-104 榆长斑蚜的有翅胎生雌蚜

105.榆华毛斑蚜

榆华毛斑蚜 *Sinochaitophorus maoi* Takahashi，属半翅目，蚜总科，斑蚜科。

【为害状况】 该虫为害榆树。以成蚜、若蚜聚集于叶背刺吸汁液。

【识别特征】 ①无翅胎生雌蚜：体长约 1.5 mm，卵圆形，黑色，背中带白绿色，附肢淡色，头、胸和第 1~6 腹节愈合一体呈大斑；前胸、第 1~7 节有馒头形缘瘤；体背长毛分叉；触角 6 节；腹管短筒形，微显瓦纹，无缘突和切迹，尾片瘤状，端圆，毛 8~10 根，尾板分两片呈瘤状(图 1-105)。②有翅胎生雌蚜：体长约 1.6 mm，长卵形，体背黑色，体毛尖长；第 1~6 腹节各有缘斑 1 个，第 7~8 节各有横带 1 个，第 1~6 腹节各有中、侧黑斑愈合横带。翅脉灰色，各有黑色宽镶边，前翅仅基部及脉间有透明部分，尾片瘤状，毛 5~7 根。

【生活习性】 1 年发生多代，以卵在榆树芽苞附近越冬。翌年早春孵化，5~10 月均有为害，有翅蚜极少。在幼叶背面及幼茎为害。

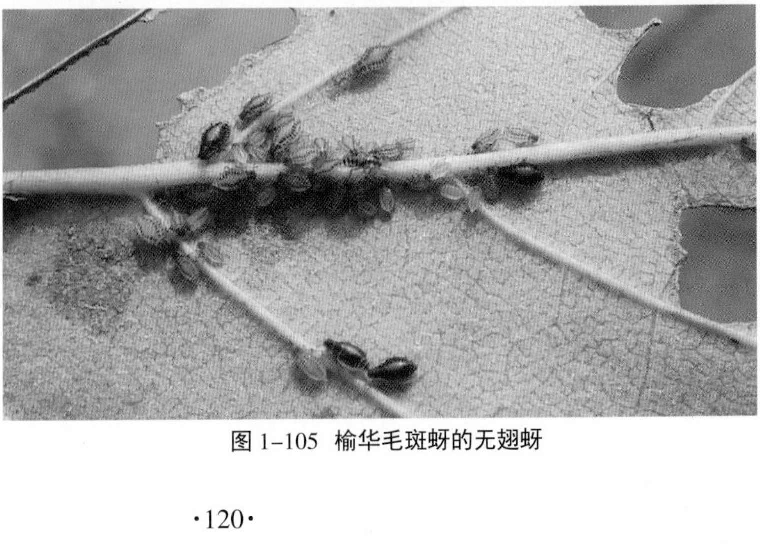

图 1-105 榆华毛斑蚜的无翅蚜

106.竹纵斑蚜

竹纵斑蚜 *Takecallis arundinariae* (Essig),属于半翅目,蚜总科,斑蚜科。

【为害状况】 该虫为害淡竹、斑竹、金明竹、乌哺鸡竹、红竹、早竹等竹类。被害嫩竹叶出现萎缩、枯白,蚜虫分泌物粘落处滋生煤污病,污染竹叶,影响光合作用和观赏性(图 1-106a、图 1-106b)。

【识别特征】 ①无翅胎生雌蚜:体长 2.2~2.3 mm,长卵圆形,淡黄、淡绿色,背被薄白粉(图 1-106c、图 1-106d)。头光滑,具较长的头状背刚毛 8 根,唇基有囊状隆起,喙短;复眼大,红色,具复眼瘤,单眼 3 枚;触角灰白色,6 节,约为体长的 1.1 倍,触角瘤不明显,中部瘤发达;足细长,灰白色。②有翅胎生雌蚜:体长 2.3~2.6 mm,长卵圆形,淡黄至黄色。头光滑,具背刚毛 8 根,中额隆起,额瘤外倾;喙短粗、光滑;复眼大,有复眼瘤,单眼 3 枚;触角细长,6 节,约为体长的 1.6 倍,灰白色。第 1~7 腹部背面各有纵斑 1 对,每对呈倒“八”字形排列,黑褐色。前翅长 3.4~3.7 mm,中脉 2 分叉。足细长,灰白色。

【生活习性】 1 年发生数代,以卵越冬。在叶背取食,尤以叶基部为多。5~6 月种群密度大,为害重。

图 1-106a 竹纵斑蚜造成的煤污病

图 1-106b 竹纵斑蚜造成的煤污病

图 1-106c 竹纵斑蚜

图 1-106d 竹纵斑蚜

107.朴绵斑蚜

朴绵斑蚜 *Shivaphis celti* Das，属于半翅目，蚜总科，斑蚜科。

【为害状况】该虫为害朴属植物。多在叶背叶脉附近为害，有时也为害叶片正面及幼枝。严重发生时，分泌大量蜜露，诱致煤污病的发生（图 1-107a）。

【识别特征】①无翅胎生雌蚜：体长 2.3 mm，长卵形，灰绿色，秋季带粉红色，体表有蜡粉和蜡丝（图 1-107b），体背毛短尖，有眼瘤，触角 6 节，腹管极短，环状隆起，尾片瘤状。②有翅胎生雌蚜：体长 2.2 mm，长卵形，黄至淡绿色，头胸褐色，腹部有斑纹，全体被白色蜡丝，触角 6 节，翅脉正常，褐色有宽晕，腹管环状，稍隆，尾片长瘤状。

图 1-107a 朴绵斑蚜造成的煤污病

【生活习性】1 年发生多代，以卵在朴属植物的绒毛或粗糙处越冬。翌年 3 月卵孵化为干母，以后孤雌胎生多代，多在叶背叶脉附近为害。蚜体覆盖蜡丝很像小棉球，遇震动易落地或飞翔，速度缓慢。5~6 月严重发生，10 月出现有翅雄性蚜及无翅雌蚜，交尾产卵越冬。

图 1-107b 朴绵斑蚜

108.杨枝瘿绵蚜

杨枝瘿绵蚜 *Pemphigus immunis* Buckton，属于半翅目，蚜总科，绵蚜科。

【为害状况】该虫为害杨树。

【识别特征】①有翅胎生雌蚜：体长约 2.3 mm，长卵形，灰绿色，被白粉；触角 6 节，第 5 节感觉圈大长方形，有若干卵形体构造；前翅 4 斜脉，中脉不分叉；后翅斜脉 2 条；第 1~5 腹节各有 1 对背中蜡线，第 8 腹节中蜡片 1 对，且相融合为横带状；蜡孔卵圆形；腹管环状，尾片盔形，腹板末端圆形。

【生活习性】春季在幼枝基部形成梨形虫瘿（图1-108a、图 1-108b），有原生开口。

图 1-108a　杨枝瘿绵蚜的虫瘿

图 1-108b　杨枝瘿绵蚜虫瘿的次生开口

109.秋四脉绵蚜

秋四脉绵蚜 *Tetraneura akinire* Sasaki，又名榆瘿蚜、谷榆蚜、榆四条绵蚜，属半翅目，蚜总科，绵蚜科。

【为害状况】该虫为害榆、白榆、垂榆、钻天榆、榔榆等及禾木科植物。被害榆树叶面形成突出的囊状虫瘿。虫瘿早期绿色（图 1-109a），后变为红色（图 1-109b），使叶面呈畸形，不仅影响生长，也有碍观赏。后期被害叶脱落。

【识别特征】①无翅胎生雌蚜：体长为 2 mm 左右，黄绿色或黑绿略带红色，被有白色蜡粉，无腹管。②有翅胎生雌蚜：头和胸黑色，腹部绿色。翅透明，前翅中脉不分叉，共 4 条。③性蚜：体较大，黑绿色。④卵：椭圆形，棕褐色，有光泽。除干母 1 龄若蚜和性蚜外，其他体被白色绵状蜡质物。⑤干母蚜：体长约 0.7 mm，黑色（图 1–109c），在虫瘿中蜕皮变绿色。

【生活习性】1 年发生多代，以卵在榆树枝干裂缝等处越冬。翌年 4 月下旬越冬卵孵化为干母（有翅蚜）并为害榆树幼叶。被害部分初期为小红点，后逐渐组织增生，叶正面形成虫瘿，初为绿色，逐渐变为红色。一般 1 个虫瘿有 1 个干母蚜，个别的也有 2 个以上干母。在瘿囊内产生干雌蚜，繁殖几代后，产生有翅蚜（迁移蚜）。迁移蚜于 5 月下旬至 6 月上旬从虫瘿裂口外出，迁飞到禾本科植物和杂草根部为害，并进行孤雌胎生雌蚜（侨居蚜），为害期为 6~9 月。9~10 月产生有翅蚜（性母蚜）飞回榆树上，在皮缝处胎生有性蚜（雌蚜和雄蚜）。性蚜无翅，口器退化，不取食，交配产卵后死亡，以卵越冬。该蚜 1 年完成 1 次循环，有两个寄主，即越冬寄主为榆树，夏季寄主为禾本科植物根部。

图 1–109a 秋四脉绵蚜的虫瘿——初期

图 1–109b 秋四脉绵蚜的虫瘿——后期

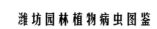

图 1–109c 秋四脉绵蚜的干母若蚜

110.榆绵蚜

榆绵蚜 *Eriosoma lanuginosum* (Hartig),属半翅目,蚜总科,绵蚜科。

【为害状况】 该虫为害榆树,使得榆树叶片呈螺旋状卷曲(图 1-110a、图 1-110b)。

【识别特征】 ①无翅胎生雌蚜:体长 1.8~2.2 mm,赤褐色,无斑纹,体背蜡片花瓣状,由 5~15 个蜡孔组成,被白蜡毛,腹管半环状,尾片短毛 2 根。②有翅胎生雌蚜:体长 1.7~2.0 mm,暗褐色,头、胸黑色,体被白色蜡毛,触角 6 节,腹管环形,有短毛 11~15 根。③若蚜:共 4 龄,体长椭圆形,赤褐色,被白色蜡毛,触角 5 节。

图 1-110a 榆绵蚜为害榆叶状

【生活习性】 1 年发生 10 余代,以无翅低龄若虫在根部及枝干皮缝内越冬。翌年 4 月开始活动,5 月孤雌胎生后代,若虫在叶腋、嫩芽、嫩梢等处为害,6~7 月为发生盛期,9~10 月蚜量再度上升。

图 1-110b 榆绵蚜为害榆叶状

111.女贞卷叶绵蚜

女贞卷叶绵蚜 *Prociphilus ligustrifoliae* (Tseng et Tao),属半翅目,蚜总科,绵蚜科。

【为害状况】该虫可为害白蜡、女贞。为害严重时叶片呈螺旋状反向卷曲(图1-111a、图1-111b),蚜虫被白色绵毛包裹,群居在卷曲的叶片内(图1-111c、图1-111d),白色绵毛或蚜虫随风到处乱飞或掉落树下。该虫吸取树液,消耗树体营养,树木受害后树势衰弱,寿命缩短,降低观赏价值。

【识别特征】①无翅胎生雌蚜:体色淡黄色,腹末被有少量白色蜡粉(图1-111e、图1-111f)。②有翅胎生雌蚜:体长3.4 mm,椭圆形,头、胸黑至黑褐色,腹部蓝灰黑色。

【生活习性】1年发生2代,以若蚜在树干伤疤、裂缝和近地表根部处越冬。翌年5月上旬越冬若蚜成长为成蚜,开始胎生第1代幼蚜。5月下旬至6月是全年繁殖盛期,特别是阴雨连绵天气,令若蚜四处扩散,远看像雪后景象。7、8月份受高温和寄生蜂影响,数量大减,9月中旬虫口密度增长,11月中旬若蚜进入越冬状态。

图1-111a 女贞卷叶绵蚜造成白蜡卷叶状

图1-111b 女贞卷叶绵蚜造成白蜡卷叶状

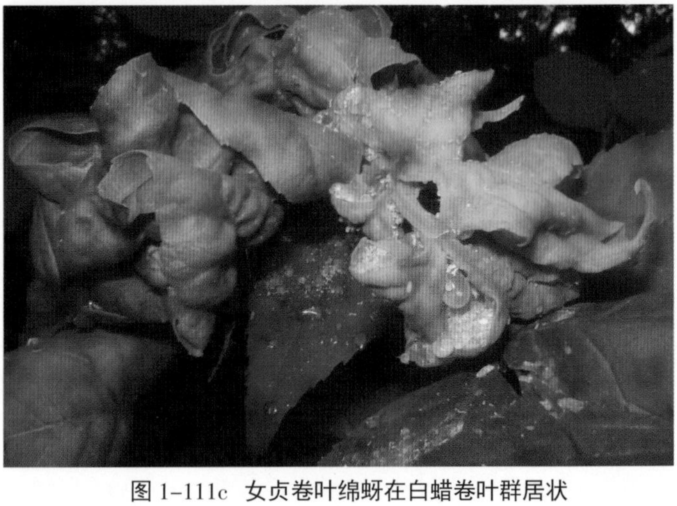

图1-111c 女贞卷叶绵蚜在白蜡卷叶群居状

图 1-111d 女贞卷叶绵蚜在白蜡卷叶群居状

图 1-111e 女贞卷叶绵蚜的无翅胎生雌蚜与若蚜

图 1-111f 女贞卷叶绵蚜的无翅胎生雌蚜与若蚜

112.柳倭蚜

柳倭蚜 *Phylloxerina salicis* Lichtenstein，属半翅目，蚜总科，根瘤蚜科。

【为害状况】 该虫为害旱柳、垂柳、馒头柳等。密布在整个树干缝隙内(图 1-112a、图 1-112b)，以口针刺入韧皮部吸取养分，固定为害。被害树皮组织变褐、下陷，最后坏死，形成块状干疤，引起树势衰弱，树冠枯黄，并进一步导致溃疡、天牛等病虫害滋生，严重影响城市绿化和园林观瞻。

图 1-112a 柳倭蚜

【识别特征】 ①无翅胎生雌蚜：卵圆形，长 0.6~0.7 mm，体黄色，被厚絮状蜡丝，体表光滑，但体背皱褶明显。②无翅胎生若蚜：卵圆形，黄色，长 0.5 mm 左右，背面饱满隆起，腹面稍平，形状与成蚜相似。③卵：长椭圆形，表面光滑，初为淡黄色，后为橘黄色。

【生活习性】1 年发生 10 代以上，均为无翅孤雌型，以卵在树皮缝隙内越冬。翌年 3~4 月越冬卵孵化，初孵若蚜为无性孤雌蚜，称干母。4 月下旬第 1 代孤雌蚜进入产卵盛期；5 月上旬第 2 代孤雌蚜大量出现，下旬为第 3 代孤雌蚜孵化盛期，其后继续繁殖，且世代严重重叠，到 9 月中旬产生性母，10 月上中旬性母成熟，产卵越冬。

图 1–112b 柳倭蚜

113.雪松长足大蚜

雪松长足大蚜 *Cinara cedri* Mimeur，属半翅目，蚜总科，大蚜科。

图 1–113a 雪松长足大蚜为害状

【为害状况】该虫以成蚜、若蚜刺吸雪松枝条汁液，产生蜜露，引发煤污病，严重时造成顶梢坏死，降低树势（图 1–113a、图 1–113b、图 1–113c）。

【识别特征】①无翅胎生雌蚜：体长 2.9~3.7 mm；体暗铜褐色，腹部具漆黑色小斑点；触角第 1、5 节端半部和第 6 节黑色；足淡黄褐色，基节、转节（有时转节色浅，稍带暗色）、腿节端部、胫节端半部及跗节黑色，有时腿节、胫节上的黑色区域变大，后足的黑色区常比前足、中足的大（图 2–113d）。②卵：长 1.05 ~1.25 mm，宽 0.47 ~0.52 mm；初产时黄棕色，后变为漆黑色（图 2–113e）。

【生活习性】该虫 1 年发生多代，以卵在梢端的针叶上越冬。多寄生在直径 2.5~40 mm 的雪松枝条上，天冷时发生量大（多发生在 10~12 月），蜜露量很大。

图 1–113b 雪松长足大蚜为害导致煤污病

图 1–113c 雪松长足大蚜排出“蜜露”污染地面状

图 1–113d 雪松长足大蚜的无翅胎生雌蚜

图 1–113e 雪松长足大蚜越冬卵

114.柏长足大蚜

柏大蚜 *Cinara tujafilina* (del Guercio)，又名侧柏大蚜，属半翅目，蚜总科，大蚜科。

【为害状况】该虫为害侧柏、垂柏、千柏、龙柏、铅笔柏、撒金柏和金钟柏等，是柏类植物上的重要害虫之一，尤其对龙柏模纹、侧柏绿篱及侧柏幼苗为害性极大。嫩枝上虫体密布成层，大量排泄蜜露，引发煤污病（图 1–114a），轻者影响树木生长，重者幼树干枯死亡（图 1–114b）。

【识别特征】①无翅胎生雌蚜：体长约 3 mm，咖啡色略带薄粉。额瘤不显，触角细短。②有翅胎生雌蚜：体长约 3 mm 左右，腹部咖啡色，胸、足和腹管墨绿色（图 1–114c）。③卵：椭圆形，初产黄绿色，孵前黑色。④若蚜：与无翅孤雌蚜似同，暗绿色。

【生活习性】1 年发生 10 代左右，以卵在柏枝叶上越冬。翌年 3 月底至 4 月上旬越冬卵孵化，并进行孤雌繁殖。5 月中旬出现有翅蚜，进行迁飞扩散，喜群栖在二年生枝条上为害，11 月为产卵盛期，每处产卵 4~5 粒，卵多产于小枝鳞片上，以卵越冬。特别是侧柏幼苗、幼树和绿篱受害后，在冬季和早春经大风吹袭后，极易失水干枯死亡。

图 1–114a 柏长足大蚜为害造成煤污病

【蚜虫类的防治措施】

（1）注意检疫虫情，抓紧早期防治。盆栽花卉上零星发生时，可用毛笔醮水刷掉，刷时要小心轻刷、刷净，避免损伤嫩梢、嫩叶，刷下的蚜虫要及时处理干净，以防蔓延。

（2）保护和利用天敌：瓢虫、草蛉等天敌已能大量人工饲养后适时释放。另外，蚜霉菌等亦能人工培养后稀释喷施。

（3）烟草汁液治蚜：烟草末 40 g 加水 1 kg，浸泡 48 小时后过滤制得原液，使用时加

图 1–114b 柏长足大蚜为害造成龙柏模纹顶梢枯死

水1 kg稀释，另加洗衣粉 2~3 g或肥皂液少许，搅匀后喷洒植株，有很好的效果。

（4）化学药剂防治：尽量少用广谱触杀剂，选用对天敌杀伤较小的、内吸和传导作用大的药物。发生严重地区，木本花卉发芽前，喷施 5 波美度的石硫合剂，以消灭越冬卵和初孵若虫。虫口密度大时，可喷施 50%吡蚜酮可湿性粉剂 2500~5000 倍液、10%氟啶虫酰胺水分散粒剂 2000 倍液、22%氟啶虫胺腈悬浮剂 5000~6000 倍液、5%双丙环虫酯可分散液剂 5000 倍液、22.4%螺虫乙酯悬浮剂 3000 倍液。

（5）物理防治：利用黄板诱杀有翅蚜；或利用银白色锡纸反光作用，拒栖迁飞的蚜虫。

图 1–114c 柏长足大蚜的无翅胎生雌蚜

二、介壳虫类

介壳虫属半翅目蚧总科。园林植物上的介壳虫种类很多。植物的根、茎、叶、果等部位都有不同种类的介壳虫寄生。常见的有日本龟蜡蚧、草履蚧、水木坚蚧、朝鲜球坚蚧、枣大球蚧、黄杨芝糠蚧、日本单蜕盾蚧、紫薇绒蚧、柿树白毡蚧、桑白盾蚧、梨笠圆盾蚧、月季白轮盾蚧、卫矛矢尖蚧等。

115.日本龟蜡蚧

日本龟蜡蚧 *Ceroplastes japonica* Green，又名日本蜡蚧、枣龟蜡蚧、龟蜡蚧，属半翅目，蚧总科，蚧科。

图 1–115a　日本龟蜡蚧的为害状——煤污病

【为害状况】该虫食性杂，为害法桐、柿子、大叶黄杨、海桐、蜡梅、栀子花、桂花、石榴、月季、蔷薇、海棠、牡丹、芍药等植物。以若虫和雌成虫在枝梢和叶背中脉处，吸食汁液为害，排泄蜜露常诱致煤污病发生（图 1–115a），严重时枝叶干枯，花木生长衰弱甚至枯死。

【识别特征】①雌成虫：椭圆形，暗紫褐色，体长约 3 mm，蜡壳灰白色，背部隆起，表面具龟甲状凹线，蜡壳顶偏在一边，周边有 8 个圆突（图 1–115b）。②雄成虫：体棕褐色，体长约 1.3 mm，长椭圆形。翅透明，具 2 条翅脉。雄若虫蜡壳椭圆形，雪白色，周围有放射状蜡丝 13 根（图 1–115c）。③卵：椭圆形，长 0.2~0.3 mm，初淡橙黄色，后紫红色（图 1–115e）。④若虫：初孵体长 0.4 mm，椭圆形扁平，淡红褐色，触角和足

图 1–115b　日本龟蜡蚧雌成虫蜡壳

发达，灰白色，腹末有1对长毛。固定1天后开始分泌蜡丝，7~10天形成蜡壳，周边有12~15个蜡角。后期蜡壳加厚，雌雄形态分化(图1-115d)。

【生活习性】1年发生1代，以受精雌成虫在枝条上越冬。两性卵生繁殖为主，也可孤雌卵生。越冬后仍继续为害和膨大虫体，6月日均24.4~26.8 ℃时是产卵最宜温度。7月下旬雌雄若虫外形开始分化，8月中旬至9月下旬为蛹期，8月下旬至10月上旬羽化为成虫，9月中旬为羽化盛期，8月上旬至10月雌虫陆续从叶片转移到枝条固定为害，9月中旬为转移盛期，雄性在叶上，雌性移至枝条上。该虫繁殖快、产卵量大、产卵期较长，若虫发生期很不一致。

图1–115c
日本龟蜡蚧雄介壳

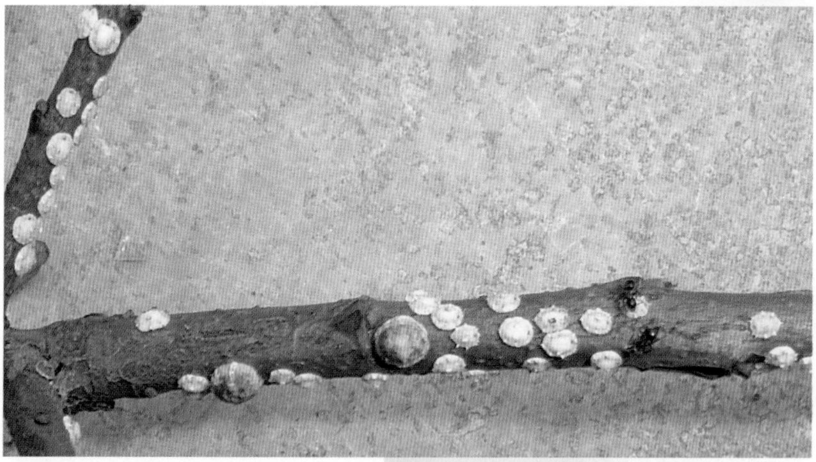

图1–115d
日本龟蜡蚧雌介壳与若虫介壳

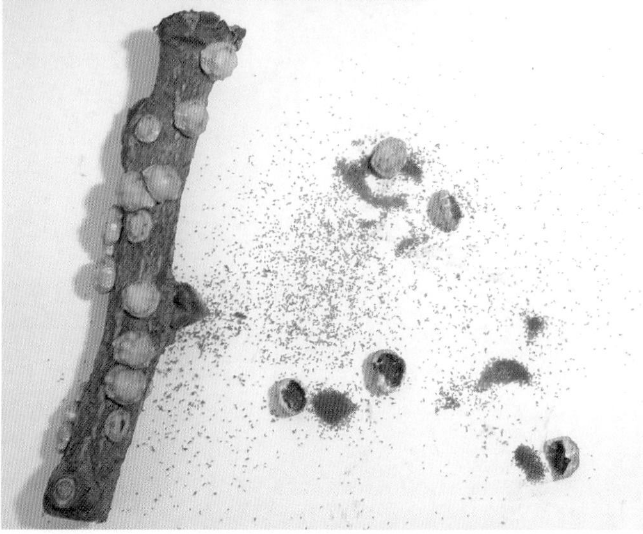

图1–115e
日本龟蜡蚧雌成虫蜡壳与卵

116.水木坚蚧

图 1-116a 水木坚蚧

水木坚蚧 *Parthenolecanium comi* (Bouche)，又名褐盔蜡蚧、东方盔蚧、扁平球坚蚧、刺槐蚧、糖槭蚧、水木胎球蚧，属半翅目，蚧总科，蚧科。

【为害状况】 该虫为害刺槐、白蜡、榆、桑、糖槭、卫矛、红叶李、泡桐、法桐、核桃、杏梅、花桃、杏、山楂、苹果、文冠果等植物。若虫和雌成虫刺吸枝干、叶片汁液，排泄分泌物常诱致煤病发生，影响光合作用，削弱树势，重者枯死。

【识别特征】 ①雌成虫：体长 6~6.3 mm，宽 4.5~5.3 mm，黄褐色，椭圆形或圆形，背面略突起。椭圆形个体从前向后斜，圆形者急斜；死体暗褐色，背面有光亮皱脊，中部有纵隆脊，其两侧有成列大凹点，外侧又有多数凹点，并越向边缘越小，构成放射状隆线，腹部末端有臀裂缝(图 1-116a、图 1-116b)。②雄成虫：体长 1.2~1.5 mm，翅展 3~3.5 mm，红褐色，翅黄色呈网状透明，腹末具 2 根长蜡丝。③卵：椭圆形，长 0.2~0.25 mm，宽 0.1~0.15 mm，初白色，半透明，后淡黄色，孵化前粉红色，微覆白蜡粉。④若虫：1 龄若虫扁椭圆形，长 0.3 mm，淡黄色，体背中央具 1 条灰白纵线，腹末生 1 对白长尾毛，为体长的 1/3~1/2。眼黑色，触角、足发达。2 龄若虫扁椭圆形，长 2 mm，外有极薄蜡壳，越冬期体缘的锥形刺毛增至 108 条，触角和足均存在。3 龄雌若虫渐形成柔软光面的介壳，沿体纵轴隆起较高，黄褐色，侧缘淡灰黑色，最后体缘出现皱褶与雌成虫相似。

图 1-116b 水木坚蚧

【生活习性】 1 年发生 1~2 代，在刺槐、糖槭上 2 代，其他寄主多为 1 代，以 2 龄若虫在主干的粗枝的皮缝内越冬。翌年 3 月下旬开始活动。虫口密度大时，树干裂缝周围一片红色，不久爬到嫩枝梢上固定取食，下午气温较高时比较活跃。4 月底若虫逐渐长大，5 月中旬出现成虫，5 月下旬第 1 代雌成虫开始产卵。若虫孵化后先爬往叶片，在叶背面主脉与侧脉间静伏，3~5 天后转向嫩梢，半月左右全部集中到枝干。1 年 1 代者直到 10 月间在叶上为害者迁回枝上越冬。1 年 2 代者在 6 月中下旬迁回枝上固定为害，7 月上旬开始羽化，7 月中下旬开始产卵，8 月孵化，分散到枝叶上为害，到 10 月间叶上者迁回枝上寻找适当场所固定越冬。该蚧主要为孤雌生殖，雄虫较少见。

117.枣大球蚧

枣大球蚧 *Eulecanium gigantea* (Shinji),又名瘤坚大球蚧、大球蚧、梨大球蚧、大玉坚介壳虫、枣球蜡蚧,属半翅目,蚧总科,蚧科。

【为害状况】该虫为害梨、枣、酸枣、柿、核桃、苹果、山定子、桃、槐、槭、杨、柳、刺槐、文冠果等植物。以雌成虫、若虫于枝干上刺吸汁液造成为害,使树木生长衰弱,枝条干枯,甚至整株死亡。

图 1-117a 枣大球蚧

图 1-117b 枣大球蚧

【识别特征】①成虫:雌虫半球形体长 8~18 mm,状似钢盔。成熟时体背红褐色,有整齐的黑灰色斑纹(图 1-117a、图 1-117b);雄虫体长 2~2.5 mm,橙黄褐色,前翅发达白色透明,后翅退化为平衡棒,交尾器针状较长。②卵:长椭圆形,大小 0.4~0.5 mm,初淡黄渐变淡粉红,孵化前紫红色。附有白色蜡粉。③若虫:初龄淡黄白色,扁长椭圆形,前端宽钝,向尾端渐狭;眼黑色;足发达;腹端中部凹陷,中央及两侧各有 1 刺突,2 龄越冬期藏于扁平白色绵状茧内,茧 1.2~1.5 mm。④雄蛹:裸蛹 1.3~1.5 mm,淡青黄色。茧白色绵毛状,椭圆形,长 2.2 mm。

【生活习性】1 年发生 1 代,多以 2 龄若虫于枝干皮缝、叶痕处群集越冬,以 1~2 年生枝上较多。翌年 4 月中下旬迅速膨大,5 月间成熟并产卵,6 月大量孵化,分散转移到叶片或果实上固着为害,秋季 8 月间陆续越冬,至 10 月上旬全部转到枝上越冬。

118.朝鲜毛球蚧

朝鲜毛球蚧 *Didesmococcus koreanus* Borchsenius，又名朝鲜球坚蚧、杏毛球坚蚧，属半翅目，蚧总科，蚧科。

【为害状况】该虫为害山杏、山桃、红叶李、三角枫、大山樱、海棠等植物。若虫和雌成虫刺吸枝、叶汁液，排泄蜜露常诱致煤污病发生，影响光合作用，造成花木树势衰退，严重时枝条枯干，提早落叶，不能开花结果，甚至枯死。

【识别特征】①雌成虫：体近球形，长 4.5 mm，宽 3.8 mm，高 3.5 mm，前面、侧面上部凹入，后面近垂直。初期介壳软，黄褐色，后期硬化，红褐至黑褐色，表面有极薄的蜡粉；背中线两侧各具 1 纵列小凹点，壳边平削与树枝接触处有白蜡粉(图 1–118a)。②雄成虫：长 1.5~2 mm，翅展5.5 mm，头胸红褐色，腹部淡黄褐色。触角丝状 10 节，生黄白色短毛。前翅发达，白色半透明。后翅特化为平衡棒。腹末交尾器两侧各有白色长蜡毛 1 根。③卵：圆形，长 0.3 mm，宽 0.2 mm。初橙黄色，后渐红褐色，覆有白蜡粉。④若虫：初孵若虫椭圆形，扁平，褐色，体覆白色蜡粉。腹末具尾毛 1 对(图 1–118b)。

图 1–118a 朝鲜毛球蚧雌介壳

【生活习性】1 年发生 1 代，以 2 龄若虫在枝上毡状蜡被下越冬。翌年 3 月中下旬越冬若虫从蜡被里脱出开始活动，群集在枝条上为害，4 月上旬为成虫羽化始期，几天后进入盛期，4 月下旬至 5 月上旬成虫交尾，后雌成虫体迅速膨大，逐渐硬化，5 月中下旬为产卵盛期，产卵于母体下面，每头雌成虫产卵 1200~2900 粒，卵期平均 9 天，6 月初若虫孵化爬出母壳后在枝条缝隙处固定，固定后进入生长缓慢期，直至第 2 年春季，10 月后开始越冬。若虫越冬死亡率在北方较高。全年 4 月下旬至 5 月上中旬为害最盛。天敌为黑缘红瓢虫和寄生蜂。

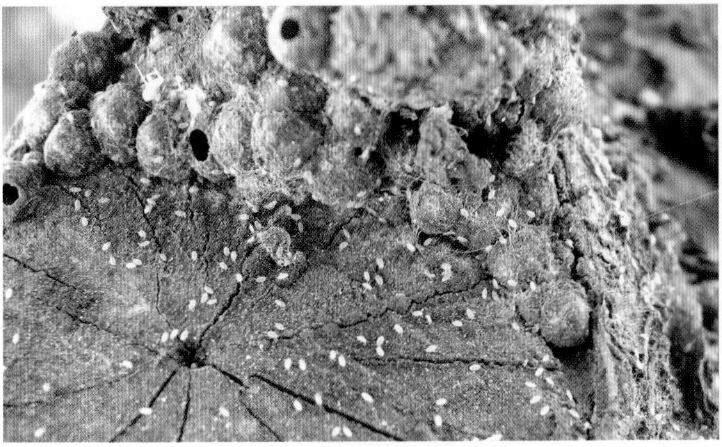

图 1–118b 朝鲜毛球蚧初孵若虫

119.康氏粉蚧

康氏粉蚧 *Pseudococcus comstocki* (Kuwana)，又名桑粉蚧、梨粉蚧、李粉蚧，属半翅目，蚧总科，粉蚧科。

【为害状况】该虫为害刺槐、苹果、梨、桃、李、杏、山楂、葡萄、菊花等植物。若虫和雌成虫刺吸嫩芽、叶片、果实、枝条及根部的汁液，嫩枝和根部受害后常肿胀且易纵裂而枯死，幼果受害多成畸形果，排泄蜜露常引起煤污病发生，影响光合作用与观赏价值。

【识别特征】①雌成虫：椭圆形，长 3~5 mm，红色，全体覆盖一层较薄的白色蜡粉，触角念珠状 8 节。体缘周围有白色蜡丝 17 对，蜡丝细直，基部粗大，末端略尖，最后 1 对蜡丝最长(图 1–119)。②雄成虫：长约 1 mm，翅展约 2 mm，紫褐色，具尾须 1 对。③卵：浅橙黄色，椭圆形，包于白色絮状卵囊中。④若虫：椭圆形，扁平，浅黄色。眼紫褐色，足粗大，2 龄后体表出现白色蜡粉。⑤雄蛹：浅紫色，长 1.2 mm。⑥茧：白色绵絮状。

【生活习性】1 年发生 3~4 代，世代重叠，以卵囊在枝干皮缝或石缝土块等隐蔽场所越冬。翌年春寄主发芽时为越冬卵孵化盛期，各世代若虫发生盛期分别为 5 月中下旬、7 月中下旬、8 月中下旬。若虫群栖在幼芽、嫩枝、叶片、果实及根部刺吸汁液为害，造成嫩枝肿胀，皮层纵裂，果实畸形，叶片枯黄，易诱发煤污病。

图 1–119　康氏粉蚧

120.柿树白毡蚧

柿树白毡蚧 *Asiacornococcus kaki* (Kuwana),属半翅目,蚧总科,毡蚧科。

【为害状况】该虫为害柿、桑、梧桐等植物。若虫寄生在叶、枝和果上,使得叶片出现多角形黑斑,叶柄变黑,畸形生长和早期脱落,严重时落果(图 1–120a、图 1–120b)。

【识别特征】①雌成虫:体长 1.5~2.5 mm,扁椭圆形,暗紫或红色。体节较明显,背面分布圆锥形刺,刺短小,粗壮,顶端稍钝,侧面观略呈等边三角形。腹面平滑,具长短不等体毛;触角短,3~4 节,其上生有约 10 根粗细长短不等的刺毛。腹缘有白色细蜡丝。②雄成虫:体长 1~1.2 mm,紫红色,触角 9 节;各节有刺毛 2~3 根,翅暗白色,腹末有与体等长的白色蜡丝 1 对,性刺短。③卵:椭圆形,长 0.3~0.4 mm,紫红色,被白色蜡粉与蜡丝。④卵囊:为纯白色或暗白色毡状物,草履状,正面隆起,头端椭圆形,腹末内陷形成钳状,表面存在穿出卵囊的较为粗长的蜡毛。⑤若虫:体椭圆或卵圆形,紫红色,体缘有长短不一的刺状突起。⑥蛹:体长约 1 mm,胭脂红色。壳长约 1 mm,宽约 0.51 mm,椭圆形,上下扁平;末端周缘有 1 横裂缝,将壳分成上、下两层;全壳为暗白色絮状蜡质构成。

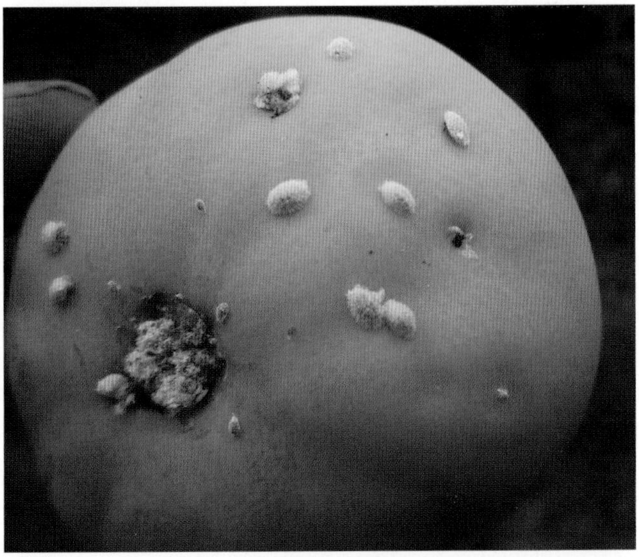

图 1–120a 柿树白毡蚧为害果实状

【生活习性】1 年发生 1 代,以若虫在树皮裂缝、芽鳞等处隐蔽越冬。雄成虫羽化时,雌成虫体表开始产生白色蜡丝,交配后卵囊逐渐形成,并由纯白色变为暗白色,即开始产卵;卵囊后缘稍微翘张则为产卵盛期;后缘大张并微露红色则为孵化盛期;卵囊出现红色小点,外翻呈脱落状,边缘牵连丝状物及果实上有小红点,则为孵化末期和若虫固定期。该虫在果实上产卵最多,平均 340 粒左右,叶上次之,枝干上最少,卵期约半个月。越冬若虫主要寄生在主干及枝桠的朝上部位。

图 1–120b 柿树白毡蚧为害树干状

121.紫薇绒蚧

紫薇绒蚧 *Eriococcus lagerostroemiae* Kuwana，又名石榴绒蚧、石榴毡蚧、石榴囊毡蚧、紫薇毡蚧、紫薇绒粉蚧，属半翅目，蚧总科，毡蚧科。

图 1-121a 紫薇绒蚧诱发的煤污病

【为害状况】该虫为害紫薇、石榴、含笑、三角枫、女贞等植物，以若虫、雌成虫聚集于枝叶部位刺吸汁液，常造成树势衰弱，生长不良，且其分泌的大量蜜露会诱发严重的煤污病（图 1-121a），会导致叶片、小枝呈黑色，失去观赏价值。如虫口密度过大，枝叶会发黑，叶片早落，开花不正常，甚至全株枯死。

【识别特征】①雌成虫：扁平，椭圆形，长 2~3 mm，暗紫红色，老熟时将身体包在白色毡状蜡囊中，外观似大米粒（图 1-121b）。②雄成虫：紫红色，有翅 1 对，翅脉 2 根，为“人”字形。③卵：卵圆形，浅紫红色，长约 0.25 mm。④若虫：椭圆形，紫红色（图 1-121c），虫体周围有刺突。⑤雄蛹：紫褐色，长卵圆形，外包以袋状绒质白色茧。

【生活习性】1 年发生 2 代，以幼龄若虫在枝干缝隙及空蜡囊内越冬。翌年 4 月越冬若虫开始活动，而后雌雄分化。5 月下旬雌成虫开始产卵，6 月上旬为产卵盛期，6 月中旬、8 月中旬至 9 月初分别为各代若虫孵化盛期。

图 1-121b 紫薇绒蚧雌成虫

图 1-121c 紫薇绒蚧若虫

122.白蜡蚧

白蜡蚧 *Ericerus pela* (Chavannes),又名白蜡虫,属半翅目,蚧总科,蜡蚧科。

【为害状况】该虫为害大叶女贞(图1-122a)、小叶女贞、金叶女贞(图1-122b)、白蜡、水蜡等植物,在寄主的枝条上固定生活。雌虫常单个分散固着,雄若虫则密集成群,固着在寄主枝条上生活,其所分泌的白色蜡质覆盖物极为丰富,大量围绕树枝,似裹白絮(图1-122c、图1-122d),造成树势衰弱,生长缓慢,甚至枝条枯死。

【识别特征】①雌成虫:受精前背部隆起,蚌壳状,受精后扩大成半球状,长约10 mm,高7 mm左右,黄褐色、浅红至红褐色,散生浅黑色斑点,腹部黄绿色(图1-122e、图1-122f)。②雄成虫:体长为2 mm左右,黄褐色,翅透明,有虹彩光泽,尾部有2根白色蜡丝。③卵:雌卵红褐色,雄卵浅黄色。④若虫:黄褐色,卵圆形。

图1-122a 白蜡蚧为害大叶女贞状

【生活习性】1年发生1代,以受精雌成虫在枝条上越冬。翌年3月雌成虫虫体孕卵膨大,4月上旬开始产卵,卵期7天左右。初孵若虫在母体附近叶片上寄生,2龄后转移至枝条上为害,雄若虫固定后分泌大量白色蜡质物,覆盖虫体和枝条,严重时,整个枝条呈白色棒状。10月上旬雄成虫羽化,交配后死亡。受精雌成虫体逐渐长大,随着气温下降,陆续越冬。

近年来,金叶女贞作为地被、绿篱的形式在北方地区得到大量的应用,因其郁闭、潮湿、阴暗,通风透光差,因而白蜡蚧发生相对较重。

图1-122b 白蜡蚧为害金叶女贞状

图 1-122c 白蜡蚧若虫的分泌物

图 1-122d 白蜡蚧若虫的分泌物

图 1-122e 白蜡蚧雌成虫——圆球形介壳

图 1-122f 白蜡蚧雌成虫——圆球形介壳

123.草履蚧

草履蚧 *Drosicha corpulenta* (Kuwana)，又名草鞋蚧、桑虱，属半翅目，蚧总科，绵蚧科。

【为害状况】 该虫为害白蜡、悬铃木、碧桃、海棠类、紫叶李、大叶黄杨、丝棉木、樱桃、紫薇、垂柳等植物。以若虫、成虫聚集在树干基部或嫩枝、幼芽等处吸汁为害，排泄蜜露（图1–123a），常诱发煤污病，造成植株生长不良，早期落叶。

图 1–123a　草履蚧排出掉落在地面上的蜜露

【识别特征】 ①雌成虫：体长 7~10 mm，体扁平，长椭圆形，背面淡灰紫色，腹面黄褐色，周缘淡黄色，被一层霜状蜡粉，腹部有横列皱纹和纵向凹沟，形似草鞋(图 1–123b)。②雄成虫：体紫红色，长 5~6 mm，翅 1 对，淡黑色(图 1–123c)。③若虫：与雌成虫相似，但体小，色深(图 1–123d)。④卵：初产时橘红色，有白色絮状蜡丝粘裹。

图 1–123b　草履蚧雌成虫

【生活习性】 1 年发生 1 代，大多以卵在卵囊内于寄主根际附近土壤、墙缝、树皮缝、枯枝落叶层及石块堆下越冬，极个别以 1 龄若虫越冬。翌年冬末当白天最高温度达到 3 ℃时，越冬卵即开始孵化出蛰，3 月末至 4 月初 1 龄若虫第 1 次蜕皮进入 2 龄，并开始分泌蜡质物（图 1–123e)；4 月中

图 1–123c　草履蚧雌成虫与雄成虫

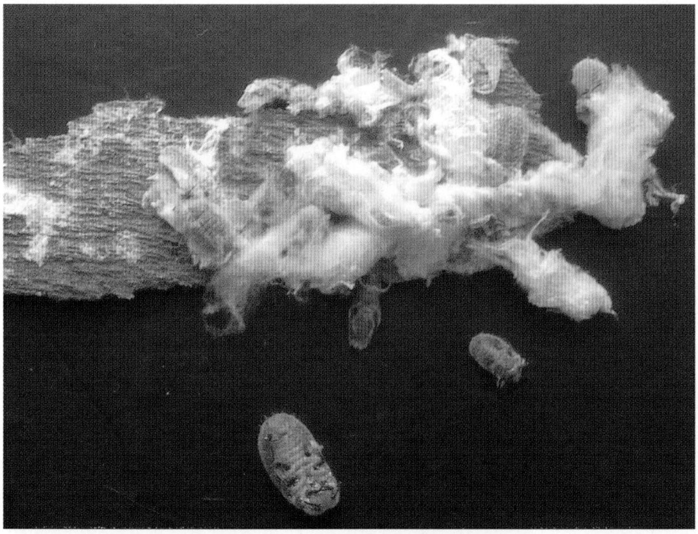

图 1-123d 草履蚧雌成虫与若虫

图 1-123e 草履蚧蜕的皮及分泌的蜡丝

下旬 2 龄若虫蜕皮进入 3 龄，若虫自此开始出现雌雄分化；4 月末雄成虫开始羽化；3 龄雌若虫继续发育为害，直至 4 月末开始第 3 次蜕皮变成雌成虫。5 月中旬为交尾盛期。雄成虫具有趋光性，寿命约 3 天；交尾后的雌成虫仍继续为害，到 6 月中下旬开始下树，钻入根际附近的土壤、墙缝、树皮缝、枯枝落叶层及石块堆下，分泌白色蜡丝围成卵囊，产卵其上，再分泌蜡质覆盖卵粒，然后再次重叠产卵其上，产卵期 4~6 天，产卵结束后雌成虫逐渐干瘪死亡。

124.黄杨芝糠蚧

黄杨芝糠蚧 *Parlagena buxi* (Takahashi)，又名黄杨粕片盾蚧、黄杨片盾蚧、枣粕盾蚧，属半翅目，蚧总科，盾蚧科。

【为害状况】该虫为害瓜子黄杨、雀舌黄杨、小叶黄杨、大叶黄杨、卫矛、枣、榆等植物。以若虫、成虫在寄主枝条及叶上为害，轻者植株生长衰弱，叶片发黄；重者叶片脱落，小枝干枯甚至整株死亡，尤其在绿篱上造成“天窗”或成片死亡。

图 1-124 黄杨芝糠蚧

【识别特征】①雌介壳：长 0.9~1.1mm，宽 0.5~0.6 mm，卵形，灰白色，壳点黑色，位于头端，占介壳之主要部分，呈长椭圆形，第 1 壳点椭圆形，在头端边缘(图 1-124)。②雌成虫：体长 0.3~0.5 mm，宽 0.2~0.4 mm，体膜质，灰白色至浅紫色。③雄介壳：长 0.5~0.6 mm，宽 0.3~0.4 mm，长棒形，壳点在头端呈黑色，介壳大部分为灰白色。④雄成虫：体长 0.3~0.4 mm，翅展 0.6~0.65 mm，触角环毛状，长约与体长相等，中胸发达，腹末交配器占虫体长的 2/5。

【生活习性】 1 年发生 3 代，以雌成虫越冬。第 1 代初龄若虫出现在 5 月上旬至 6 月中旬，6 月上旬为高峰期；6 月中旬雄虫进入化蛹期，6 月下旬第 1 代雄成虫大量羽化。第 2 代初龄若虫的高峰期在 7 月中旬，老熟雌虫在 8 月上旬至 9 月中旬，此时世代重叠现象较为严重，各虫态均有。第 3 代初龄若虫出现在 8 月下旬至 10 月中旬，此阶段雌虫产卵较为均匀，没有明显的高峰出现，11 月中下旬受精雌成虫在小枝或叶上越冬。初孵若虫喜在当年生小枝上的新叶固着为害，一旦固定，立即分泌白色蜡质保护层，随后分泌背介壳。该蚧有较强的群集性，分布明显不均，密度大的常常许多介壳交错叠加在一起。越冬代雌成虫多集中在二、三年生枝条的缝隙中，叶片上较少。雌成虫一生平均可产卵 90 粒左右，产卵时间可持续 30 天左右。

125.桑白蚧

桑白蚧 *Pseudaulacaspis pentagona* (Targioni-Tozzetti)，又名桑白盾蚧、桃白蚧、桑盾蚧，属半翅目，蚧总科，盾蚧科。

【为害状况】 该虫为害樱花、桃、丁香、榆叶梅、木槿、玫瑰、紫穗槐、紫叶李等植物。以雌成虫和若虫群集固着在枝干上刺吸汁液，严重时介壳密集重叠（图 1-125a）。受害后，花木生长不良，树势衰弱，甚至枝条或全株死亡。

图 1-125a 桑白蚧雌雄介壳重叠状

【识别特征】 ①雌介壳：圆形，直径 2~2.5 mm，略隆起，有螺旋纹，灰白至灰褐色，壳点黄褐色，在介壳中央偏旁（图 1-125b）。②雌成虫：橙黄或橙红色，体扁平，卵圆形，长约 1 mm，腹部分节明显。③雄介壳：细长，白色，长约 1 mm，背面有 3 条纵脊，壳点橙黄色，位于介壳的前端（图 1-125c）。④雄成虫：橙黄至橙红色，体长 0.6~0.7 mm，仅有翅 1 对。⑤卵：椭圆形，长径仅 0.25~0.3 mm。初产时淡粉

图 1-125b 桑白蚧雌介壳

图 1-125c 桑白蚧雄介壳

红色，渐变淡黄褐色，孵化前橙红色。⑥若虫：初孵时淡黄褐色，扁椭圆形，体长 0.3 mm 左右，可见触角、复眼和足，能爬行，腹末端具尾毛 2 根，体表有绵毛状物遮盖。脱皮之后眼、触角、足、尾毛均退化或消失，开始分泌蜡质介壳。

【生活习性】 1 年可发生 2 代，以受精雌成虫固着在枝条上越冬。早春树液流动后开始吸食汁液，虫体迅速膨大，体内卵粒逐渐形成。雌成虫产卵量随季节而不同，高温时产得多，低温时产得少，一般为 40~200 粒。雌成虫产完卵便干缩死亡。初孵化的若虫将口针插入枝干皮层内固定吸食。有的若虫孵化后即在母体介壳周围寄生，故介壳边缘常有相互交错重叠的介壳。雌若虫在第 1 次蜕皮后即分泌蜡质物，形成圆形介壳；雄若虫在第 1 次蜕皮后，进入 2 龄后期才开始分泌白色絮状蜡质物形成长筒形介壳。雌虫蜕 3 次皮后变为无翅雌成虫；雄虫蜕 2 次皮后便在介壳内变拟蛹。7 天后羽化为有翅成虫。雄虫寿命极短，仅 1 天左右。该虫多分布于枝条分叉处和枝干阴面。

126.月季白轮盾蚧

月季白轮盾蚧 *Aulacaspis rosarum* Borchsenius，又名月季白轮蚧、拟蔷薇白轮蚧，属半翅目，蚧总科，盾蚧科。

【为害状况】该虫为害蔷薇、月季、玫瑰、野蔷薇、木香等植物。以若虫、雌成虫寄生在寄主的主干和粗枝上，吮吸汁液，虫口密度大时，在枝干上常见有一层白色，轻者削弱寄主的生长势，影响生长开花，严重时整株枯萎。

【识别特征】①雌介壳：较宽，椭圆形或近圆形，背部隆起，白色；蜕皮在边缘，深褐色（图 1–126a）。②雌成虫：长形、扁平，背部稍隆起，体长约 1.4 mm，初为黄色渐次变为橙色到赤橙色。③雄介壳：狭长，两侧平行，背面有 3 条明显的纵脊线，白色，蜡质状，长约 0.8 mm，蜕皮位于前端（图 1–126b）。④若虫：后期橙黄色，圆形，触角缩短。⑤卵：长径约 0.16 mm，紫红色，长椭圆形。

【生活习性】1 年发生 2 代，以受精雌成虫和 2 龄若虫在枝干上越冬。翌年 5 月上旬开始产卵。6 月上旬可见有少量初龄若虫孵化，中旬明显增加。初孵若虫从母体介壳下爬出，经固定取食后 1~2 天，逐步分泌蜡质，体表呈白色。

图 1–126a 月季白轮盾蚧雌介壳

图 1–126b 月季白轮盾蚧雄介壳（左边较小者）

127.卫矛矢尖蚧

卫矛矢尖蚧 *Unaspis euonymi* (Comstock),属半翅目,蚧总科,盾蚧科。

【为害状况】 该虫为害卫矛、大叶黄杨、红叶石楠、瓜子黄杨、茶梅、构骨、木槿、水蜡、桂花等植物。以若虫、雌成虫固定于寄主的枝干和叶片上群集吸汁为害,诱发煤污病。轻者引起植物落叶,严重时造成植物枝条枯死。

【识别特征】 ①雌介壳:2.8~3.5 mm,扁阔,前端狭而后端宽,呈箭头形,稍弯曲,紫褐色或棕褐色,略有光泽;背面中央有1条纵脊,呈屋脊状,其两侧有向前斜伸的横纹;壳点2个,位于介壳前端,淡黄色至黄褐色(图1–127a)。②雌成虫:体长约2.5 mm,体扁,橙黄色。③雄介壳:蜡质,白色,较狭长,长约1 mm;两侧平行,背面有3条脊线;壳点位于前端(图1–127b)。④雄成虫:体长0.5 mm,橙黄色,腹末有1个针状交尾器。⑤卵:椭圆形,橙黄色,长约0.2 mm。⑥若虫:体椭圆形。橙黄色或淡黄色;第1龄时,触角及足均发达,尾端有1对尾毛:第2龄时,触角及足均消失。

图1–127a 卫矛矢尖蚧雌介壳(紫黑色较大者)

【生活习性】 1年发生3代,以受精雌成虫于寄主枝叶上越冬。第1代雌蚧虫产卵盛期为5月中下旬,第2代雌蚧虫产卵盛期在7月中旬,第3代雌蚧虫产卵盛期在9月上中旬;成虫产卵期长,可达40余天;产卵量大,单雌蚧虫卵量可达300粒,卵产于雌蚧虫体下,卵产后短时间内即孵化。初孵若虫爬出母体分散转移到枝、叶上固着寄生,吸汁为害。第2、3代有明显世代重叠现象。通常植物的内

图1–127b 卫矛矢尖蚧雄介壳(灰白色较小者)

层枝条上发生为害较多。

128.日本单蜕盾蚧

日本单蜕盾蚧 *Fiorinia japonica* Kuwana，又名松针蚧，属半翅目，蚧总科，盾蚧科。

【为害状况】该虫为害油松、黑松、雪松、日本五针松、白皮松、华山松、桧柏、云杉、冷杉等多种植物(图 1-128)，造成寄主针叶枯黄易脱落，生长势衰弱，易招致小蠹虫等弱寄生性害虫侵入。发生严重时，致使幼树形成小老树，甚至死亡。

【识别特征】①雌介壳：长 1.5 mm 左右，长椭圆形，前细后粗，黄褐色，介壳表面被有很薄蜡质，壳点 2 个，壳点黄色。②雌成虫：虫体长卵形，浅橘黄色，前圆后尖，两侧较平行。③雄介壳：长条形，白色，溶蜡状，背部纵脊不明显，壳点 1 个，黄色，位于前端。④雄成虫：橘红色，翅透明。⑤卵：椭圆形，深黄色。⑥若虫：黄色，触角白色。

【生活习性】1 年发生 2 代，世代重叠，以受精雌成虫或若蚧在针叶基部越冬。翌年 4 月越冬虫体活动为害，4 月下旬至 5 月上旬越冬雌成虫产卵，卵期约 20 天。若虫孵化盛期分别发生在 6 月、8 月，孵化期极不整齐，世代重叠严重。10 月开始越冬。

图 1-128 日本单蜕盾蚧为害黑松针叶状

129.杨笠圆盾蚧

杨笠圆盾蚧 *Diaspidiotus gigas* (Thiem et Gerneck)，又名杨夸圆蚧、杨盾蚧、杨圆蚧、杨灰齿盾蚧，属半翅目，蚧总科，盾蚧科。

【为害状况】该虫为害箭杆杨、小叶杨、青杨、钻天杨、银白杨、中东杨、黑杨、小黑杨和旱柳等植物。以雌成虫、若虫寄生在主干和枝条上刺吸汁液为害，被害植株的叶片变黄，树皮开裂，树干凹凸不平，枝梢枯萎。严重时，介壳重叠密布，枝干呈灰黑色，甚至整株死亡。

【识别特征】①雌介壳：圆形或近圆形，直径约 2 mm。扁平，中心略高，有明显轮纹 3 圈。中心淡褐色，内圈深褐或黑灰色，外圈灰白色。壳 2 个，褐色，位于中心或略偏(图 1-129)。②雌成虫：虫体倒梨形，长约 1.5 mm，浅黄色，老熟时很硬化。臀叶 3 对，外侧凹切各 1 个，中叶发达短宽，两叶微微会合而不连接，侧叶较小，第 3 叶尖而小，各叶间有成对

图 1-129 杨笠圆盾蚧为害杨树状

硬化槌。背腺大小相似，均粗短，在臀板每侧排成 4 系列，每侧总腺数超过 50 个，每系列为不规则双行，第 4 列 17~19 腺，位于第 4 腹节上。头胸与后胸间不分节。围阴腺 5 群。③雄介壳：椭圆形，长 1~1.5 mm，亦有轮纹。壳点 1 个，褐色，突出在一端，其周围淡褐色，外圈黑褐色，介壳另一端灰白色。④雄成虫：虫体长约 1 mm，体橙黄色，具翅 1 对，腹末交尾器针状。⑤卵：长椭圆形，长约 0.16 mm，淡黄色。⑥若虫：初孵时近圆形，淡橙黄色，触角、足健全。

【生活习性】 1 年发生 1 代。以 2 龄若虫在枝干上越冬。翌年 5 月上旬末至 5 月中旬雄成虫始羽化。6 月上旬至 9 月下旬雌成虫产卵，6 月中旬至 7 月下旬为产卵盛期。6 月中旬至 8 月上旬为卵孵化期。初孵若虫在母壳附近固定寄生，8 月开始蜕皮后进入 2 龄，以 2 龄若虫越冬。

【介壳虫类的防治措施】

(1)加强植物检疫，禁止有虫苗木输出或输入。

(2)加强养护：通过园林技术措施来改变和创造不利于蚧虫发生的环境条件。如实行轮作，合理施肥，清洁花圃，提高植株自然抗虫力；合理确定植株种植密度，合理疏枝，改善通风、透光条件；冬季或早春，结合修剪、施肥等农事操作，挖除卵囊，剪去部分有虫枝，集中烧毁，以减少越冬虫口基数；介壳虫少量发生时，可用软刷、毛笔轻轻清除，或用布团蘸煤油抹杀。

(3)化学防治：冬季和早春植物发芽前，可喷施 1 次 3~5 波美度石硫合剂、3%~5%柴油乳剂、10~15 倍的松脂合剂或 40~50 倍的机油乳剂，消灭越冬代若虫和雌虫。在初孵若虫期进行喷药防治，常用药剂有：22.4%螺虫乙酯悬浮剂 3000 倍液、22%氟啶虫胺腈悬浮剂 5000~6000 倍液、5%双丙环虫酯可分散液剂 5000 倍液、22%噻虫·高氯氟悬浮剂 2000 倍液。每隔 7~10 天喷 1 次，共喷 2~3 次，喷药时要求均匀周到。也可用 40%乐果乳油或 10%吡虫啉乳油 5~10 倍液打孔注药。

(4)生物防治：介壳虫天敌多种多样，种类十分丰富，如澳洲瓢虫可捕食吹绵蚧；大红瓢虫和红缘黑瓢虫可捕食草履蚧；红点唇瓢虫可捕食日本龟蜡蚧、桑白蚧、长白蚧等多种蚧虫；异色瓢虫、草蛉等可捕食日本松干蚧。寄生盾蚧的小蜂有蚜小蜂、跳小蜂、缨小蜂等。因此，在园林绿地中种植蜜源植物，以保护和利用天敌。在天敌较多时，不使用药剂或尽可能不使用广谱性杀虫剂，在天敌较少时进行人工饲养繁殖，发挥天敌的自然控制作用。

三、叶蝉类

叶蝉类属半翅目叶蝉科，身体细长，常能跳跃，能横走，易飞行。通称浮尘子，又名叶跳虫，种类很多。在园林植物上常见的有大青叶蝉、小绿叶蝉、柿斑叶蝉、葡萄二星叶蝉等。

图 1–130a 大青叶蝉成虫

130.大青叶蝉

大青叶蝉 *Cicadella viridis* (Linnaeus)，又名青叶跳蝉、青叶蝉、大绿浮尘子，属半翅目，叶蝉科。

【为害状况】 该虫为害杜鹃、梅、李、樱花、海棠、梧桐、扁柏、桧柏、杨、柳、刺槐等多种植物，以成虫和若虫刺吸植物汁液。受害叶片呈现小白斑，枝条枯死，影响生长发育，且可传播病毒病。

【识别特征】 ①成虫：体长 7.2~10 mm，青绿色，触角窝上方、两单眼之间有 1 对黑斑，复眼三角形、绿色。前翅绿色带有青蓝色泽，端部透明；后翅烟黑色，半透明。足橙黄色（图 1–130a、图 1–130b）。②卵：长卵圆形，长 1.6 mm，白色微黄，中间微弯曲。③若虫：共 5 龄，体黄绿色，具翅芽。

【生活习性】 1 年发生 3 代，以卵在被害花木枝条的皮层内越冬。翌年 4 月上中旬孵化。若虫孵化后常喜群集在草上取食，若遇惊扰便斜行或横行，或由叶面逃至叶背，或立即跳跃而逃。5 月下旬第 1 代成虫羽化，第 2 代成虫发生在 7~8 月，9~11 月第 3 代成虫出现。10 月中旬开始在枝条上产卵。产卵时以产卵器刺破枝条表皮呈半月形伤口，将卵产于其中，

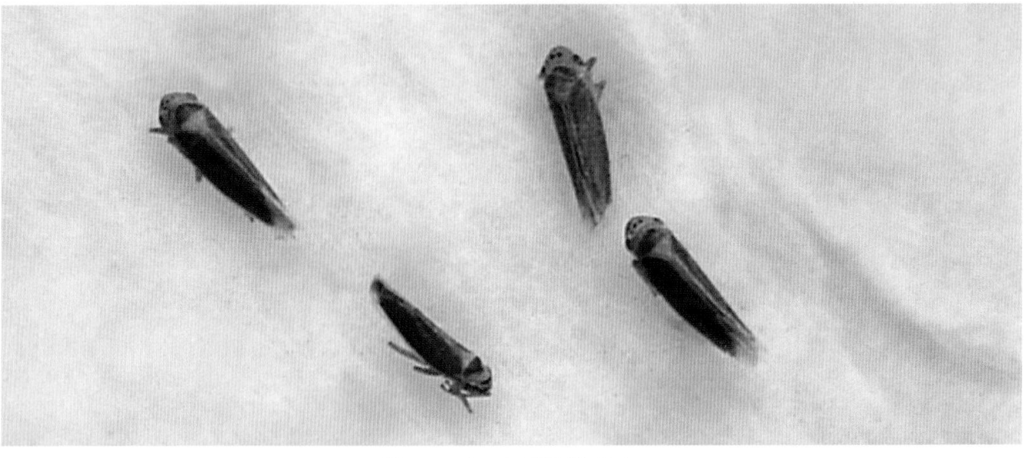

图 1–130b 大青叶蝉成虫

排列整齐。成虫喜在潮湿背风处栖息,有很强的趋光性。

131.小绿叶蝉

小绿叶蝉 *Empoasca flavescens* (Fabricius),又名小绿浮尘子、叶跳虫,属半翅目,叶蝉科。

【为害状况】 该虫为害桃、樱花、红叶李、苹果等植物。以成虫和若虫栖息于叶背,吮吸汁液为害。初期使叶片正面呈现白色小斑点，严重时全叶苍白,早期脱落(图 1–131a)。

图 1–131a 小绿叶蝉为害状

【识别特征】 ①成虫:体长 3~4 mm,绿色或黄绿色。头略呈三角形,复眼灰褐色,无单眼。中胸小盾片中央有 1 条横凹纹和白色斑。前翅绿色,半透明,后翅无色透明。雌成虫腹面草绿色,雄成虫腹面黄绿色(图 1–131b)。②卵长 0.8 mm,新月形。初时乳白色半透明,孵化前淡绿色。③若虫:与成虫相似,黄绿色,具翅芽(图 1–131c)。

【生活习性】 1 年发生 7~8 代,以成虫在杂草丛中或树皮缝内越冬。越冬成虫于 3 月下旬开始活动,4 月上旬至 4 月中旬为产卵盛期,卵产于叶背主脉内,初孵若虫在叶背为害。3 龄长出翅芽后,善爬善跳,喜横走。全年有两次为害高峰:6 月上旬至 6 月下旬,10 月上旬至 10 月下旬。有世代重叠现象。成虫白天活动,无趋光性。

图 1–131b
小绿叶蝉成虫、若虫与脱下的皮

图 1–131c
小绿叶蝉成虫与若虫

132.柿斑叶蝉

柿斑叶蝉 *Limassolla diospyri* Chou et Ma，又名柿血斑叶蝉、血斑浮尘子、血斑小叶蝉、柿小浮尘子，属半翅目，叶蝉科。

【为害状况】该虫为害柿、枣、桃、李、葡萄、桑等植物。以成虫、若虫在寄主背面刺吸汁液。若虫群集在叶背面中脉附近，不活跃，随龄期增长逐渐分散。老龄若虫及成虫均栖息在叶背中脉两侧吸食汁液，被害叶片形成失绿斑点（图 1-132a），严重时斑点密集成片，呈蜷缩状，破坏叶绿素的形成。影响树体的光合作用，导致树体不能正常生长发育。

图 1-132a 柿斑叶蝉为害状

【识别特征】①成虫：体长约 2.5 mm，淡黄白色。复眼淡褐色。头冠突出呈圆锥形，有 2 个淡黄绿色纵条斑。前翅背板前缘有 2 个淡黄色斑点，后缘有同色横纹，横纹中央和两端向前突出，在前胸背板中央显现出 1 块近似“山”字形的斑纹。小盾板基部有橘黄色“V”形斑；翅基部有“Y”形斑，中央似“W”形斑，接着是 1 块倒梯形斑，近末端又有 1 块“X”形斑，翅面散生红褐色小斑点（图 1-132b）。②卵：白色，略弯曲。③若虫：共 5 龄，4~5 龄有翅芽，5 龄体扁平，体上有白色长刺毛，淡黄色至黄色。

【生活习性】1 年发生 3 代以上，以卵在当年生枝条的皮层内越冬。翌年 4 月柿树展叶时孵化，若虫期约 1 个月。5 月上中旬出现成虫，不久交尾产卵。卵散产在叶背面中脉附近。卵期约半个月，6 月上中旬孵化。此后 30~40 天 1 代，世代交替，常造成严重为害。初孵若虫先集中于叶片的主脉两侧，吸食汁液，不活跃。随着龄期增长食量增大，逐渐分散为害。受害处叶片正面呈现褪绿斑点，严重时斑点密集成片，叶呈苍白色甚至淡褐色，造成早期落叶。

图 1-132b 柿斑叶蝉成虫

133.葡萄二星叶蝉

葡萄二星叶蝉 *Arboridia apicalis* (Nawa)，又名葡萄小叶蝉、葡萄斑叶蝉、葡萄二点叶蝉、葡萄二点浮尘子，属半翅目，叶蝉科。

【为害状况】该虫为害地锦、葡萄、桑、桃、梨、山楂、芍药等植物。以成虫、若虫聚集在叶背吸食汁液为害。受害叶片正面发生灰白色斑点，虫口密度大时可使整片叶叶面变灰白色（图 1-133a）。叶色表现苍白，失去光合能力，引起早期落叶。

【识别特征】①成虫：体长 2~2.5 mm，连同前翅 3~4 mm，体淡黄白色，复眼黑色，头顶有 2 个黑色圆斑。前胸背板前缘有 3 个圆形小黑点，小盾板两侧各有 1 块三角形黑斑。翅上或有淡褐色斑纹（图 1-133b）。②卵：黄白色，长椭圆形，稍弯曲，长 0.2 mm。③若虫：初孵化时白色，后变黄白或红褐色，体长 0.2 mm。

图 1-133a 葡萄二星叶蝉为害地锦状

【生活习性】1 年发生 2~3 代，以成虫在寄主附近的杂草丛、落叶下、土缝、石缝等处越冬。翌年 3 月随寄主植物展叶而开始为害，喜在叶背面活动，产卵在叶背叶脉两侧表皮下或绒毛中。第 1 代若虫发生期在 5 月下旬至 6 月上旬，第 1 代成虫在 6 月上中旬。以后世代重叠，第 2、3 代若虫期大体在 7 月上旬至 8 月初，8 月下旬至 9 月中旬。9 月下旬出现第 3 代越冬成虫。此虫喜荫蔽，受惊扰则蹦飞。

【叶蝉类的防治措施】

（1）加强庭园绿地的管理，清除树木、花卉附近的杂草，结合修剪，剪除有产卵伤疤的枝条。

（2）设置黑光灯，诱杀成虫。

（3）在成虫、若虫为害期，喷施 50%吡蚜酮可湿性粉剂 2500~5000 倍液、10%氟啶虫酰胺水分散粒剂 2000 倍液、22%氟啶虫胺腈悬浮剂 5000~6000 倍液、5%双丙环虫酯可分散液剂 5000 倍液、22.4%螺虫乙酯悬浮剂 3000 倍液防治。

图 1-133b 葡萄二星叶蝉成虫

四、蝽类

蝽类属半翅目,以刺吸式口器为害植物的叶片、花、果实等,但不同种类为害症状不同。在园林植物上常见的有蝽科的黄斑蝽、茶翅蝽、斑须蝽、弯角蝽、小皱蝽,盲蝽科的三点盲蝽,网蝽科的梨冠网蝽、娇膜肩网蝽、悬铃木方翅网蝽,长蝽科的红脊长蝽等。

134.黄斑蝽

黄斑蝽 *Erthesina fullo* (Thunberg),又名麻皮蝽象、臭斑虫、臭虫,属半翅目,蝽科。

图 1-134a 黄斑蝽成虫

【为害状况】 该虫为害樱花、碧桃、海棠、梨、苹果、杏、梅等多种植物。以成虫、若虫在枝梢、叶片及果实表面刺吸汁液。叶与梢被害后症状不明显,果实受害后被害处木栓化,变硬,发育停止而下陷,果肉变褐成一硬核,受害处果肉微苦,严重时形成畸形果。

【识别特征】 ①成虫:扁平,背面灰黑色,腹面灰黄色。具多数黄斑点,体长 18~23 mm,宽 8~11 mm。触角黑色。第 5 节基部黄色,复眼黑色,单眼红色,喙细长针状,达腹部第 3 节,淡黄色,末节黑色。头背、胸背和小盾片中央有 1 条黄线相连,腹部两侧各有 4 块黑斑。前胸背板、小盾片黑色,其上散生许多黄白色小斑点。前翅膜质部棕黑色,稍长于腹部。足腿节内侧及胫节基部 1/3 处黄色(图 1-134a)。②卵:初淡黄色,进而灰白色,圆筒状,横径 1.8 mm 左右。常常 12~14 粒排在叶片背面。③若虫:无翅,前胸背板两侧有刺突,胸腹部有许多红、黄、黑色相间的横纹(图 1-134b、图 1-134c)。2 龄若虫体灰黑色,腹部背面有红黄色斑 6 个。

图 1-134b 黄斑蝽初孵若虫

图 1-134c 黄斑蝽高龄若虫

【生活习性】1 年发生 1 代，均以成虫在房檐、墙缝、树洞、草丛中越冬。翌年 5 月越冬成虫开始活动,交尾产卵,6 月上旬为产卵盛期。卵多块状产于叶背,每块 12~14 枚聚生。7 月出现若虫,初孵若虫整齐排列,静伏卵壳周围,以后分散为害。成虫具假死性,有臭腺,受惊吓时可排出特殊臭气,中午常栖息于树干上或叶背面,有弱趋光性,越冬成虫稍有群集性。

135.茶翅蝽

茶翅蝽 *Halyomorpha halys* (Stål),又名臭蝽象、臭板虫、臭妮子,属半翅目,蝽科。

【为害状况】该虫为害杜仲、梨、苹果、桃、李、杏、樱桃、山楂、石榴、柿、榆、桑等植物。以成虫、若虫刺吸枝叶、果实。受害果表面凹凸不平，生长畸形。

【识别特征】①成虫:体长 15 mm 左右,宽约 8 mm,体扁平茶褐色,前胸背板、小盾片和前翅革质部有黑色刻点，前胸背板前缘横列 4 个黄褐色小点,小盾片基部横列 5 个小黄点,两侧斑点明显。复眼球形,黑色,腹部两侧各节间均有 1 个黑斑(图 1-135a)。②卵:短圆筒状,直径 0.7 mm 左右,周缘环生短小刺毛。卵初产时乳白色,近孵化时变黑褐色。③若虫:分 5 龄,初孵若虫近圆形，体为白色，后变为黑褐色;腹部淡橙黄色,各腹节两侧节间

图 1-135a 茶翅蝽成虫

有 1 块长方形黑斑,共 8 对。老熟若虫与成虫相似,无翅(图 1-135b)。

【生活习性】1 年发生 1 代,以成虫在空房、屋角、檐下、树洞、土缝、石缝及草堆等处越冬。翌年 5 月上旬陆续出蛰活动,6 月上旬至 8 月产卵。卵多产于叶背,块产,每块 20~30 粒,卵期 10~15 天。6 月中下旬为卵孵化盛期,8 月中旬为成虫盛期。9 月下旬成虫陆续越冬。成虫和若虫受到惊扰或触动时,即分泌臭液并逃逸。

图 1-135b 茶翅蝽若虫

136.斑须蝽

斑须蝽 *Dolycoris baccarum* (Linnaeus),又名细毛蝽、斑角蝽、黄褐蝽、臭大姐,属半翅目,蝽科。

【为害状况】该虫为害泡桐、梨树、桃树、樱花、海棠、苹果、石榴、山楂等植物,以成虫和若虫刺吸嫩叶、嫩茎汁液。茎叶被害后,出现黄褐色斑点,严重时叶片卷曲,嫩茎凋萎,影响生长。

【识别特征】①成虫:体长 8~13.5 mm,宽约 6 mm,椭圆形,黄褐色或紫褐色,体背有细毛,密布刻点。触角 5 节,黑色,各节端部和基部淡黄色,以至黑黄相间。小盾片近三角形,末端钝而光滑,黄白色。前翅革片红褐色,膜片黄褐色,透明,超过腹部末端。胸腹部的腹面淡褐色,散布零星小黑点,足黄褐色,腿节和胫节密布黑色刻点(图 1-136a、图 1-

图 1-136a 斑须蝽成虫

图 1-136b 斑须蝽成虫

136b)。②卵:圆筒形,初产浅黄色,后灰黄色。卵壳有网纹,生白色短绒毛。卵排列整齐,成块。③若虫:形态、色泽与成虫相同,略圆,腹部每节背面中央和两侧都有黑色斑(图 1-136c)。

【生活习性】1 年发生 2 代,以成虫在植物根际、枯枝落叶下、树皮裂缝中或屋檐底下等隐蔽处越冬。第 1 代发生于 4 月中旬至 7 月中旬,第 2 代发生于 6 月下旬至 9 月中旬,世代重叠明显。成虫多将卵产在植物上部叶片正面,呈多行整齐排列。初孵若虫群集为害,2 龄后扩散为害。成虫及若虫有恶臭,均喜群集于植株幼嫩部分吸食汁液,自春至秋继续为害。

图 1-136c 斑须蝽若虫

137.弯角蝽

弯角蝽 *Lelia decempunctata* Motschulsky,属半翅目,蝽科。

【为害状况】该虫为害葡萄、糖槭、核桃楸、榆、杨、刺槐等植物。以成虫、若虫刺吸植物汁液,造成树势降低。

【识别特征】①成虫:体长 16~22 mm,椭圆形,黄褐色,密布小黑刻点;前胸背板侧角大而尖,外突稍向上,侧角后缘有小突起 1 个,中区有等距排成一横列的黑点 4 个;前侧缘稍内凹,有小锯齿;小盾片基中部及中区各有黑点 2 个,基角上各有下陷黑点 1 个。共有 10 个点(图 1-137a)。②卵:圆筒形,似罐头,淡黄色、橘黄至深暗色。③若虫:老龄时密布黑刻点,形、色似成虫(图 1-137b)。

图 1-137a 弯角蝽成虫

图 1-137b 弯角蝽若虫

【生活习性】1 年发生 1 代,以成虫在石块下、土缝、落叶枯草中越冬。产卵成块,卵块六边形,6~7 行,每块 70~90 粒卵不等。

138.小皱蝽

小皱蝽 *Cyclopelta parva* Distant，又名小九香虫，属半翅目，蝽科。

【为害状况】该虫为害刺槐、紫穗槐等植物。以成虫、若虫群集枝干吸食树液，受害后叶片变黄早落，严重时可导致整枝枯死(图1–138a)。

图1–138a 小皱蝽群集为害状

【识别特征】①成虫：体扁平，椭圆形，长14 mm左右，黑褐色；前胸背板前侧缘平滑，背板后半部和小盾片上具若干横皱，小盾片前缘中央及末端各有三角形黄斑1个；腹部红褐色。腹背两侧缘各有6个对称的小黄点（图1–138b）。②卵：近似短圆柱形，两端稍倾斜，上有卵盖；初为米黄色，孵化前粉红色或黑褐色。③若虫：末龄体长12~14 mm，初孵若虫淡红色，蜕皮后体土黄色，胸背色较深；腹背两侧缘各有9个对称的黑色斑点，腹部中央有1个纵行黑褐色的瘤状突起(图1–138c)。

【生活习性】1年发生1代，以成虫在杂草中及石板下越冬。翌年3月中旬出蛰活动，4月下旬刺槐开花时陆续上树，多群集在1~3年生萌芽条上、幼树基部和枝杈处的幼嫩部位取食为害。6月上旬开始产卵，6月下旬至7月上旬达产卵盛期，卵期15天左右。若虫历

图1–138b 小皱蝽成虫

图 1-138c 小皱蝽若虫

期55 天左右，脱皮 5 次变为成虫。8 月下旬出现成虫，9 月下旬至 11 月上旬陆续下树越冬。成虫产卵于枝条上，纵向排列成行绕枝半圈或环包枝条，常数串并列。若虫孵化后不久即与成虫一起群集，常数十只以至数百只成虫、若虫拥挤在一起吸食为害。受害树叶片变黄早落，受害部位呈紫红色，轻者可恢复，重者肿胀、破裂、腐烂，枝条枯死。

139.梨冠网蝽

梨冠网蝽 *Stephanitis nashi* Esaki et Takeya，又名梨网蝽，属半翅目，网蝽科。

【为害状况】 该虫为害樱花、月季、杜鹃、海棠、桃花、苹果、梨等植物。成虫和若虫在叶背刺吸汁液，被害处有许多斑斑点点的褐色粪便和产卵时留下的蝇粪状黑点，整个受害叶片背面呈锈黄色，正面形成苍白色斑点（图 1-139a）。受害严重时，叶片上斑点成片，全叶失绿呈苍白色，提早脱落。

【识别特征】 ①成虫：体长约 3.5 mm，体形扁平，黑褐色。前胸背板两侧延伸成扇形，上有网状花纹。前翅略呈长方形，布满网状花纹，静止时前翅重叠，中间形成"X"形纹。后翅膜质，白色透明，翅脉暗褐色（图 1-139b）。②卵：长约 0.6 mm，长椭圆形，一端弯曲，淡绿到黄绿色。③若虫：若虫共 5 龄。初孵若虫乳白色，最后变成深褐色。身体两侧有明显的锥状刺突（图 1-139c）。

图 1-139a 梨冠网蝽为害状

图 1-139b 梨冠网蝽成虫

【生活习性】 1 年发生 4 代，以成虫在树皮裂缝、枯枝落叶、杂草丛中或土块缝隙中越冬。翌年 4 月上中旬，越冬成虫开始活动。4 月下旬开始产卵，卵产在叶背组织里，上面覆有黄褐色胶状物。初孵若虫不甚活动，有群集性，2 龄后活动范围逐渐扩大。6月中旬第1代成虫大量出现。成虫、若虫喜群集叶背主脉附近为害。成虫期1个月以上,产卵期也长,有世代重叠现象。全年7~8月为害最严重。10月中下旬以后成虫开始越冬。

图1-139c 梨冠网蝽若虫

140.娇膜肩网蝽

娇膜肩网蝽 *Metasalis populi* Takeya,属半翅目,网蝽科。

【为害状况】该虫为害杨、柳。以成虫、若虫在叶背刺吸汁液,排泄粪便,使叶背呈锈黄色,叶片正面出现白色斑点(图1-140a、图1-140b),叶背出现蝇粪状黑褐斑点(图1-140c),严重影响植物的光合作用,导致植物生长缓慢,提早落叶。

【识别特征】①成虫:体长约3 mm,暗褐色;头小,褐色,头兜屋脊状,前端稍锐,覆盖头顶;触角4节,细长,浅黄褐色,第4节端半部黑色;侧背板薄片状,向上强烈翘伸;前胸背板浅黄褐、黑褐色,遍布细刻点,中隆线和侧隆线呈纵脊状隆起,侧隆线基部与中隆线平行;三角突近端部具大褐斑1块;前翅透明,黄白色,具网状纹,前缘基部稍翘,后域近基部具菱形隆起,翅上有"C"形暗色斑纹;腹部黑褐,侧区色淡,足淡黄色(图1-140d)。②卵:长椭圆形,略弯,乳白、淡黄、浅红至红色。③若虫:4龄,头黑色,腹部黑斑横向和纵向,断续分成3小块与尾须连接(图1-140e)。

图1-140a 娇膜肩网蝽为害柳树叶片状

【生活习性】1年发生3代,世代重叠,以成虫在枯枝落叶下或树皮缝中越冬。翌年5月越冬成虫活动,成行产卵于叶背主脉和侧脉内,并用黏稠状黑液覆盖产卵处。卵期9~10天,各代若虫期分别为20天、15天和17天。成虫、若虫具有群集为害习性。

图1-140b 娇膜肩网蝽为害杨树叶片正面状

图1-140c 娇膜肩网蝽为害杨树叶片背面状

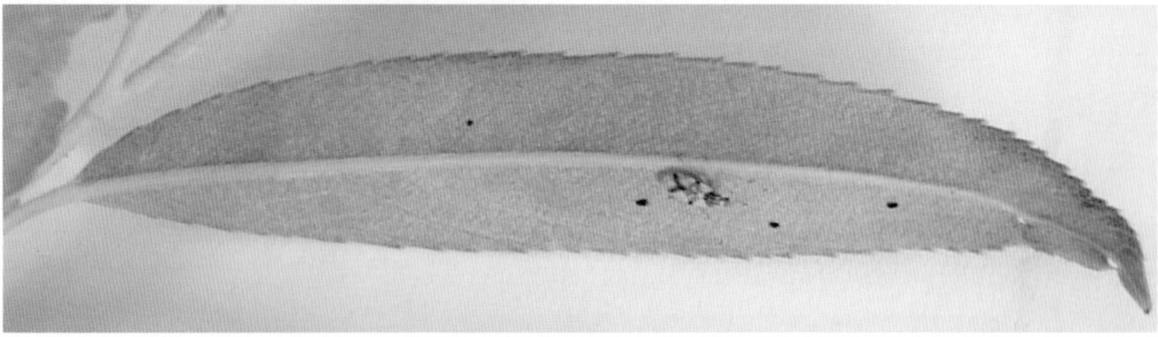

图1-140d 娇膜肩网蝽成虫

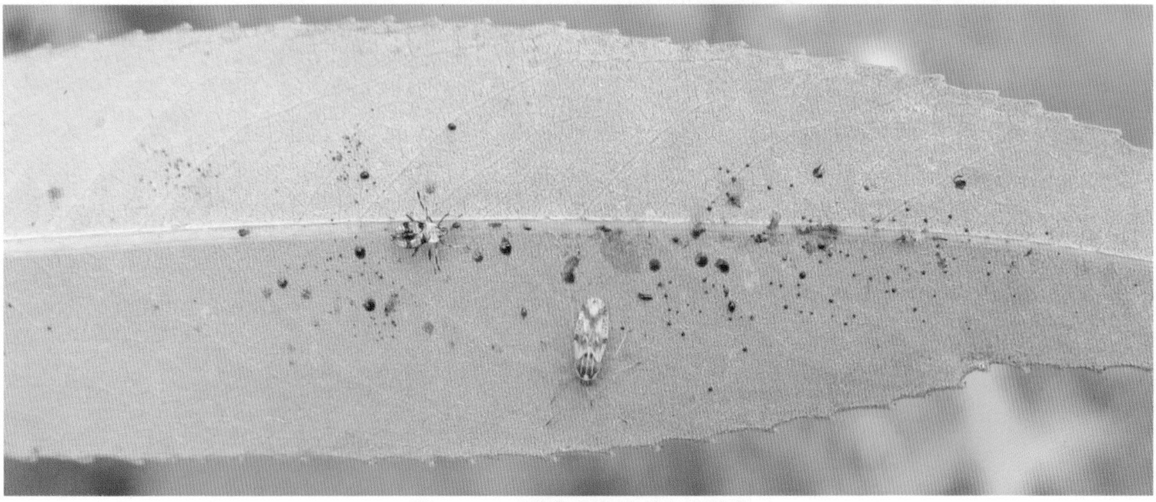

图1-140e 娇膜肩网蝽成虫与若虫

141.悬铃木方翅网蝽

图 1-141a 悬铃木方翅网蝽为害状

悬铃木方翅网蝽 *Corythucha ciliata* (Say),属半翅目,网蝽科。

【为害状况】该虫为害悬铃木属植物。以成虫、若虫群集于寄主叶片背面刺吸汁液取食,受害叶片正面形成许多密集的黄白色褪绿斑点,初期仅叶背主脉、侧脉附近呈现黄白色花斑,后期全叶黄白色(图 1-141a、图 1-141b),背面满布锈褐色虫粪和分泌物,呈现锈黄色斑,抑制叶片光合作用,影响植株生长,导致树势衰弱。为害严重时,则可引起寄主植物大量叶片提早枯黄脱落,继而引起植株死亡,严重影响行道树的绿化效果与观赏价值。

【识别特征】①成虫:乳白色,长3.2~3.7 mm,头兜发达,盔状,头兜的高度较中纵脊稍高;头兜、侧背板、中纵脊和前翅表面的网肋上密生小刺,侧背板和前翅外缘的刺列十分明显;前翅近长方形,其前缘基部强烈上卷并突然外突;足细长,腿节不加粗;后胸臭腺孔缘小且远离侧板外缘(图 1-141c)。②卵:长 0.4 mm,宽 0.2 mm,乳白色,茄形,顶部有卵盖,呈圆形,褐色,中部稍拱突。③若虫:体形似成虫,颜色深,无翅,共 5 龄(图 1-141d、图 1-141e)。

图 1-141b 悬铃木方翅网蝽为害状

【生活习性】1 年发生 4 代,以成虫于悬铃木树皮下、地面枯枝落叶以及树冠下地被植物上越冬。发生与气候因素密切相关,夏秋两季的高温干旱会导致该虫的盛发;冬季的低温会明显减少第 2 年发生的虫口密度。另外栽培环境郁闭、通风透光不良也会使得该虫为害程度加重。

图 1-141c 悬铃木方翅网蝽成虫——乳白色虫体

图 1-141d 悬铃木方翅网蝽若虫

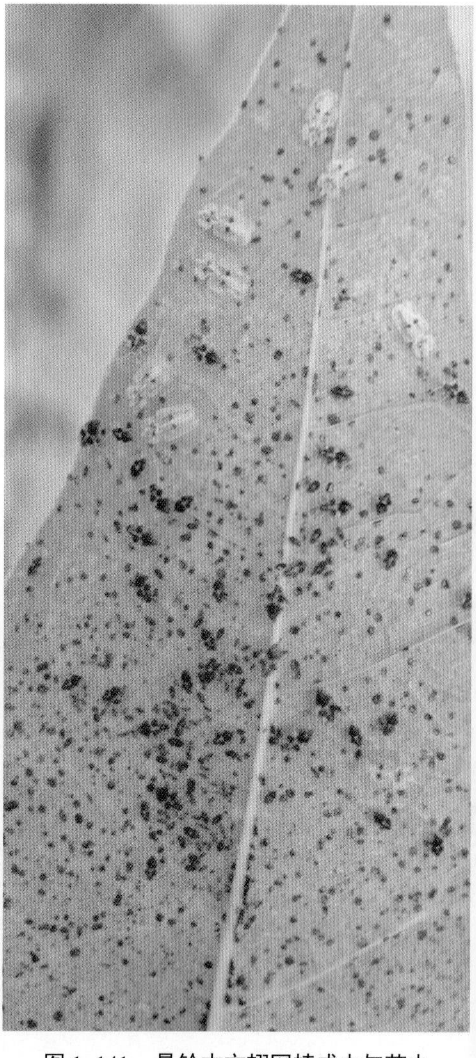

图 1-141e 悬铃木方翅网蝽成虫与若虫

142.红脊长蝽

红脊长蝽 *Tropidothorax elegans* (Distant),又名黑斑红长蝽,属半翅目,长蝽科。

【为害状况】 该虫为害垂柳、刺槐、花椒、鼠李等植物。常以成虫、若虫群集于嫩茎、嫩梢、嫩叶等部位,刺吸汁液。受害处呈褐色斑点,严重时植株枯萎。

【识别特征】 ①成虫:体长 8~11 mm,长椭圆形,头、触角和足黑色,体赤黄色;前胸背板后缘中部稍向前凹入,纵脊两侧各有 1 个近方形的大黑斑;小盾片三角形,黑色;前翅爪片除基部和端部赤黄色外基本上为黑色,革片和缘片的中域有 1 枚黑斑,膜质部黑色,基部近小盾片末端处有 1 枚白斑,其前缘和外缘白色(图 1-142)。②卵:长约 0.9 mm,长卵形;初产乳黄色,渐变赭黄色;卵壳上有许多细纵纹。③若虫:共 5 龄。1 龄若虫体长约 1 mm,被有白或褐色长绒毛,头、胸和触角紫褐色,足黄褐色,前胸背板中央有 1 条橘红色纵纹；腹部红色，腹背有1块深红斑，腹末黑色。2龄若虫体长约2 mm，被有黑褐色刚毛，体黑褐色，但中胸背板纵脊、后胸、腹侧缘及第1、2腹节橘红色，腹部腹面橘红色，中央有1块大黑斑。3龄若虫体长3.7~3.8 mm，触角紫黑，节间淡红；前翅芽达第1腹节中央。4龄若虫体长约5 mm，前翅芽达第2腹节前缘。5龄若虫体长6.1~8.5 mm，前胸背板后部中央有一突起，其两侧为漆黑色；翅芽漆黑，达第4腹节中部；腹部最后5节的腹板呈黄黑相间的横纹。

【生活习性】1年发生2代，以成虫在石块下、土穴中或树洞里成团越冬。翌春4月中旬开始活动，5月上旬交尾。第1代若虫于5月底至6月中旬孵出，7~8月羽化产卵。第2代若虫于8月上旬至9月中旬孵出，9月中旬至11月中旬羽化，11月上中旬进入越冬期。成虫怕强光，以上午10时前和下午5时后取食较盛。卵成堆产于土缝里、石块下或根际附近土表，一般每堆30余枚，最多达200~300枚。

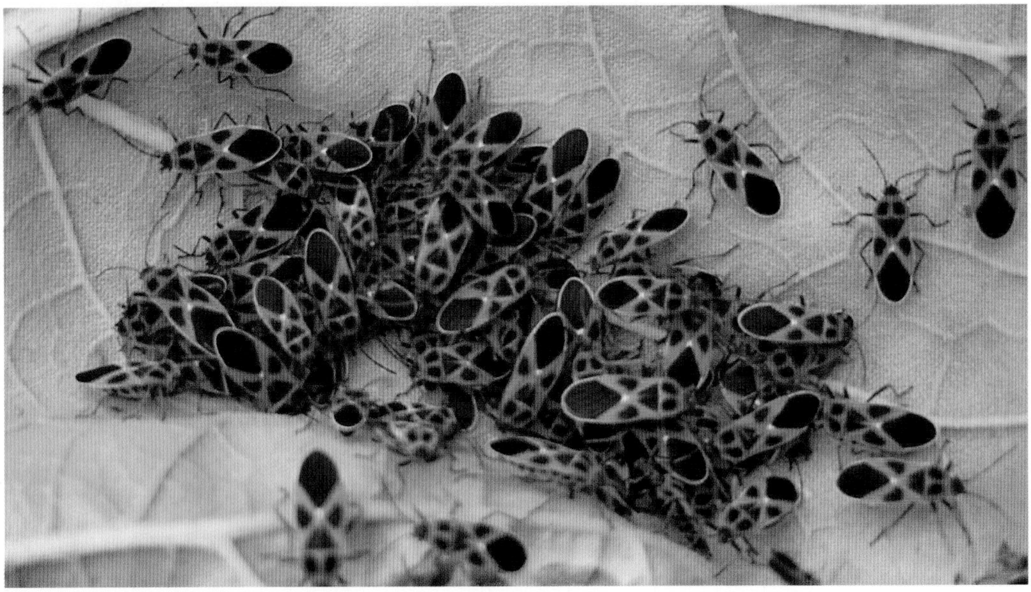

图1-142 红脊长蝽成虫

143.三点盲蝽

三点盲蝽 *Adelphocoris fasciaticollis* Reuter，属半翅目，盲蝽科。

【为害状况】该虫主要为害草坪草。成虫、若虫在寄主叶片及幼嫩部位刺吸汁液，使植株长势减弱。

【识别特征】①成虫：体长7 mm左右，黄褐色。触角与身体等长。前胸背板紫色，后缘具一黑横纹，前缘具黑斑2个，小盾片及两个楔片具3个明显的黄绿三角形斑(图1-143)。②卵：长1.2 mm，茄形，浅黄色。③若虫：黄绿色，密被黑色细毛，触角第2~4节基部淡青色，有赭红色斑点。翅芽末端黑色，达腹部第4节。

【生活习性】1年发生3代，以卵在刺槐、杨、柳等树干上有疤痕的树皮内越冬。越冬

图 1-143 三点盲蝽成虫

卵 4 月下旬开始孵化，初孵若虫借风力迁入邻近草坪内为害，5 月下旬羽化为成虫。第 2 代若虫 6 月下旬出现，7 月上旬第 2 代若虫羽化，7 月下旬孵出第 3 代若虫。第 3 代成虫8 月上旬羽化，从 8 月下旬在寄主上产卵越冬。

【蝽类的防治措施】

（1）加强养护：及时清除落叶和杂草，注意通风透光，创造不利于该虫的生活条件。

（2）化学防治：喷洒 50%吡蚜酮可湿性粉剂 2500~5000 倍液、10%氟啶虫酰胺水分散粒剂 2000 倍液、22%氟啶虫胺腈悬浮剂 5000~6000 倍液、5%双丙环虫酯可分散液剂 5000 倍液、22.4%螺虫乙酯悬浮剂 3000 倍液。

（3）保护和利用天敌：草蛉、蜘蛛、蚂蚁等都是蝽类的天敌，当天敌较多时，尽量不喷药剂，以保护天敌。

五、木虱类

木虱类属半翅目木虱科，体小型，形状如小蝉，善跳能飞。在园林植物上常见的有梧桐木虱、合欢羞木虱、黄栌丽木虱等。

144.梧桐木虱

梧桐木虱 *Carsidara limbata* (Enderlein)，又名青桐木虱，属半翅目，木虱科。

【为害状况】 该虫为害梧桐，常以成虫和若虫群集于嫩梢或枝叶吸汁为害（图 1-144a、图 1-144b、图 1-144c），尤以嫩梢和叶背居多。若虫分泌白色棉絮状蜡质物，影响树木光合作用和呼吸作用，并诱发煤污病。严重时，叶片提早脱落，枝梢干枯。

图 1-144a 梧桐木虱为害叶柄状

【识别特征】①成虫：黄绿色，体长 4 mm 左右，头顶两侧陷入。触角丝状，足淡黄色，翅透明（图 1–144d）。②卵：长约 0.7 mm，纺锤形。③若虫：共 3 龄，虫体扁，略呈长方形，末龄若虫近圆筒形，茶黄而微带绿色，体被较厚的白色蜡质层，翅芽发达，透明，淡褐色。

【生活习性】1 年发生 2 代，以卵在枝叶上越冬。翌年 4 月下旬至 5 月上旬越冬卵开始孵化，6 月上中旬羽化成虫，下旬为羽化盛期。第 2 代若虫 7 月中旬发生，8 月上中旬羽化，8 月下旬成虫开始产卵，卵散产于枝叶等处。成虫产卵前需补充营养，成虫寿命约 6 周。若虫潜居于白色棉絮状蜡丝中，行动迅速，无跳跃能力。若虫、成虫均有群聚性，往往几十头群聚在嫩梢或棉絮状白色蜡质物中。成虫羽化 1~2 天后，移至无分泌物处继续吸食汁液，喜爬行，如受惊扰，即跳跃他处。

图 1–144b 梧桐木虱为害叶柄与枝条状

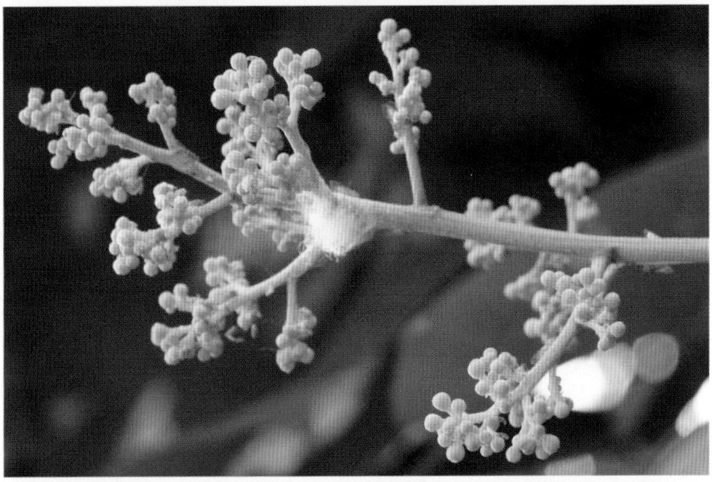

图 1–144c 梧桐木虱为害花序状

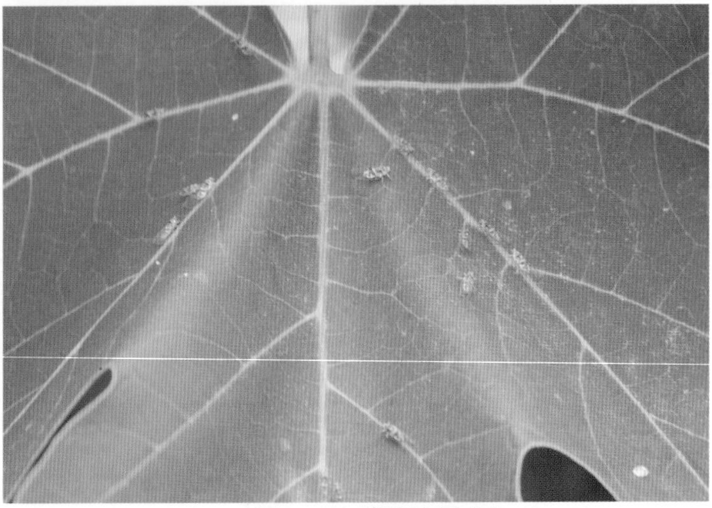

图 1–144d 梧桐木虱成虫

145.合欢羞木虱

合欢羞木虱 *Acizzia jamatonnica* (Kuwayama),属半翅目,木虱科。

【为害状况】该虫为害合欢、梨等植物。以成虫、若虫在寄主的嫩梢、叶片背面刺吸汁液,为害严重时造成枝梢扭曲畸形、叶片黄化(图 1-145a、图 1-145b、图 1-145c)。若虫腹末分泌 1 条白色的蜡丝,虫口密度高时叶背布满蜡丝,白色丝状常飘落树下,污染环境。受其为害,植株叶片易脱落,嫩叶易折断。叶面和树下灌木易诱发煤污病,影响生长和开花。

【识别特征】①越冬型成虫:体形较大,长约 5 mm,深褐色,复眼红色,单眼 3 个,金红色。中胸盾片上有 4 条红黄色纵纹。翅透明,翅脉褐色。②夏型成虫:体形较小,体长 4~4.5 mm,体绿色至黄绿色,中胸盾片上有 4 条黄色纵纹,前翅略黄,翅脉淡黄褐色。触角黄色至黄褐色,头与胸约等宽。前胸背板长方形,侧缝伸至背板两侧缘中央。前翅长为宽的 2.4~2.5 倍,长椭圆形,翅痣长三角形;后翅长为宽的 2.7~3.0 倍。后足胫节具基齿,胫端距 5 个,内 4 外 1,基跗节具 2 个爪状距。③卵:黄色,呈卵圆形,一端尖细,并延伸成 1 根长丝,一端钝圆,其下具有 1 个刺状突起,固着于植物组织上。④若虫:初孵时呈椭圆形,淡

图 1-145a 合欢羞木虱为害花序状

图 1-145b 合欢羞木虱为害嫩梢状

黄色，复眼红色；3 龄以后翅芽显著增大，体呈扁圆形，体背褐色，其中有红、绿斑纹相间（图 1-145d）。

【生活习性】1 年发生 3 代，以成虫在树皮裂缝、树洞和落叶下越冬。翌春合欢叶芽开始萌动时，越冬成虫即开始活动，产卵于叶芽基部或枝梢顶端，以后各代的成虫则将卵散产于叶片上。若虫期 30~40 天。5 月上旬至 6 月上旬是为害高峰期。

图 1-145c 合欢羞木虱为害叶片状

图 1-145d 合欢羞木虱若虫

146.黄栌丽木虱

黄栌丽木虱 *Calophya rhois* (Löw)，属半翅目，木虱科。

【为害状况】该虫是为害黄栌的一种重要害虫。以成虫、若虫刺吸叶片、嫩枝（图 1-146a）汁液，严重时造成叶片卷曲畸形（图 1-146b）。该虫数量多，为害时间长，可影响黄栌的正常生长和红叶景观。

【识别特征】①成虫：体小而短粗，分冬、夏两型。冬型体长约 2 mm，褐色稍具黄斑，头顶黑褐色，两侧及前缘稍淡，颊锥黄褐色，眼橘红色，触角 10 节，1~6 节黄褐色，7~10 节黑色，8~10 节膨大，9~10 节具长刚毛 3 根；后足胫节无基齿，端距 4 个；前翅透明，浅污黄色，脉黄褐色，臀区具褐斑，缘纹 3 个，腹部褐色。夏型体长约 1.9 mm，除胸背橘黄色、腿节背面具褐斑外，均鲜黄色，美丽（图 1-146c）。②卵：椭圆形，黄色有光泽。③若虫：复眼赭红色，胸、腹有淡色斑，腹黄色（图 1-146d）。

【生活习性】1 年发生 2 代，以成虫在落叶内、杂草丛中、土块下越冬。翌年黄栌发芽时成虫出蛰活动，交尾产卵。4 月下旬为第 1 代卵孵化盛期，第 1、2 代若虫为害期分别为 5 月下旬至 6 月上旬和 7 月。成虫产卵于叶背绒毛中、叶缘卷曲处或嫩梢上，每雌产卵 120~300 粒，卵期 3~5 天，若虫 5 龄，历期 18~37 天，若虫多聚集于新梢或叶片。

【木虱类的防治措施】

（1）苗木调运时加强检查，禁止带虫材料外运。结合修剪，剪除带卵枝条。

（2）若虫发生盛期（叶背出现白色絮状物时）喷施机油乳剂 30~40 倍液、1%杀虫素 2000 倍液、50%吡蚜酮可湿性粉剂 2500~5000 倍液、10%氟啶虫酰胺水分散粒剂 2000 倍液、22%氟啶虫胺腈悬浮剂 5000~6000 倍液、5%双丙环虫酯可分散液剂 5000 倍液、22.4%螺虫乙酯悬浮剂 3000 倍液。

（3）保护天敌，如赤星瓢虫、黄条瓢虫、草蛉等，能捕食木虱的卵和若虫。

图 1-146a 黄栌丽木虱为害嫩枝状

图 1-146b 黄栌丽木虱为害叶片导致畸形状

图 1-146c 黄栌丽木虱成虫

图 1-146d 黄栌丽木虱若虫

六、粉虱类

粉虱类属半翅目粉虱科。体微小，雌雄均有翅，翅短而圆，膜质，翅脉极少，前后翅相似，后翅略小。体翅均有白色蜡粉，故称粉虱。在园林植物上常见的有温室白粉虱等。

147.温室白粉虱

温室白粉虱 *Trialeurodes vaporariorum* (Westwood)，又名温室粉虱、白粉虱，属半翅目，粉虱科。

【为害状况】 该虫寄主范围广，可为害倒挂金钟、茉莉、凤仙花、一串红、月季、牡丹、菊花、万寿菊、扶桑、旱金莲、一品红、大丽花、矮牵牛、蜀葵、泡桐等植物。该虫主要以成虫和幼虫群集在寄主植物叶背，刺吸汁液为害，使叶片卷曲、褪绿发黄，甚至干枯。此外，成虫和幼虫还分泌蜜露，诱发煤污病(图 1–147a)。

【识别特征】 ①成虫：体长 1.0~1.2 mm，体浅黄或浅绿色，被有白色蜡粉。复眼赤红色。前、后翅上各有一条翅脉，前翅翅脉分叉(图 1–147b、图 1–147c)。②卵：长0.2~0.5 mm，长椭圆形，具柄，初时淡黄色，后变黑褐色。③若虫：体长 0.5 mm，扁平椭圆形，黄绿色，体表具长短不一的蜡丝，两根尾须稍长(图 1–147d)。④伪蛹：长 0.8 mm,稍隆起，淡黄色，背面有 11 对蜡质刚毛状突起。

【生活习性】 1 年发生 10 余代，在温室内可终年繁殖。繁殖能力强，世代重叠现象显著，以各种虫态在温室植物上越冬。成虫喜欢选择上部嫩叶栖息、活动、取食和产卵。卵期 6~8 天，幼虫期 8~9 天。成虫一般不大活动，常在叶背群聚，对黄色和嫩绿色有趋性。营有性生殖，也能孤雌生殖。幼虫孵化后即固定在叶背刺吸汁液，造成叶片变黄、萎蔫甚至致死亡。此外，此虫还大量产生分泌物，造成煤污病，严重影响叶片的光合作用。

【粉虱类的防治措施】

(1) 加强植物检疫工作，避免将虫带入塑料大棚和温室。早春时做好虫情预测预报，及时开展有效的防治工作。

(2)加强养护：清除大棚和温室周围杂草，以减轻虫源。荫蔽、通风透光不良都有利于粉虱的发生，适当修枝，勤除杂草，以减轻为害。

(3)物理防治：白粉虱成虫对黄色有强烈趋性，可用黄色诱虫板诱杀。

图 1–147a 温室白粉虱为害引发的煤污病

(4)药剂防治:3~8 月严重为害期，可采用 80%敌敌畏熏蒸成虫，按 1 mL/m^3 原液兑水 1~2 倍,每隔 5~7 天喷 1 次,连续 5~7 次，并注意勿将药液直接喷洒到植株，并密闭门窗 8 小时。亦可喷施 50%吡蚜酮可湿性粉剂 2500~5000 倍液、10%氟啶虫酰胺水分散粒剂 2000 倍液、22%氟啶虫胺腈悬浮剂5000~6000 倍液、5%双丙环虫酯可分散液剂5000 倍液、22.4%螺虫乙酯悬浮剂 3000 倍液，喷洒时注意药液均匀,叶背处更应周到。

图 1-147b 温室白粉虱成虫

图 1-147c 温室白粉虱成虫

图 1-147d 温室白粉虱若虫

七、蜡蝉类

蜡蝉类昆虫属半翅目蜡蝉科与广翅蜡蝉科，体小型至大型，善跳跃。常见的有斑衣蜡蝉、缘纹广翅蜡蝉等。

148.斑衣蜡蝉

斑衣蜡蝉 *Lycorma delicatula* (White)，又名椿皮蜡蝉、斑衣、樗鸡、红娘子、花姑娘、椿蹦、花蹦蹦，属半翅目，蜡蝉科。

【为害状况】 该虫为害臭椿、香椿、悬铃木、红叶李、紫藤、法桐、槐、榆、黄杨、珍珠梅、女贞、桂花、樱桃、美国地锦、葡萄等植物。以成虫和若虫刺吸嫩梢及幼叶的汁液(图1–148a)，造成叶片枯黄，嫩梢萎蔫，枝条畸形以及诱发煤污病。

【识别特征】 ①成虫：体长约 18 mm，翅展 50 mm 左右，灰褐色。前翅革质，基部 2/3 为浅褐色，上布有 20 多个黑点，端部 1/3 处为灰黑色。后翅基部为鲜红色，布有黑点，中部白色，翅端黑蓝色(图 1–148b)。②卵：圆柱形，长 3 mm，卵块表面有层灰褐色泥状物(图 1–148c、图 1–148d)。③若虫：1~3 龄体为黑色，4 龄体背面红色，有黑白相间斑点，有翅芽(图 1–148e、图 1–148f)。

【生活习性】 1 年发生 1 代，以卵在枝干和附近建筑物上越冬。其生活史为不完全变态(图 1–148g)。翌年 4 月若虫孵化，5 月上中旬为若虫孵化盛期。小若虫群居在嫩枝幼叶上为害，稍有惊动便蹦跳而逃离。其为害不仅影响枝蔓当年的成熟，还影响来年枝条的生长发育。6 月中下旬成虫出现，成虫和若虫常常数十头群集为害，此时寄主受害更加严重。成虫交配后，将卵产在避风处，卵粒排列呈块状，每块卵粒不等，卵块覆盖有黄褐色分泌物，类似黄土泥块贴在树干皮上。10 月成虫逐渐死亡，留下卵块越冬。

图 1–148a 斑衣蜡蝉为害状

图 1-148b 斑衣蜡蝉成虫

图 1-148c 斑衣蜡蝉卵块

图 1-148d 斑衣蜡蝉卵块

图 1-148e 斑衣蜡蝉初孵若虫

图 1-148f 斑衣蜡蝉高龄若虫

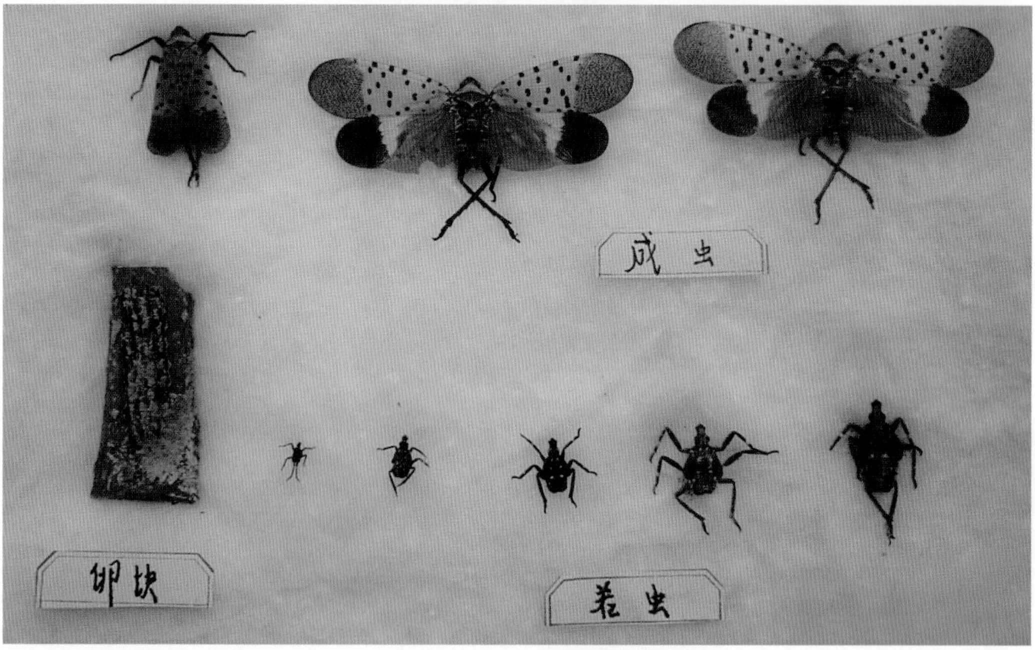

图 1-148g 斑衣蜡蝉生活史

149.缘纹广翅蜡蝉

缘纹广翅蜡蝉 *Ricania marginalis* (Walker),属半翅目,广翅蜡蝉科。

【为害状况】 该虫为害大叶黄杨、连翘、卫矛、桑、朴、桃等植物。以成虫、若虫刺吸枝条、叶片的汁液,造成植株长势衰弱。

【识别特征】 ①成虫:体长 7 mm,翅展 21 mm 左右;体褐色至深褐色;前翅同样为深褐色,后缘颜色稍浅,前缘有 1 块三角形透明斑,后缘则有 1 大 1 小 2 个不规则透明斑,翅缘散布细小的透明斑点,翅面散布白色蜡粉;后翅黑褐色半透明(图 1-149a、图 1-149b)。②卵:麦粒状。③若虫:体灰色,扁平,腹背有许多直立而左右对称的白色蜡柱(图 1-149c)。

图 1-149a 缘纹广翅蜡蝉成虫

【生活习性】1 年发生 1 代，以卵成行在枝条上越冬。若虫腹末蜡柱能作褶扁状开张，善跳，常群栖排列于嫩枝上为害，地面落有一层“甘露”。7 月为成虫发生盛期，善跳，静止时翅覆于体背呈屋脊状。

【蜡蝉类防治措施】

（1）消灭卵块：秋冬季节修剪和刮除卵块，以消灭虫源。

（2）药剂防治：若虫初孵期，喷施 50%吡蚜酮可湿性粉剂 2500~5000 倍液、10%氟啶虫酰胺水分散粒剂 2000 倍液、22%氟啶虫胺腈悬浮剂 5000~6000 倍液、5%双丙环虫酯可分散液剂 5000 倍液、22.4%螺虫乙酯悬浮剂 3000 倍液。喷洒时注意药液均匀，叶背处更应周到。

图 1-149b 缘纹广翅蜡蝉成虫

图 1-149c 缘纹广翅蜡蝉若虫

八、蝉类

蝉类属半翅目蝉科，中到大型，触角刚毛状，单眼3个，呈三角形排列；翅膜质透明，脉较粗。雄虫具发音器，雌虫具发达的产卵器。成虫、若虫均刺吸植物汁液，若虫在土中为害根部，成虫为害还表现在产卵于枝条中，导致枝条坏死。常见的种类有蚱蝉、鸣鸣蝉、蟪蛄等。

150.蚱蝉

蚱蝉 *Cryptotympana atrata* (Fabricius)，又名黑蝉，属半翅目，蝉科。

【为害状况】 该虫为害杨、柳、樱花、悬铃木、榆、桃、苹果、梨、山楂、白蜡、枫杨、葡萄等植物。此虫为害主要是以成虫产卵于枝条上，造成当年生枝条死亡，严重地区新梢被害率高达50%以上，对扩大树冠、形成花芽影响很大（图1–150a、图1–150b、图1–150c、图1–150d、图1–150e）。同时若虫在树体根部刺吸汁液。

【识别特征】 ①成虫：体长45 mm左右，翅展120~130 mm，黑色具光泽，局部密生金黄色细毛；头部3个单眼浅黄褐色，呈三角形排列，复眼大，淡黄褐色；中胸背面有"X"形红褐色隆起；翅透明，基部黑色，翅脉黄褐色至黑色。雄虫腹部1~2节有发音器，能鸣；雌虫无发音器，产卵器明显（图1–150f、图1–150g）。②卵：梭形，长2.5 mm左右，宽约0.3 mm，乳白色渐变黄，头端比尾端略尖（图1–150h）。③若虫：老熟若虫体长35 mm左右，土黄褐色，有翅芽，形似成虫；额显著膨大，触角和喙发达；前足为开掘足，腿、胫节粗大；头顶至后胸背板中央有1蜕皮线（图1–150i、图1–150j）。

【生活习性】 数年发生1代，以若虫和卵越冬，但每年均有1次成虫发生。若虫在土中生活数年，蜕皮5次，每年6月中下旬若虫在落日后出土，爬到树干或树干基部的树枝上蜕皮，羽化为成虫。刚蜕皮的成虫为黄白色，经数小时后变为黑褐色，不久雄虫即可鸣叫。成虫有趋光性，7月成虫开始产卵，8月为盛期，产卵枝因伤口失水而枯死。该虫以卵越冬时，翌年6月卵孵化为若虫落地入土，吸食根部汁液，晚秋转入土壤深层，春季又升到土表为害。

图1–150a 蚱蝉产卵为害桃树枝条状

图 1-150b 蚱蝉产卵为害桃树枝条状

图 1-150c 蚱蝉产卵为害桃树枝条状

图 1-150d 蚱蝉产卵为害樱花枝条当年表现状

图 1-150e 蚱蝉产卵为害樱花枝条翌年表现状

图 1-150f 蚱蝉初羽化成虫

图 1-150g 蚱蝉成虫

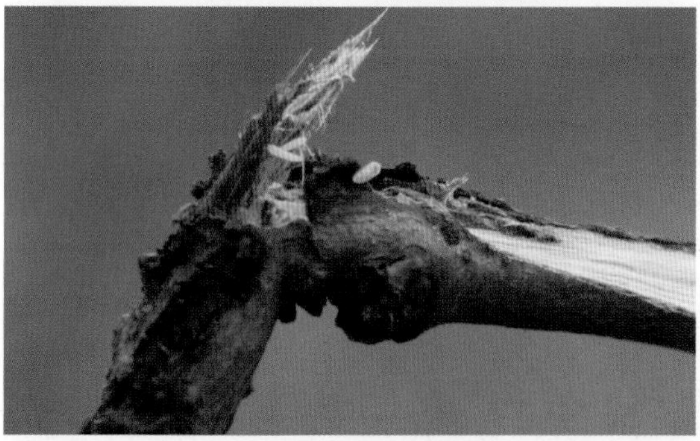

图 1-150h 蚱蝉卵

图 1-150i 蚱蝉老熟若虫

图 1-150j 蚱蝉老熟若虫蜕的皮

151.鸣鸣蝉

鸣鸣蝉 *Oncotympana maculaticollis* (Motschulsky)，又名昼鸣蝉，属半翅目，蝉科。

【为害状况】该虫为害悬铃木、白蜡、刺槐、榆、杨、樱花、腊梅、桃、苹果、梨、杏、山楂等植物。此虫为害主要是以成虫产卵于枝条上，造成当年生枝条死亡，对扩大树冠、形成花芽影响很大。同时若虫在树体根部刺吸汁液。

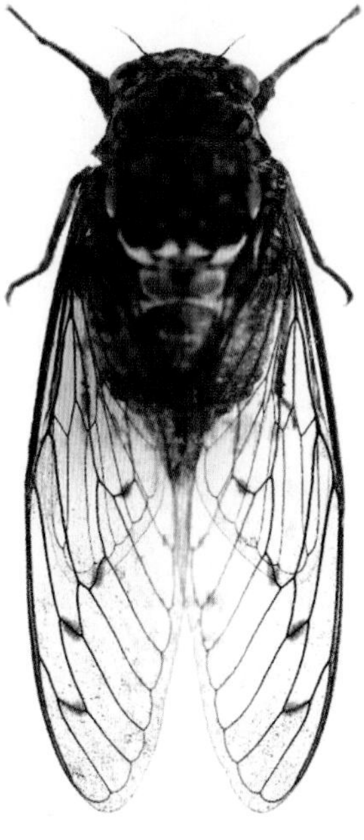

图 1-151a 鸣鸣蝉成虫

【识别特征】①成虫：体长 35 mm 左右，翅展 110~120 mm；体粗壮，暗绿色，有黑斑纹，局部具白蜡粉；复眼大，暗褐色，头部 3 个单眼红色，呈三角形排列；前胸背板近梯形，后侧角扩张成叶状，宽于头部，背板上横列 5 个长形瘤状突起，中胸背板前半部中央具一"W"形凹纹；翅透明，翅脉黄褐色(图 1-151a)。②卵：梭形，长 1.8 mm 左右，宽约 0.3 mm，乳白色渐变黄，头端比尾端略尖。③若虫：体长 30 mm 左右，黄褐色，有翅芽，形似成虫，前足为开掘足。

【生活习性】数年发生 1 代，以若虫和卵越冬，但每年均有 1 次成虫发生。若虫在土中生活数年，每年 6 月中下旬开始在落日后出土，爬到树干或树干基部的树枝上蜕皮，羽化为成虫。刚蜕皮的成虫为黄白色，经数小时后变为暗绿色。雄虫善鸣，有趋光性。7 月成虫开始产卵，8 月为盛期，产卵枝因伤口失水而枯死。该虫以卵越冬时，翌年 5~6 月卵孵化为若虫落地入土，吸食根部汁液，晚秋转入土壤深层，春季又升到土表为害。

与其类似的种类还有蒙古寒蝉，与鸣鸣蝉相似，数量较少，个体也较瘦小，雌雄异型，多位于树梢鸣叫，发声类似"伏了——伏了"(图1-151b)。

图 1-151b
蒙古寒蝉雌雄成虫

152.蟪蛄

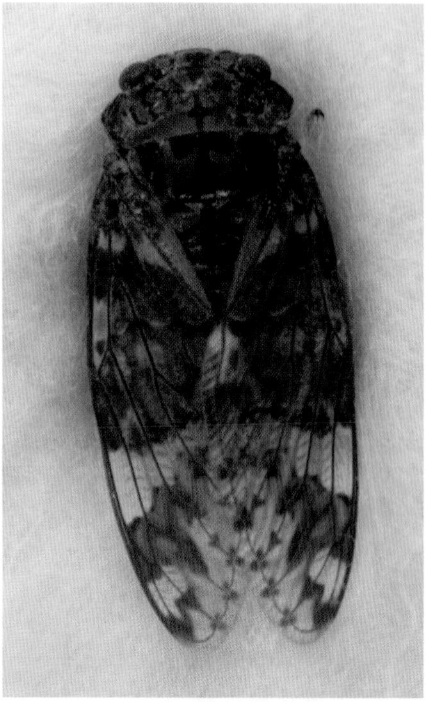

图 1-152a 蟪蛄成虫

蟪蛄 *Platypleura kaempferi* (Fabricius),又名斑蝉、褐斑蝉,属半翅目,蝉科。

【为害状况】该虫为害杨、柳、苹果、梨、桃、核桃、柿子、山楂等植物。此虫为害主要是以成虫产卵于枝条上,造成当年生枝条死亡,对扩大树冠、形成花芽影响很大。同时若虫在树体根部刺吸汁液。

【识别特征】①成虫:体长 20~25 mm,翅展 65~75 mm,头胸部暗绿色至暗黄褐色,具黑色斑纹。腹部黑色,每节后缘暗绿或暗褐色。复眼大,头部 3 个单眼红色,呈三角形排列。触角刚毛状,前胸宽于头部,近前缘两侧突出。翅透明暗褐色,前翅有不同浓淡暗褐色云状斑纹,斑纹不透明;后翅黄褐色。雄虫腹部有发音器,雌虫无发音器,产卵器明显(图 1-152a、图 1-152b)。②卵:梭形,长 1.5 mm 左右,乳白色渐变黄,头端比尾端略尖。③若虫:体长 22 mm 左右,黄褐色,有翅芽,形似成虫;腹背微绿,前足腿、胫节发达有齿,为开掘足。

【生活习性】数年发生 1 代,以若虫在土中越冬,但每年均有 1 次成虫发生。若虫在土中生活数年,每年 5 月至 6 月中下旬在落日后出土,爬到树干或树干基部的树枝上蜕皮,羽化为成虫。刚蜕皮的成虫为黄白色,经数小时后变为黑绿色,不久雄虫即可鸣叫。成虫有趋光性。6~7 月成虫产卵,产卵枝因伤口失水而枯死。当年卵孵化为若虫落地入土,吸食根部汁液。

图 1-152b 蟪蛄成虫

【蝉类防治措施】

(1)胶带防治:老熟若虫发生始期,在树干基部距地面 5~10 cm 处,贴上 1 条宽 5 cm 左右的塑料胶带,防止若虫上树,并于夜间或清晨前在树下捕捉。

(2)灯火诱杀:利用成虫的趋光性,夜晚在树旁点火或用强光灯照明,然后振动树枝,成虫就飞向火堆或强光处。

(3)面筋(专用胶)粘捉:把小麦面粉用水调成面团,然后反复在清水中揉洗,直到没有淀粉即成面筋，放在小塑料袋内。再找一根 3~5 m 的竹竿或长棍，顶端粘上少许事先准备好的面筋，晾干表面水分，用手指试一下，若面筋粘手，便可把竹杆撑起，慢慢用杆头面筋从蝉的后方贴粘成虫前翅即可。也可用市面上出售的专用胶粘捕。

（4）树下喷药：6 月上旬若虫出土前，在树（尤其是柳、榆、杨）下，喷洒 50%辛硫磷乳油 1000 倍液，效果理想，还可兼治其他害虫。

（5）树上用药：成虫发生期，结合防治其他害虫，喷洒 50%吡蚜酮可湿性粉剂 2500~5000 倍液、10%氟啶虫酰胺水分散粒剂 2000 倍液、22%氟啶虫胺腈悬浮剂 5000~6000 倍液、5%双丙环虫酯可分散液剂 5000 倍液、22.4%螺虫乙酯悬浮剂 3000 倍液，可杀死部分成虫。

（6）异物驱赶：成虫发生期，将不同颜色的细长塑料带固定在树梢上，随风飘荡，使成虫受惊吓而躲避，减轻为害。

九、蓟马类

蓟马类属缨翅目。种类很多，食性较杂，多为植食性。在园林植物上常见的有花蓟马、榕管蓟马等。

153.花蓟马

花蓟马 *Frankliniella intonsa* (Trybom)，属缨翅目，蓟马科。

【为害状况】 该虫为害香石竹、唐菖蒲、菊花、美人蕉、木槿、玫瑰、葱兰、紫薇、栀子、合欢、荷花、月季等植物。以成虫、若虫多群集于花内取食为害（图 1–153），花器、花瓣受害后白化，经日晒后变为黑褐色，受害严重的花朵萎蔫。叶受害后呈现银白色条斑，严重时枯焦萎缩。

【识别特征】 ①雌成虫：体长 1.3~1.5 mm，赭黄色。触角 8 节，念珠状。头部短于前胸，头顶前缘仅中央略突出，各单眼内缘有橙红色月晕，单眼间鬃长，位于单眼三角形连线上。翅为缨翅，不善飞行。②雄成虫：体乳白至黄白色，体小于雌性。③卵：肾形，长约 0.3 mm。④若虫：2 龄若虫长 1 mm，黄色，复眼红色，触角 7 节，3、4 节最长。

图 1–153 花蓟马为害栀子花瓣状

【生活习性】 1 年 7~8 代，以成虫越冬。5 月中下旬至 6 月为害严重。成虫有很强的趋花性，凡有香味、花冠较大的蕊心内，成虫、若虫可多达上百头。卵多产于花瓣、花丝、嫩叶表皮内，产卵处稍膨大或隆起，可对光检查发现。

【蓟马类的防治措施】

（1）清除田间及周围杂草，及时喷水、灌水、浸水。结合修剪摘除虫瘿叶、花，并立即销毁。

（2）化学防治：在大面积发生高峰前期，喷洒 50%吡蚜酮可湿性粉剂 2500~5000 倍液、10%氟啶虫酰胺水分散粒剂 2000 倍液、22%氟啶虫胺腈悬浮剂 5000~6000 倍液、5%双丙环虫酯可分散液剂 5000 倍液、22.4%螺虫乙酯悬浮剂 3000 倍液防治效果良好。也可用番桃叶、乌桕叶或蓖麻叶兑水 5 倍煎煮，过滤后喷洒。

十、螨类

螨类属于蛛形纲，蜱螨目，俗称红蜘蛛。整个身体分为颚体和躯体两部分。种类多，为害广，多数以为害叶片为主，受害叶片表面出现许多灰白色的小点，失绿，失水，影响光合作用，导致生长缓慢甚至停止，严重时落叶枯死。在园林植物上常见的有朱砂叶螨、山楂叶螨、柏小爪螨、柳棘皮瘿螨、枸杞金氏瘤瘿螨、毛白杨皱叶瘿螨等。

154.朱砂叶螨

朱砂叶螨 *Tetranychus cinnabarinus* (Boisduval)，又名棉红蜘蛛，属蛛形纲，真螨目，叶螨科。

【为害状况】该虫为害香石竹、菊花、凤仙花、茉莉、蔷薇、月季、玫瑰、一串红、鸡冠花、蜀葵、木槿、万寿菊、鸢尾等植物。被害叶片初呈黄白色小斑点，后逐渐扩展到全叶，造成叶片卷曲，枯黄脱落（图 1–154a、图 1–154b）。

【识别特征】①雌成螨：体长 0.5~0.6 mm，一般呈红色、锈红色。螨体两侧常有长条形纵行块状深褐色斑纹，斑纹从头胸部开始一直延伸到腹部后端，有时分隔成前后两块。②雄成螨：略呈菱形，淡黄色，体长 0.3~0.4 mm，末端瘦削。③卵：圆球形，长0.13 mm，淡红到粉红色。④幼螨：近圆形，淡红色，足 3 对。⑤若螨：略呈椭圆形，体色较深，体侧透露出较明显的块状斑纹，足 4 对。

【生活习性】1 年发生 12~15 代，主要以受精雌成螨在土块缝隙、树皮裂缝及枯叶等处越冬。越

图 1–154a 朱砂叶螨为害蔷薇状

冬时一般几头或数百头群集在一起,次春温度回升时开始繁殖为害;在高温的 7~8 月发生重,10 月中下旬开始越冬。高温干燥利于其发生;降雨,特别是暴雨,可冲刷螨体,降低虫口数量。

图 1-154b 朱砂叶螨为害玫瑰状

155.山楂叶螨

山楂叶螨 *Amphitetranychus viennensis* (Zacher),又名山楂红蜘蛛,属蛛形纲,真螨目,叶螨科。

【为害状况】 该虫为害樱花、海棠、桃、榆叶梅、锦葵等植物。群集在叶片背面主脉两侧吐丝结网,并多在网下栖息、产卵和为害。受害叶片常先从叶背近叶柄的主脉两侧出现黄白色至灰白色小斑点,继而叶片变成苍灰色,严重时则出现大型枯斑,叶片迅速枯焦并早期脱落,极易成灾(图 1-155a、图 1-155b)。

【识别特征】 ①雌成螨:椭圆形,体长 0.5 mm,有冬、夏型之分:冬型体色鲜红,夏型体色暗红。②雄成螨:体长 0.4 mm,浅黄绿色至橙黄色,末端瘦削。③卵:圆球形,初为黄白色,孵化前变为橙红色。④幼螨:体小而圆,黄绿色,3 对足。⑤若螨:近圆球形,前期为淡绿色,后变为翠绿色,足 4 对,近似成螨。

【生活习性】 1 年发生 7~9 代,以受精雌成螨在枝干树皮裂缝、粗皮下或干基土壤缝隙等处越冬。翌年 3 月下旬至 4 月上旬,越冬雌成螨出蛰为害。当日均温达 15 ℃时成虫开始产卵，5 月中下旬为第 1 代幼螨和若螨的出现盛期。6~7 月为害最重。进入雨季后种群密度下降，8~9 月出现第 2 次为害高峰，10 月底以后进入越冬状态。

图 1-155a　山楂叶螨为害樱花状

图 1-155b　山楂叶螨为害樱花状

156.柏小爪螨

柏小爪螨 *Oligonychus perditus* Pritchard et Baker，属蛛形纲，真螨目，叶螨科。

【为害状况】该虫为害桧柏、真柏、侧柏、花柏、龙柏、蜀柏、撒金柏、千头柏、塔柏、云柏、翠柏、云杉、雪松和马尾松等多种常绿植物以及柿树、矢车菊等。以若螨、成螨刺吸鳞叶和嫩枝的汁液。受害鳞叶失绿，叶基部枯黄，严重时树冠呈枯黄色，树势衰弱，影响树木的生长及观赏价值(图 1-156)。

【识别特征】①雌成螨：体长约 0.36 mm，椭圆形，褐绿或红色，足和颚体橘黄色。②雄成螨：菱形，体色浅绿或红色。③卵：球形，半透明，浅红色。④若螨：体小似成螨，浅红色。

【生活习性】1 年发生 10 代左右，以卵在柏叶间缝处越冬。翌年 4 月上旬若螨孵化刺吸为害。5 月中旬出现第 1 代卵和大量若螨，借风力传播，以后各代繁殖和发育极不整齐。以 5~7 月柏树上受害严重，受害后叶片枯黄易落。其为害状较容易识别，凡柏叶之间有丝拉网，并粘满灰尘，叶色不正常，说明该螨发生已经很严重。夏季雨期虫口密度下降，9 月又出现 1 次小为害高峰，10 月雌成螨产卵，随着气温下降，以卵越冬。

另外，与其混合发生的还有针叶小爪螨 *Oligonychus ununguis* (Jacobi)与云杉小爪螨 *Oligonychu spiceae* Reck(主要为害云杉)。

图 1-156 柏小爪螨为害云杉状

157.柳棘皮瘿螨

柳棘皮瘿螨 *Aculops niphocladae* Keifer,属蛛形纲,真螨目,瘿螨科。

【为害状况】该虫为害柳树。被害叶片上有数十个珠状虫瘿,淡绿色至粉红色,颜色鲜艳,后期虫瘿变褐干枯,严重时叶黄脱落(图 1-157a、图 1-157b、图 1-157c、图 1-157d)。

【识别特征】①雌成螨:体长约 0.2 mm,纺锤形略平,前圆后细,棕黄色。足 2 对,背盾板有前叶突。背纵线虚线状,环纹不光滑,有锥状微突。尾端有短毛 2 根。

【生活习性】1 年发生数代,以成螨在芽鳞间或皮缝中越冬,借风、昆虫和人为活动等传播。4 月下旬至 5 月上旬活动为害,随着气温升高,繁殖加速,为害加重,雨季螨量下降。受害叶片表面产生组织增生,形成珠状叶瘿,每个叶瘿在叶背只有 1 个开口,螨体经此口转移为害,形成新的虫瘿,被害叶片上常有数十个虫瘿。

图 1-157a 柳棘皮瘿螨虫瘿

图 1-157b 柳棘皮瘿螨虫瘿

图 1-157c 柳棘皮瘿螨虫瘿

图 1-157d 柳棘皮瘿螨虫瘿

158.枸杞金氏瘤瘿螨

枸杞金氏瘤瘿螨 *Aceria tjyingi* (Manson),属蛛形纲,真螨目,瘿螨科。

【为害状况】该虫为害枸杞。以成螨、若螨可刺吸叶片、嫩茎和果实。叶部被害后形成紫黑色痣状虫瘿,直径 1~7 mm,虫瘿正面外缘为紫色环状,中心黄绿色,周边凹陷,背面凸起,虫瘿沿叶脉分布,中脉基部和侧脉中部分布最密。受害严重的叶片扭曲变形,顶端嫩叶卷曲膨大成拳头状,变成褐色,提前脱落,造成秃顶枝条,停止生长。嫩茎受害,在顶端叶芽处形成长 3~5 mm 的丘状虫瘿(图 1–158a、图 1–158b)。

【识别特征】①成螨:体长 0.3~0.5 mm,全体橙黄色,长圆锥形,略向下弯曲,呈前端粗、后端细的胡萝卜形;头胸部宽而短,向前突出呈喙状;足 2 对;腹部有环沟 53~54 条,形成狭小的环节;生殖器位于腹部前端第 5、6 节之间,两侧具性刚毛 1 对。②卵:圆球形,透明。③若螨:若虫与成虫相似,仅体长较短,乳白色。

图 1–158a 枸杞金氏瘿瘤螨虫瘿

【生活习性】1 年发生多代,在树皮缝或芽鳞片内等隐蔽处越冬。翌年春天枸杞芽露绿时,越冬成螨开始出蛰活动。5 月下旬到 6 月上旬展叶时,出蛰成螨大量转移到新叶上产卵,孵出的幼螨钻入叶片组织内形成虫瘿。8 月上旬到 9 月中旬为害达到高峰,虫瘿外成螨爬行活跃。11 月初成螨进入越冬状态。

图 1–158b 枸杞金氏瘿瘤螨虫瘿

159.毛白杨皱叶瘿螨

毛白杨皱叶瘿螨 *Eriophyes dispar* Nalepa，又名四足瘿螨，属蛛形纲，真螨目，瘿螨科。

【为害状况】该虫主要为害毛白杨。幼树、大树均可受害，使得被害叶芽所抽出的叶片全部皱缩变形、肿胀变厚，丛生、卷曲成球，初为绿色、渐变为紫红色，似鸡冠状，以后随叶的生长，皱叶不断增大，严重时造成叶大量脱落，影响生长，降低观赏价值（图 1-159a、图 1-159b）。

图 1-159a 毛白杨皱叶瘿螨为害状

【识别特征】①雌成螨：体长 164~265 μm，最宽处 40~55 μm，长圆筒形，柔软，末端弯曲较细，橘黄色，有光泽。腹面有 80 个左右环节，略多于体背的，环节间有成排的微瘤。腹部两侧具刚毛 4 对，体末端有 1 段无环节，长约 14 μm。背部盾板有 6 条纵皱纹，盾板两侧有 1 对长 32 μm 的较粗刚毛。螯肢针状。2 对足，位于体前端。生殖器着生在足的基节后方，上下 2 块合起来近圆形。生殖器后方两侧各有生殖毛 1 根，长 2.5 μm。②卵：近球形，白色透明，直径 35~47 μm。③幼螨：白色透明，刚孵化时体成弓形，体长 95~122 μm，最宽处为 27~47 μm，无生殖板。④若螨：前体段橘黄色，后体段透明。体长 136~170 μm，最宽处为 34~44 μm。有生殖板，横向，月牙形，有 8 条纵纹。

【生活习性】1 年发生 5 代，以卵在芽内越冬。翌年 4 月孵化，留在芽内继续为害，使叶片卷曲，组织增厚。4 月下旬出现大量成螨，此时受害芽已展开成瘿球，直径 5~6 cm。5 月上旬卷叶内出现第 1 代卵。5 月中旬瘿球已达到 12~15 cm。5 月下旬树干上爬行的若螨剧增，有的若螨钻入新生枝条上的冬芽，其后蜕皮变为成螨。6 月间雨后大量瘿球落地，瘿球内未转移的活螨随球干枯而死亡。在枝干上爬行的尚未找到侵害场所的瘿螨也大量死亡，只有钻入冬芽的瘿螨才能存活下来，为害至越冬。受害芽比正常芽大，色泽暗，较细长。

【螨类的防治措施】

(1)加强栽培管理，搞好圃地卫生，及时清除园地杂草和残枝虫叶，减少虫源；改善园地生态环境，增加植被，为天敌创造栖息生活繁殖场所。保持圃地和温室通风凉爽，避免干旱及温度过高。夏季园地要适时浇水喷雾，尽量避免干旱或高温使害螨生存繁殖。初发生为害期，可喷清水冲洗。

（2）越冬期防治：叶螨越冬的虫口基数直接关系到翌年的虫口密度，因而必须做好有关防治工作，以杜绝虫源。对木本植物，刮除粗皮、翘皮，结合修剪，剪除病、虫枝条，越冬量大时可喷波美 3~5 度石硫合剂，杀灭在枝干上越冬的成螨。亦可树干束草，诱集越冬雌螨，来春收集烧毁。

（3）药剂防治：发现叶螨在较多叶片为害时，应及早喷药。为害早期防治，是控制后期猖獗的关键。可喷施 34%螺螨酯浮剂 4000 倍液、25%阿维·螺螨酯浮剂 5000 倍液、40%联肼·螺螨酯浮剂 3000 倍液、21%四螨·唑螨酯悬浮剂 2000 倍液、20%阿维·四螨嗪悬浮剂 2000 倍液、25%阿维·乙螨唑悬浮剂 10000 倍液。喷药时，要求做到细微、均匀、周到，要喷及植株的中下部及叶背等处，每隔 10~15 天喷 1 次，连续喷 2~3 次，有较好效果。

（4）生物防治：叶螨天敌种类很多，注意保护瓢虫、草蛉、小花蝽、植绥螨等天敌。

图 1–159b 毛白杨皱叶瘿螨为害状

第三节 蛀干害虫

园林植物蛀干害虫主要包括鞘翅目的天牛、小蠹虫、吉丁虫、象甲，鳞翅目的木蠹蛾、透翅蛾、螟蛾，膜翅目的树蜂、茎蜂等。蛀干害虫的发生特点是：①生活隐蔽。除成虫期营裸露生活外，其他各虫态均在韧皮部、木质部营隐蔽生活。害虫为害初期不易被发现，一旦出现明显被害征兆，则已失去防治有利时机。②虫口稳定。蛀干害虫大多生活在植物组织内部，受环境条件影响小，天敌少，虫口密度相对稳定。③为害严重。蛀干害虫蛀食韧皮部、木质部等，影响输导系统传递养分、水分，导致树势衰弱或死亡，一旦受侵害后，植株很难恢复生机。

蛀干害虫的发生与园林植物的养护管理有着密切的关系。适地适树，加强养护管理，合理修剪，适时灌水与施肥，促使植物健康生长，是预防蛀干害虫大发生的根本途径。

一、天牛类

天牛是园林植物最重要的蛀干害虫之一，属鞘翅目天牛科，身体多为长型，大小变化很大；触角丝状，常超过体长；复眼肾形，包围于触角基部。幼虫圆筒形，粗肥稍扁，体软多肉，白色或淡黄色，头小，胸部大，胸足极小或无。以幼虫钻蛀植物枝干，轻则树势衰弱，影响观赏价值，重则损枝折干，甚至枯死。主要种类有星天牛、光肩星天牛、桑天牛、桃红颈天牛、双条杉天牛、双斑锦天牛、锈色粒肩天牛、多斑白条天牛等。

160.星天牛

星天牛 *Anoplophora chinensis* (Forseter)，又名白星天牛、柑橘星天牛，属鞘翅目，天牛科。

图 1-160a 星天牛为害杨树状

图 1-160b 星天牛为害悬铃木状

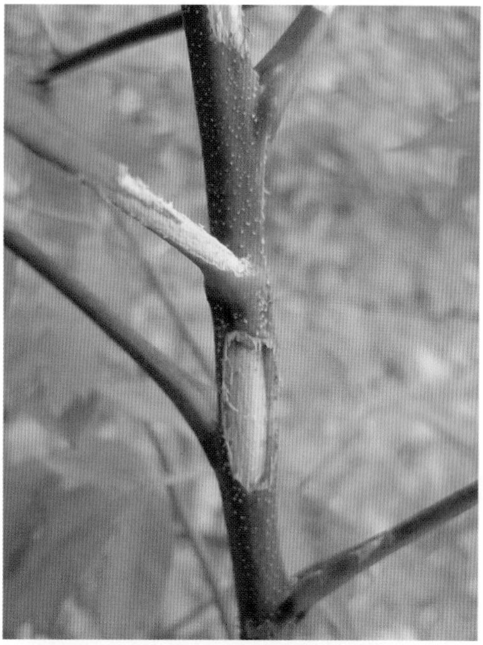

图 1-160c 星天牛成虫啃食树皮状

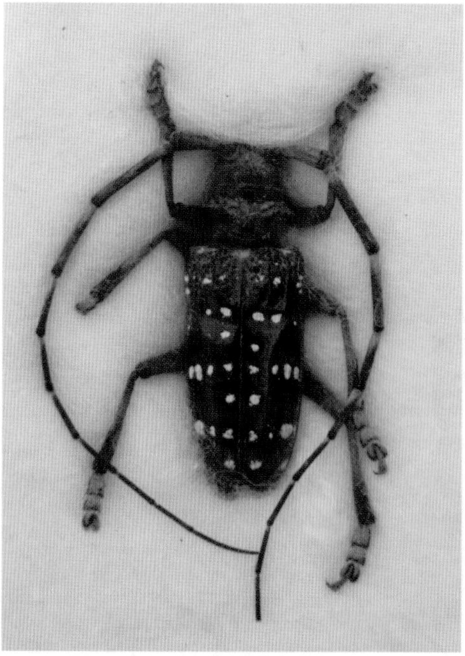

图 1-160d 星天牛成虫

【为害状况】 该虫为害悬铃木、杨、柳、榆、刺槐、樱花、海棠等植物。以成虫啃食枝干嫩皮，以幼虫钻蛀枝干，破坏输导组织，影响正常生长及观赏价值，严重时被害树易风折枯死(图 1-160a、图 1-160b、图 1-160c)。

【识别特征】 ①成虫：体长 20~41 mm，体黑色有光泽。前胸背板两侧有尖锐粗大的刺突。每鞘翅上有大小不规则的白斑约 20 个，鞘翅基部有黑色颗粒(图 1-160d)。②卵：长 5~6 mm，长椭圆形，黄白色。③幼虫：老熟幼虫体长 38~60 mm，乳白色至淡黄色，头部褐色，前胸背板黄褐色，有“凸”字形斑，“凸”字形斑上有 2 个飞鸟形纹，足略退化。④蛹：纺锤型，长 30~38 mm，黄褐色，裸蛹。

【生活习性】 2 年发生 1 代，以幼虫在木质部蛀道内越冬。翌年 5 月下旬开始化蛹，6 月成虫羽化，7 月为羽化高峰，成虫咬食枝条嫩皮补充营养。羽化后 10 余天交尾，交尾后 3~4 天产卵，产卵刻槽为“T”形或“人”形，每雌成虫产卵约 30 粒，产卵部位多在树干基部向上 10 cm 以内为多，1 m 以上极少，成虫寿命 40~50 天。卵经 9~51 天孵化，8 月为孵化高峰期，幼虫共 6 龄。初孵幼虫先取食表皮，1~2 个月以后蛀入木质部，11 月初开始越冬。

161.光肩星天牛

光肩星天牛 *Anoplophora glabripennis* (Motschulsky),又名柳星天牛、白星天牛,俗名老牛、花牛、凿木虫,属鞘翅目,天牛科。

图 1-161a 光肩星天牛为害柳树状

【为害状况】该虫食性杂,蛀食为害杨、柳、元宝枫、樱花、泡桐、苦楝、红叶李、日本晚樱、枫杨、加杨、龙爪柳、白榆、桑、栾、海棠、苹果、柑橘、刺槐以及糖槭等槭属植物,是杨、柳树上的主要害虫,被害虫株率一般在 20%~100%(图 1-161a、图 1-161b)。

【识别特征】①成虫:雌成虫体长 30 mm 左右,雄成虫体长 20 mm 左右。体翅均为漆黑色,前翅基部无颗粒状突起,翅面上有不规则的白斑,前胸两侧各有 1 个突起。触角鞭状,雌虫触角等于或短于体长;雄虫触角超过体长(图 1-161c、图 1-161d)。②卵:白色,长椭圆形,稍弯曲(图 1-161e、图 1-161f、图 1-161g)。③幼虫:老熟时体长为 55 mm 左右,筒状,乳白色,前胸背板有"凸"字形浅褐色斑纹(图 1-161h、图 1-161i、图 1-161j)。④蛹:黄白色,离蛹型。

【生活习性】1 年发生 1 代,或 2 年发生 1 代,以幼虫越冬。翌年 4 月气温上升到 10 ℃以上时,越冬幼虫开始活动为害。5 月上旬至 6 月下旬为幼虫化蛹期,6 月上旬开始出现成虫,盛期在 6 月下旬至 8 月下旬。6 月中旬成虫开始产卵,7、8 月间为产卵盛期,卵期 16 天左右。6 月底开始出现幼虫,到 11 月气温下降到 6 ℃以下,开始越冬。雌虫产卵前先将树皮啃 1 个小槽,在楷内凿 1 个产卵孔,然后在每 1 槽内产 1 粒卵(也有两粒的),1 头雌成虫一般产卵 30 粒左右。刻槽的部位多在 3~6 cm 粗的树干上,尤以侧枝集中,分杈很多的部位为多。树越大,刻槽的部位越高。初孵化幼虫先在树皮和木质部之间取食,25~30 天以后开始蛀入木质部;并且向上方蛀食。虫道一般长 90 mm,最长的达 150 mm。幼虫蛀入木质部以后,还经常回到木质部的外边,取食边材和韧皮。

图 1-161b 光肩星天牛为害银槭状

图 1-161c 光肩星天牛成虫

图 1-161d 光肩星天牛成虫

图 1-161e 光肩星天牛的产卵痕——初期

图 1-161f 光肩星天牛的产卵痕——后期

图 1-161g 光肩星天牛卵

图 1-161h 光肩星天牛的初孵幼虫

图 1-161i 光肩星天牛幼虫

图 1-161j 光肩星天牛幼虫

162.桑天牛

桑天牛 *Apriona germari* (Hope)，又名粒肩天牛,属鞘翅目,天牛科。

【为害状况】 该虫为害桑、杨、柳、榆、枫杨、油桐、山核桃、柑橘、枇杷、苹果、梨、枣、海棠、樱花、无花果等植物。以幼虫蛀食枝干,成虫啃食嫩枝皮层。其可造成枝枯叶黄,轻则影响树体发育,受害严重时常使植物整枝、整株枯死(图 1-162a)。

【识别特征】 ①成虫:体长 26~51 mm,体宽 18~16 mm。体和鞘翅都为黑色,密被黄褐色绒毛,一般背面呈青棕色,腹面棕黄色,深浅不一。前胸背板有横行皱纹,两侧中央各有一刺状突起。鞘翅基部密布黑色光亮的瘤状颗粒(图 1-162b)。②卵:扁平,长 5~7 mm,长随圆形。③幼虫:体长 60 mm 左右,圆筒形,乳白色。第 1 胸节发达,背板后半部

图 1-162a 桑天牛为害杨树状

图 1-162b 桑天牛成虫

密生棕色颗粒小点，背板中央有 3 对尖叶状凹皱纹。④蛹:体长 50 mm ,纺锤形,淡黄色。

【生活习性】 2 年完成 1 代,以幼虫在树干隧道中越冬。幼虫期长达 2 年,老熟幼虫 5 月化蛹,6~7 月羽化为成虫。成虫选择约 10 mm 粗小枝条,将表皮咬成“川”字形刻槽,然后产入 1 粒卵，每虫可产卵 100 多粒。幼虫孵化出,向下顺着枝条蛀食,每隔 5~6 cm 距离向外咬一排粪孔,一般可蛀十几个排粪孔,幼虫多位于最下一个排粪孔的下方。虫粪由排粪孔排出,堆积地面。

163.双条杉天牛

双条杉天牛 *Semanotus bifasciatus* (Motschulsky),属鞘翅目,天牛科。

【为害状况】 该虫为害侧柏、桧柏和龙柏等柏树以及罗汉松、杉木等植物,多为害衰弱树和管理养护粗放的柏树,是柏树上的一种毁灭性蛀干害虫。被害初期树表没有任何症状,待枝条上出现黄叶时,已为时过晚,此时树皮早已环剥,皮下堆满虫粪(图 1-163a、图 1-163b、图 1-163c)。

【识别特征】 ①成虫:体长为 10 mm 左右,扁圆筒形。前胸背板有 5 个突起点,鞘翅黑褐色,有两条棕黄色横带(图 1-163d)。②卵:椭圆形,长 2 mm,白色,体似稻米粒。③幼虫:老熟时体长为 15 mm 左右,扁粗,长方筒形,足退化,体乳白色,头部黄褐色,前胸背板上有 1 个“小”字形凹陷及 4 块黄褐色斑纹（图 1-163e、图 1-163f)。④蛹:浅黄色,裸蛹。

【生活习性】 1 年发生 1 代，以成虫在树干蛹室内越冬。翌年 3 月上旬成虫咬椭圆形孔口外出，不需补充营养，飞翔力较强。成虫将卵产于树皮裂缝或伤疤处,每处有卵 1~10 粒,卵期为 11 天左右。3 月下旬初孵幼虫蛀入树皮后,先取食韧皮部,随后为害木质部表面，并蛀成弯曲不规则的坑道，坑道内堆满黄白色粪屑，且虫

图 1-163a 双条杉天牛为害状

道相通，树干表皮易剥落。树皮被环形蛀食后，上部枝干死亡，树叶枯黄。以 5 月中下旬幼虫为害最严重，6 月上旬开始蛀食木质部。8 月下旬开始在边材处做蛹室，并陆续在其内化蛹，9~10 月成虫羽化，羽化后的成虫在原蛹室内越冬。

图 1-163b 双条杉天牛为害状

图 1-163c 双条杉天牛为害状

图 1-163d 双条杉天牛成虫

图 1-163e 双条杉天牛幼虫

图 1-163f 双条杉天牛幼虫

164.双斑锦天牛

双斑锦天牛 *Acalolepta sublusca* (Thomson),属鞘翅目,天牛科。

【为害状况】 该虫为害大叶黄杨、卫矛等植物。幼虫多在 20 cm 以下的枝干内为害,形成弯曲不规则的虫道,严重时,可使地上部生长不良,枝干倒伏或死亡。一般 1 小枝内有虫 1 头(图 1-164a、图 1-164b、图 1-164c)。

【识别特征】 ①成虫:体长 20 mm 左右,体宽 7 mm,栗褐色。头和前胸密被棕褐色绒毛。鞘翅密被淡灰色绒毛,每个鞘翅基部有 1 个圆形或近方形黑褐色斑,在翅中部有 1 个较宽的棕褐色斜斑,翅面上有稀疏小刻点(图 1-164d)。②卵:乳白色,椭圆形,长 2~3 mm。③幼虫:初孵时浅黄色,老熟时体长为 22 mm 左右,圆筒形,浅黄白色。头部褐色,前胸背板有 1 个黄色近方形斑纹(图 1-164e、图 1-164f、图1-

图 1-164a 双斑锦天牛为害状——地上部分生长不良

图 1-164b 双斑锦天牛为害状

图 1-164c 双斑锦天牛为害状

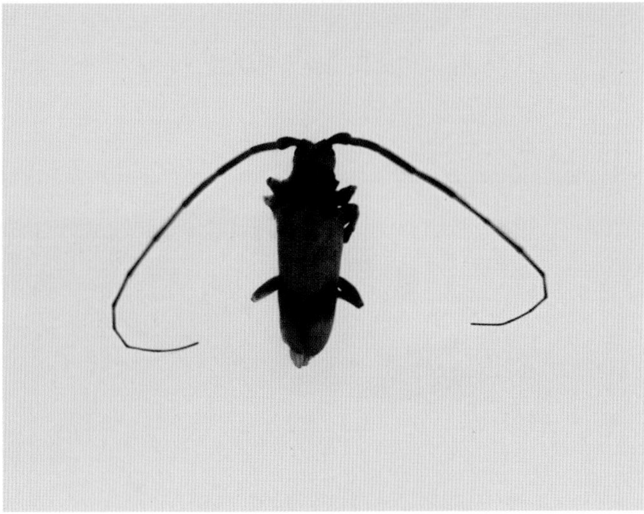

图 1-164d 双斑锦天牛成虫

164g)。④蛹:纺锤形,长20~25 mm,乳白色(图 1-164h、图 1-164i)。

【生活习性】 1 年发生 1 代,以幼虫在树木的根部越冬。翌年 2 月幼虫开始活动,2 月下旬至 3 月上旬为为害盛期。4 月上旬在蛀道内化蛹,5 月中旬为羽化盛期。成虫羽化后,咬食嫩枝皮层和叶脉补充营养,可造成被害枝上叶片枯萎;2 天后多在向阳枝梢上进行交配,每头雌成虫平均产卵 20 粒,卵产在离地面 20 cm 以下粗枝杆上,产卵槽近长方形。初孵幼虫先取食卵槽周围皮层,经 1 次蜕皮进入木质部为害。为害大叶黄杨时咬成不规则弯曲隧道,易使枝干被风折断,严重时整枝枯死。

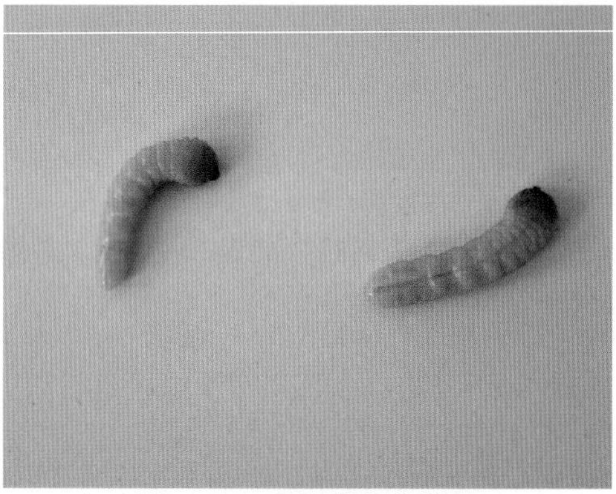
图 1-164e 双斑锦天牛幼虫

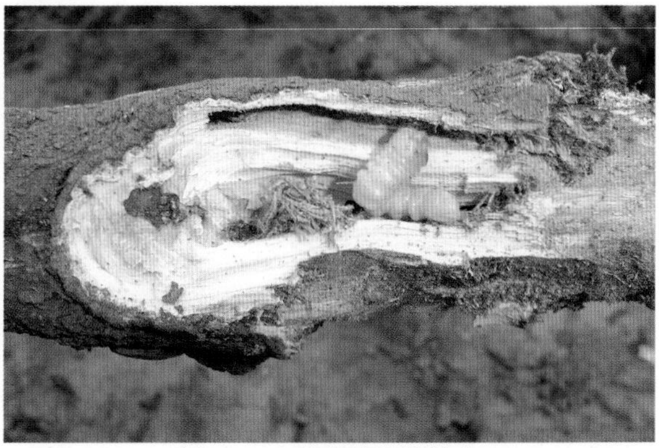
图 1-164f 双斑锦天牛幼虫

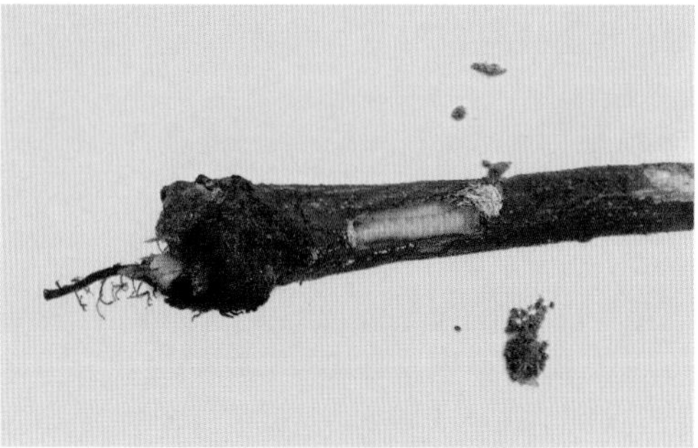
图 1-164g 双斑锦天牛幼虫

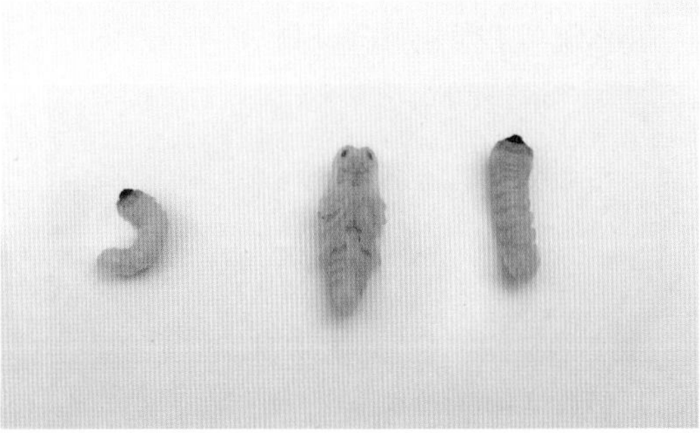
图 1-164h 双斑锦天牛蛹

图 1-164i 双斑锦天牛蛹

165.桃红颈天牛

图 1–165a 桃红颈天牛为害状

桃红颈天牛 *Aromia bungii* (Faldermann)，属鞘翅目，天牛科。

【为害状况】 该虫为害桃、樱桃、樱花、杏、梨、苹果、海棠等植物。造成树势衰弱，严重时可使植株死亡，是桃树的主要害虫（图 1–165a）。

【识别特征】 ①成虫：体长为 32 mm 左右，体黑色发亮。前胸棕红色，密布横皱，两侧有刺突1 个，鞘翅面光滑（图 1–165b、图 1–165c）。②卵：乳白色，卵圆形，长 6~7 mm。③幼虫：老熟时体长为 48 mm 左右，乳白色，前胸最宽，背板前缘和两侧有 4 个黄斑块，体侧密生黄棕色细毛，体背有皱褶。④蛹：体长 35 mm，初期乳白色，后渐变为黄褐色。

【生活习性】 2 年发生 1 代，以幼龄和老龄幼虫在树干内越冬。翌年 6 月上旬化蛹，6 月下旬开始出现成虫。成虫遇惊扰飞逃或坠落草中，多于午间在枝干上多次交尾产卵于树皮裂缝中，以主干为多。产卵期约 1 周，卵约经 10 天孵化，成虫产卵后几天就死亡。除成虫和卵暴露在树体外，其他虫态（主要是幼虫）在树干内隐蔽生活 2 年。幼虫在树干内的蛀道极深，而且多分布在地上 50 cm 范围的主干内，干基密积虫粪木屑，桃树枝干流胶，很快导致树木死亡。

桃红颈天牛有一种奇特的臭味，管氏肿腿蜂可寄生桃红颈天牛的幼虫。

图 1–165b 桃红颈天牛成虫

图 1–165c 桃红颈天牛成虫

166.锈色粒肩天牛

图 1-166a 锈色粒肩天牛为害状

图 1-166b 锈色粒肩天牛为害状

锈色粒肩天牛 *Apriona swainsoni* (Hope),属鞘翅目,天牛科。

【为害状况】 该虫为害国槐、龙爪槐、蝴蝶槐、金枝槐、柳树等植物。成虫啃食枝梢嫩皮补充营养,可造成新梢枯死;幼虫在木质部向上做纵直虫道,大龄幼虫常取食蛀入孔周围的边材部分,形成不规则的横向扁平虫道,破坏树木输导组织,轻者树势衰弱,重者造成表皮与木质部分离,诱导腐生生物二次寄生,使表皮成片腐烂脱落,致使树木3~5年内整枝或整株枯死(图1-166a、图1-166b、图1-166c)。

【识别特征】 ①成虫:体长28~39 mm,黑褐色,全身密被锈色短绒毛;前胸背板有不规则的粗皱突起。鞘翅基部1/4部分密布褐色光滑小颗粒,翅表面散布许多不规则的白色细毛斑和排列不规则的细刻点(图1-166d、图1-166e、图1-166f)。②卵:长椭圆形,长2~2.2 mm,黄白色(图1-166g、图1-166h)。③幼虫:老熟幼虫扁圆筒形,黄白色;触角3节;前胸背板黄褐色,略呈长方型,背板中部有1条倒“八”字形凹陷纹,其上密布棕色粒状突起,前方有1对略向前弯的黄褐色横斑,其两侧各有1块长形纵斑(图1-166i、图1-166j)。④蛹:纺锤形,长35~42 mm,黄褐色,翅端部达到第2腹节,触角端部达到胸部。

【生活习性】 2年发生1代,以幼虫越冬。翌年4月上旬幼虫开始取食,5月上旬开始化蛹,直至5月下旬。6月上旬成虫出现,6月中下旬为成虫出现高峰期。成虫出孔后,爬上树冠取食新梢的嫩皮补充营养,受到震动极易落地;不善飞翔,有群居性,夜晚到树干或大枝上产卵。产卵前雌虫在树干上爬行,寻找适宜树皮裂缝,咬平缝隙底部后分泌胶状物,再将卵于槽内用分泌物覆盖。每头雌虫可产卵43~133粒,成虫寿命65~80天。幼虫孵化后,先取食幼嫩组织,然后蛀入木质部,从树皮缝隙排出粪屑,开始时粪屑粉末状,随幼虫增长粪屑逐渐变为细丝状。老熟幼虫在虫道内用细木屑堵塞两端化蛹。

图 1-166c 锈色粒肩天牛成虫啃食嫩枝状

图 1-166d 锈色粒肩天牛成虫

图 1-166e 锈色粒肩天牛成虫

图 1-166g 锈色粒肩天牛卵——有覆盖物

图 1-166f 锈色粒肩天牛成虫

图 1-166h 锈色粒肩天牛卵——去掉覆盖物

图 1-166i 锈色粒肩天牛初孵幼虫

图 1-166j 锈色粒肩天牛老熟幼虫

167.多斑白条天牛

多斑白条天牛 *Batocera horsfieldi* (Hope),又名云斑天牛,属鞘翅目,天牛科。

【为害状况】 该虫为害二青杨、大官杨、响叶杨、加杨、枫杨、柳、榆、桑、白蜡、栓皮栎、大叶女贞、悬铃木、核桃、板栗等植物,造成树势衰弱,甚至枯死(图 1-167a、图 1-167b)。

图 1-167a 多斑白条天牛为害状

【识别特征】 ①成虫:体长为 50 mm 左右,黑至黑褐色,密布灰白色和灰褐色绒毛。前胸背板中央有 1 对黄白色条斑,两侧有刺突。小盾片近半圆形,白色。鞘翅面上有白色和灰黄色绒毛组成的不规则云片斑,翅前 1/3 处有明显的瘤状突起(图 1-167c、图 1-167d)。②卵:椭圆形,乳白色。③幼虫:老熟时体长为 75 mm 左右,乳白色,体肥多皱,前胸背板略成方形,浅棕色,有褐色颗粒。④蛹:

尾部锥尖,尖端钩状。

【生活习性】2 年发生 1 代,以幼虫和成虫在蛀道内和蛹室内越冬。越冬成虫翌年 4 月中旬咬一圆形羽化孔外出,5 月为盛期,连续晴天、气温较高时羽化更多。初孵幼虫蛀食韧皮部,使受害处变黑、树皮胀裂、流出树液,并向外排木屑和虫粪;20~30 天后渐蛀入木质部并向上蛀食,虫道内无木屑和虫粪,长约 25 cm。第 1 年以幼虫越冬,次春继续为害。

【天牛类的防治措施】

(1)加强检疫:天牛类害虫大部分时间生活在树干内,易被人携带传播,所以在苗木、繁殖材料等调运时,要加强检疫、检查。双条杉天牛、黄斑星天牛、锈色粒肩天牛、松褐天牛为检疫对象,应严格检疫。对其他天牛也要检查有无产卵槽、排粪孔、羽化孔、虫道和活虫,一经发现,立即处理。

(2)适地适树:采取以预防为主的综合治理措施。对在天牛发生严重的绿化地,应针对天牛取食的树种种类不同,选择抗性树种,避免其严重为害;加强管理,增强树势;除古树名木外,伐除受害严重的虫源树,合理修剪,及时清除园内枯立木、风折木等。

图 1–167b 多斑白条天牛为害状

图 1–167c 多斑白条天牛成虫

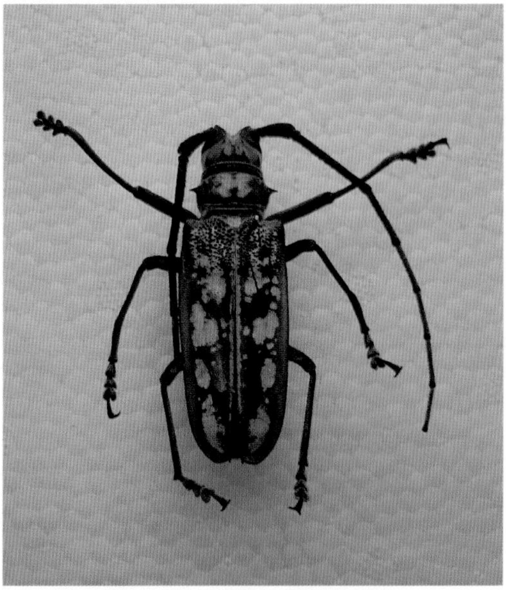

图 1–167d 多斑白条天牛成虫

（3）人工防治：利用成虫飞翔力不强和具有假死性的特点，人工捕杀成虫。寻找产卵刻槽，可用锤击、手剥等方法消灭其中的卵。用铁丝钩杀幼虫，特别是当年新孵化后不久的小幼虫，此法更易操作。

（4）饵木诱杀：对公园及其他风景区古树名木上的天牛，可采用饵木诱杀，并及时修补树洞，干基涂白等，以减少虫口密度，保证其观赏价值。

（5）保护利用天敌：如人工招引啄木鸟，利用天牛肿腿蜂、啮小蜂、花绒坚甲等。

（6）药剂防治：在成虫羽化外出期间，喷洒 8%绿色威雷微胶囊水悬剂 300~400 倍液；或在幼虫为害期，先用镊子或嫁接刀将有新鲜虫粪排出的排粪孔清理干净，然后塞入磷化铝片剂或磷化锌毒签，并用黏泥堵死其他排粪孔，或用注射器注射 80%敌敌畏原液或采用新型高压注射器，向树干内注射果树宝等药剂。

近年来，随着科技不断进步，研发了多种通过喷洒树干或土壤埋药防治天牛的药剂，该类药剂本身具有内吸性或添加了渗透剂等增效成分，施用效果较好。

二、木蠹蛾类

木蠹蛾类属鳞翅目木蠹蛾科，以幼虫蛀害树干和枝梢，是园林植物的重要害虫。常见的种类有芳香木蠹蛾东方亚种、小线角木蠹蛾、咖啡木蠹蛾等。

168.芳香木蠹蛾东方亚种

图 1–168a 芳香木蠹蛾东方亚种

图 1–168b 芳香木蠹蛾东方亚种老熟幼虫

芳香木蠹蛾东方亚种 *Cossus cossus orientalis* Gaede，又名杨木蠹蛾、红哈虫、蒙古木蠹蛾，属鳞翅目，木蠹蛾科。

【为害状况】 该虫为害柳、杨、榆、白蜡、槐树、丁香、核桃、山荆子等植物。以幼虫蛀入枝干和根际的木质部，蛀成不规则坑道，使得树势衰弱，严重时能造成枝干甚至整株树枯死。

【识别特征】 ①成虫：灰褐色，体长 24~37 mm。雌虫头部前方淡黄色，雄虫色稍暗。触角栉齿状，紫色。胸腹部粗壮，灰褐色。前翅散布许多黑褐色横纹（图 1–168a）。②卵：灰褐色，椭圆形，长 1.1~1.3 mm。③幼虫：老熟幼虫体长 56~70 mm，背面为淡紫红色，侧面稍淡，前胸背板有较大的“凸”字形黑斑（图 1–168b）。④蛹：体长 38~45 mm，褐色，稍向腹面弯曲。

【生活习性】 2 年发生 1 代，跨 3 年。当年幼虫第 1 年在树干蛀道内越冬，第 2 年秋老熟幼虫离干入土结土茧越冬，第 3 年 5 月在土茧内化蛹，蛹期 20~25 天，6 月羽化，而后交尾、产卵。每雌虫可产卵 178~858 粒，卵成堆，每堆 3~60 粒，产卵部位以主干上的伤口和粗皮裂缝为多，卵期9~12 天。成虫寿命 4~10 天，有趋光性。初孵幼虫群居，幼虫在树干内蛀成的主道广阔而不规则，互相连通。树龄越大，被害越重。

169.小线角木蠹蛾

小线角木蠹蛾 *Holcocerus insularis* Staudinger，又名小褐木蠹蛾、小木蠹蛾，属鳞翅目，木蠹蛾科。

【为害状况】 该虫为害白蜡、国槐、龙爪槐、银杏、榆、樱桃、樱花、元宝枫、丁香、海棠、悬铃木、冬青等植物。以幼虫蛀食花木枝干的木质部，常常几十至几百头群集在蛀道内为害，造成千疮百孔，与天牛为害状有明显不同。木蠹蛾蛀道相通，蛀孔外面有用丝连接的球形虫粪。轻者造成风折枝，重者树皮环剥，全株死亡(图 1–169a、图 1–169b)。

图 1–169a 小线角木蠹蛾幼虫为害状

【识别特征】 ①成虫：体长为 24 mm 左右，翅展为 48 mm 左右，雄蛾较小。体灰褐色，触角线状；翅面上密布黑色短线纹，前翅中室至前缘为深褐色。②卵：椭圆形，黑褐色，卵表有网状纹。③幼虫：老熟时体长为 40 mm 左右，体背鲜红色，腹部节间乳黄色；前胸背板黄褐色，其上有斜“B”形黑褐色斑(图 1–169c)。④蛹：为被蛹，初期黄褐色渐变深褐色，略弯曲。

【生活习性】 2 年发生 1 代，以幼虫在枝干蛀道内越冬。翌年 3 月越冬幼虫活动为害。幼虫化蛹时间极不整齐，5 月下旬至 8 月上旬为化蛹期。6~9 月为成虫发生期，成虫羽化后蛹壳一半露在枝干外，一半留在树体内(图 1–169b、图 1–169c)。成虫有趋光性，昼伏夜出。产卵时将卵产在树皮裂缝或各种伤疤处，卵呈块状，粒数不等。幼虫孵化后先蛀食韧皮部，以后蛀入木质部，一直为害到 11 月，以幼龄幼虫在蛀道内越冬。第 2 年 3 月活动，为害至 11 月，以大龄幼虫在枝干蛀道内越冬。第

图 1–169b 小线角木蠹蛾为害状

图 1–169c 小线角木蠹蛾幼虫

3年从3月为害至5月，新一代化蛹开始。该虫发生不整齐，常常同一时期各种虫龄的幼虫都有，因此给防治工作带来一定的难度。

170.咖啡木蠹蛾

咖啡木蠹蛾 *Zeuzera coffeae* Niether，又名豹纹蠹蛾、麻木蠹蛾，属鳞翅目，木蠹蛾科。

【为害状况】 该虫为害石榴、梨、苹果、桃、枣、木槿、月季、樱花、紫荆等植物。以幼虫钻蛀茎枝内取食为害，致使枝叶枯萎，甚至全株枯死。

图1-170 咖啡木蠹蛾蛹幼虫

【识别特征】 ①成虫：体灰白色，长15~18 mm，翅展25~55 mm。雄蛾端部线形；胸背面有3对青蓝色斑；腹部白色，有黑色横纹；前翅白色，半透明，布满大小不等的青蓝色斑点；后翅外缘有青蓝色斑点8个。雌蛾一般大于雄蛾，触角丝状。②卵：圆形，淡黄色。③幼虫：老熟时体长30 mm，头部黑褐色，体紫红色或深红色，尾部淡黄色。各节有很多粒状小突起，上有白毛1根（图1-170）。④蛹：长椭圆形，红褐色，长14~27 mm，背面有锯齿状横带。

【生活习性】 1年发生1~2代。以幼虫在被害部越冬。翌年春季转蛀新茎。5月上旬开始化蛹，蛹期16~30天，5月下旬羽化，成虫寿命3~6天。羽化后1~2天内交尾产卵，一般将卵产于孔口，数粒成块。卵期10~11天。5月下旬孵化，孵化后吐丝下垂，随风扩散，7月上旬至8月上旬是幼虫为害期。幼虫蛀入茎内向上钻，外面可见排粪孔。菊花茎被害后，3~5天叶片枯萎。有转株为害习性。幼虫历期1个多月，10月上旬幼虫化蛹越冬。

【木蠹蛾类的防治措施】

（1）加强管理，增强树势，防止机械损伤，疏除受害严重的枝干，及时剪除被害枝梢，以减少虫源。秋季人工捕捉地下越冬幼虫，刮除树皮缝处的卵块。

（2）掌握成虫羽化期，诱杀成虫：用新型高压黑光灯或性信息素诱捕器诱杀成虫，1个诱捕器1夜最多时可诱到250多头成虫。连续诱杀成虫3年必见成效。

（3）幼虫孵化后未侵入树干前用10%吡虫啉可湿性粉剂1000倍液、25%阿克泰水分散粒剂2000倍液喷干毒杀。

（4）幼虫初蛀入韧皮部或边材表层期间，用40%氧化乐果乳剂柴油液（1:9）涂虫孔。

（5）已蛀入枝干深处的幼虫，可用棉球蘸40%氧化乐果乳油50倍液或50%敌敌畏乳油10倍液塞入虫孔内，并于蛀孔外涂以湿泥，可收到良好的杀虫效果。

（6）保护和利用天敌：木蠹蛾天敌有10余种，对此虫的为害与蔓延有一定的自然控制力。如姬蜂、寄生蝇、蜥蜴、燕、啄木鸟、白僵菌和病原线虫等。

三、吉丁虫类

吉丁虫属鞘翅目吉丁甲科，种类很多，成虫生活于木本植物上，产卵于树皮缝内。幼虫大多数在树皮下，枝干或根内钻蛀，蛀道大多宽而扁，有的生活在草本植物的茎中，少数潜叶或形成虫瘿。为害园林树木的几丁虫，主要有金缘吉丁虫、合欢吉丁虫、白蜡窄吉丁虫等。

171.金缘吉丁虫

图 1-171 金缘吉丁虫成虫

金缘吉丁虫 *Lampra limbata* Gebler，又名梨吉丁虫，串皮虫，属鞘翅目，吉丁甲科。

【为害状况】 该虫为害梨、桃、苹果、杏、山楂、樱花、紫叶李等，以幼虫在寄主枝干皮层纵横串食，破坏输导组织，造成树势衰弱，枝干逐渐枯死，甚至全树死亡。

【识别特征】 ①成虫：体长 13~17 mm，全体翠绿色，有金属光泽，体扁平。触角锯齿状，黑色。鞘翅上有数条蓝黑色断续的纵纹，前胸背板有 5 条黑色纵纹，中间 1 条明显(图 1-171)。②卵：长约 2 mm，椭圆形，乳白色，后渐变为黄褐色。③幼虫：老龄时体长 30~36 mm，扁平状，由乳白色渐变为黄褐色。头部小，暗褐色。前胸膨大，背板中央有 1 个“八”字形凹纹。腹部细长，尾端尖。④蛹：长 13~22 mm，裸蛹，初为乳白色，后变为紫绿色，有光泽。

【生活习性】 1 年发生 1 代，以老熟幼虫在木质部越冬。翌年 3 月开始活动，4 月开始化蛹，5 月中下旬是成虫出现盛期。成虫羽化后，在树冠上活动取食，有假死性。 6 月上旬是产卵盛期，多产于树势衰弱的主干及主枝翘皮裂缝内。幼虫孵化后，即咬破卵壳而蛀入皮层，逐渐蛀入形成层后，沿形成层取食，8 月幼虫陆续蛀进木质部越冬。

172.合欢吉丁虫

图 1-172 合欢吉丁虫幼虫

合欢吉丁虫 *Agrilus subrobustus* Saunders，属鞘翅目，吉丁甲科。

【为害状况】 该虫主要为害合欢树，是合欢树的主要蛀干害虫之一。以幼虫蛀食树皮和木质部边材部分，在树皮下蛀成不规则的虫道，破坏树木输导组织，排泄物不排出树外，被害处常有流胶，严重时造成树木枯死。

【识别特征】 ①成虫：体长 4 mm 左右，头顶平直，体铜绿色，金属光泽。②幼虫：老熟时体长 5 mm 左右，体乳白色，头部小，黑褐色。胸部发达，尤其前胸背板宽大，中央有“八”字形褐色纹，腹部较细，体似铁钉状(图 1-172)。

【生活习性】 1 年发生 1 代，以幼虫在树干蛀道内越冬。翌年 5 月下旬幼虫老熟，在蛀道内化蛹。

6月上旬(合欢树花蕾期)成虫开始羽化外出。成虫常在树干上爬行,并到树冠上咬食叶片,以补充营养。交尾1~2天后将卵产在树干上,每处产卵1粒,卵期约10天。幼虫孵化后潜入树皮下,在韧皮部和木质部边材串食为害,其树表被害处症状不明显,揭开树皮后,可见大量木屑和虫粪。由于该虫的为害,使树木的疏导组织被破坏,造成干枝死亡,树叶枯黄脱落,9月间被害处大量流出黑褐色胶体。11月随着气温下降,幼虫在蛀道内越冬。

173.白蜡窄吉丁虫

白蜡窄吉丁虫 *Agrilus planipennis* Fairmaire,又名花曲柳窄吉丁、梣小吉丁,属鞘翅目,吉丁甲科。

图 1-173 白蜡窄吉丁虫成虫

【为害状况】 该虫为害花曲柳、水曲柳、白蜡等植物,其中以大叶白蜡受害最重。幼虫取食造成树木疏导组织的破坏,造成树木死亡,是白蜡树重要的病虫害之一。此虫为毁灭性害虫,一旦发生很难控制。

【识别特征】 ①成虫:体背面蓝绿色,腹面浅黄绿色,长11~14 mm(图1-173)。②卵:乳白色,长椭圆形。③幼虫:乳白色,老熟时长34~45 mm,头小,褐色,缩于前胸内;前胸较大,中后胸较窄;体扁平,带状,分节明显。④蛹:乳白色,羽化前为深铜绿色,裸蛹。

【生活习性】 1年发生1代,以老熟幼虫在树干木质部表层内越冬,少数在皮层内越冬。翌年4月中旬开始化蛹,5月上旬至6月中旬为成虫期。羽化孔扁圆形,成虫羽化后,需取食树冠或树干基部萌生的嫩叶补充营养,成虫取食一周后开始交尾产卵。初孵幼虫在韧皮部表层取食,6月下旬开始钻蛀到韧皮部和木质部的形成层为害,形成封闭的不规则蛀洞,严重破坏树木疏导组织,常常造成树木死亡。9月时老熟幼虫侵入木质部表层越冬。

【吉丁虫类的防治措施】

(1)加强检疫:对于调运苗木要加强检疫,发现虫株及时处理。

(2)树干涂白:5月时在树干上涂白,防止产卵。

(3)药剂防治:成虫外出期喷洒8%绿色威雷微胶囊水悬剂300~400倍液、10%吡虫啉1000倍液毒杀成虫;幼虫初孵期用25%阿克泰3000倍液涂刷枝干,毒杀幼虫和卵。

四、小蠹虫类

小蠹虫属鞘翅目小蠹科,为小型甲虫。体近圆形,颜色较暗,触角锤状,鞘翅上有纵列刻点。幼虫白色,略弯曲,无足,具棕黄色头部。多数种类寄生于树皮下,有的侵入木质部,种类不同,钻蛀坑道的形状也不同,是园林植物的重要害虫。主要种类有日本双齿长蠹等。

174.日本双齿长蠹

日本双齿长蠹 *Sinoxylon japonicus* Lesne,又名二齿茎长蠹、双棘长蠹,属鞘翅目,小蠹科。

【为害状况】 该虫为害紫荆、柿子、栾树、国槐、刺槐、竹、紫藤、紫薇、合欢、小叶白蜡、盐肤木等植物。成虫与幼虫喜欢蛀食生长势弱、发芽迟缓及新移栽树的花木枝干,造成枯枝或风折枝,严重破坏树形,影响生长和观赏(图1-174a、图1-174b、图1-174c、图1-

174d、图1-174e)。被害初期外观无明显被害状,等发现被害时,已为时过晚。

【识别特征】①成虫：体长 6 mm 左右,体黑褐色,筒形。前胸背板发达,似帽状,可盖着头部。鞘翅密布粗刻点,后缘急剧向下倾斜,斜面有两个刺状突起(图 1-174f、图1-174g)。②卵:椭圆形,白色半透明。③幼虫:老熟时体长为 4 mm 左右,乳白色,略弯曲,蛴螬形,足 3 对(图 1-174h)。④蛹:初期白色,渐变黄色,离蛹(图 1-174i)。

【生活习性】1 年发生 1 代,以成虫在枝干韧皮部越冬。翌年 3 月下旬开始在越冬坑道内为害,4 月下旬成虫飞出交配，将卵产在枝干韧皮部坑道内。一次产卵百粒左右，卵期 5 天左右,卵孵化时期很不整齐。5~6 月为幼虫为害期。5 月下旬至 6 月上旬化蛹,蛹期 6 天左右。6 月上旬始见成虫。成虫在原虫道串食为害,于 6 月下旬至 8 月上旬外出活动, 8 月中下旬又进入蛀道内为害。10 月下旬至 11 月上旬,成虫迁移到 1~3 cm 粗的新枝条内，横向环形蛀食,然后在虫道内越冬。由于该虫为害,花木的养分和水分输导被切断,秋末冬初大风来临,被害新梢易从环形蛀道处被风刮断,严重影响花木翌年的正常生长。

【小蠹虫类的防治措施】

(1)加强检疫:对于调运的苗木加强检疫,发现虫株及时处理。

(2)园林技术防治:加强抚育管理,适时、合理的修枝、间伐,改善园内卫生状况,增强树势,提高树木本身的抗虫能力。疏除被害枝干,及时运出园外,并对害虫进行剥皮处理,减少虫源。

(3)诱杀成虫:根据小蠹虫的发生特点，可在成虫羽化前或早春设置饵木,以带枝饵木引诱成虫潜入,并经常

图 1-174a 日本双齿长蠹为害紫荆状

图 1-174b 日本双齿长蠹为害紫荆状

图 1-174c 日本双齿长蠹为害柿树状

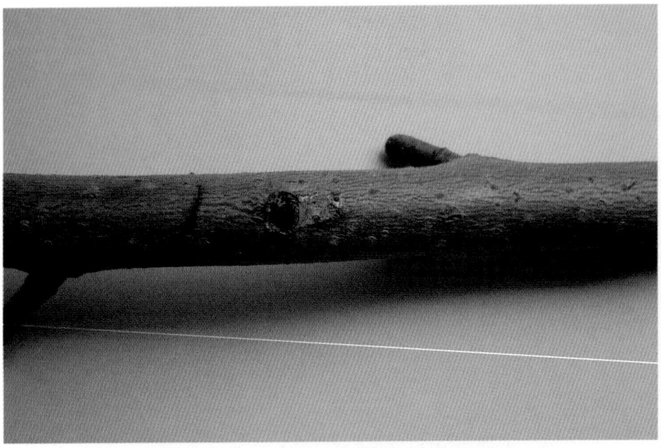

图 1-174d 日本双齿长蠹为害柿树状

图 1-174e 日本双齿长蠹为害栾树状

图 1-174f 日本双齿长蠹成虫

图 1-174g 日本双齿长蠹成虫

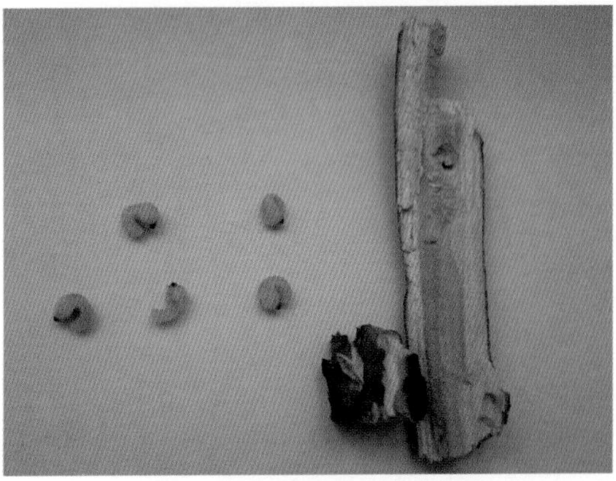

图 1-174h 日本双齿长蠹幼虫

图 1-174i 日本双齿长蠹蛹

检查饵木内的小蠹虫的发育情况并及时处理。

(4)化学防治:在成虫羽化盛期或越冬成虫出蛰盛期,喷洒 8%绿色威雷微胶囊水悬剂 300~400 倍液、24%氰氟虫腙悬浮剂600~800 倍液、10%溴氰虫酰胺可分散油悬乳剂 1500~2000 倍液、10.5%三氟甲吡醚乳油 3000~4000 倍液、20%甲维·茚虫威悬浮剂 2000 倍液防治。

五、透翅蛾类

透翅蛾属鳞翅目透翅蛾科，全世界已知100种以上，我国有10余种。其显著特征是成虫前翅无鳞片而透明，很象胡蜂，白天活动，以幼虫蛀食茎干、枝条，形成肿瘤。为害园林树木严重的有葡萄透翅蛾等。

175.葡萄透翅蛾

葡萄透翅蛾 *Paranthrene regalis* (Butler)，又名葡萄透羽蛾、葡萄钻心虫，属鳞翅目，透翅蛾科。

【为害状况】 该虫以幼虫为害葡萄、野葡萄的一、二年生枝蔓及嫩梢，造成嫩梢枯萎，枝蔓被害部肿大，叶黄、果实易脱落，被害枝蔓易折断枯死。

【识别特征】 ①成虫：体长18~20 mm，翅展30~36 mm，全体黑色。头部颜面白色，尖顶、下唇须的前半部、颈部以及后胸的两侧均黄色。前翅底部红褐色，前缘及翅脉黑色，后翅膜质透明；腹部有3条黄色横带，极像“胡蜂”。②卵：椭圆形，略扁平，红褐色。③幼虫：老熟时体长38 mm，全体呈圆筒形，头部红褐色，口器黑色；体部淡黄色，老熟时带紫色，前胸背板上有倒“八”字形纹。胸足淡褐色，爪黑色。全体疏生细毛(图1-175a、1-175b)。

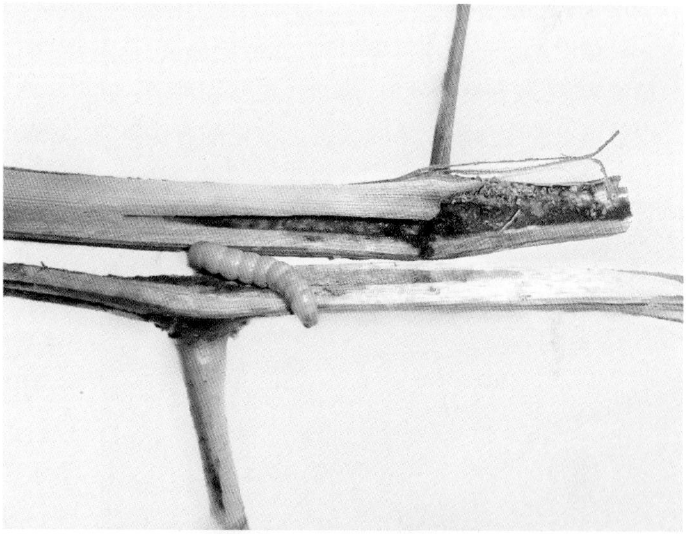

图1-175a 葡萄透翅蛾幼虫

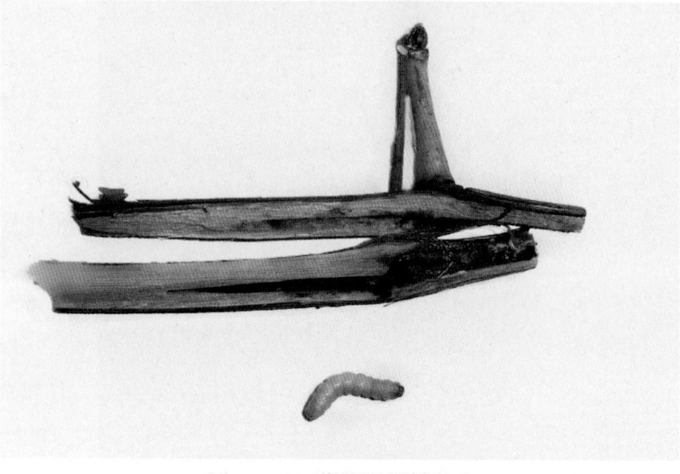

图1-175b 葡萄透翅蛾幼虫

【生活习性】 1年发生1代，以幼虫在葡萄枝条内越冬。翌年4月底至5月上旬越冬幼虫在被害枝条内侧先咬1个圆形羽化孔，然后作茧化蛹，6月上旬成虫开始羽化。成虫行动敏捷，飞翔力强，有趋光性，雌雄性比1:1，雌雄成虫均只交配1次，交配后，经1~2日后即产卵，卵散产在新梢上。幼虫孵化后多从叶柄基部钻入新梢内为害，也有在叶柄内串食的，最后均转入粗枝内为害，至9~10月即在枝条内进行越冬。被害枝条的蛀孔附近常堆有褐色虫粪，被害部逐渐肿大而成瘤状，叶片变黄，长势衰弱。

【透翅蛾类的防治措施】

（1）消灭越冬幼虫：可结合修剪将受害严重且藏有幼虫的枝蔓剪除、烧掉。6、7月经常检查嫩梢，发现有虫粪、肿胀或枯萎的枝条及时剪除。如果被害枝条较多，不宜全部剪除时，可用铁丝从蛀孔处刺入，杀死初龄幼虫。

（2）可从蛀孔处注入80%敌敌畏乳油20~30倍液或用棉球蘸敌敌畏药液塞入孔口内杀死幼虫。

（3）可在成虫羽化盛期，喷24%氰氟虫腙悬浮剂600~800倍液、10%溴氰虫酰胺可分散油悬乳剂1500~2000倍液、10.5%三氟甲吡醚乳油3000~4000倍液、20%甲维·茚虫威悬浮剂2000倍液，以杀死成虫。

六、象甲类

象甲类属于鞘翅目象甲科，亦称象鼻虫，是重要的园林植物钻蛀类害虫。成虫和幼虫均能为害，取食植物的根、茎、叶、果实和种子。成虫多产卵于植物组织内，幼虫钻蛀为害，少数可以产生虫瘿或潜叶为害。常见的有沟眶象、臭蜡沟眶象等。

176.沟眶象

图1-176a 沟眶象为害状

沟眶象 *Eucryptorrhynchus chinensis* (Olivier)，又名干沟蛾，属鞘翅目，象甲科。

【为害状况】 该虫主要为害臭椿、千头椿等植物，尤其是刚移栽的臭椿，以行道树、片林等受害较重，以幼虫蛀食木质部，造成树木生长势衰弱以致幼树死亡，树干或树枝上常出现灰白色的流胶（图1-176a、图1-176b、图1-176c、图1-176d）。

【识别特征】 ①成虫：体长13.5~18.5 mm，胸部背面、前翅基部及端部首1/3处密被白色鳞片，并杂有红黄色鳞片；前翅基部外侧特别向外突出，中部花纹似龟纹，鞘翅上刻点粗（图1-176e、图1-176f）。②幼虫：体圆形，乳白色，体长30 mm（图1-176g）。

【生活习性】 1年发生1代，以幼虫和成虫在根部或树干周围2~20 cm深的土层中越冬。以幼虫越冬的，翌年5月化蛹，7月为羽化盛期；以成虫在

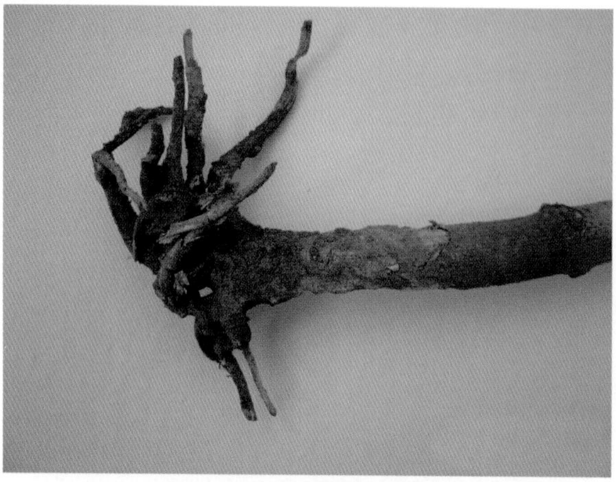

图 1-176b 沟眶象为害状

图 1-176c 沟眶象为害状

图 1-176d 沟眶象为害状

图 1-176f 沟眶象成虫

图 1-176e 沟眶象成虫

图 1-176g 沟眶象幼虫

土中越冬的，翌年 4 月下旬开始活动。5 月上中旬为第 1 次成虫盛发期，7 月底至 8 月中旬为第 2 次盛发期。成虫有假死性，产卵前取食嫩梢、叶片补充营养，为害 1 个月左右便开始产卵，卵期 8 天左右。初孵化幼虫先咬食皮层，稍长大后即钻入木质部为害，老熟后在坑道内化蛹，蛹期 12 天左右。

177.臭椿沟眶象

臭椿沟眶象 *Eucryptorrhynchus brandti* (Harold)，属鞘翅目，象甲科。

【为害状况】该虫主要蛀食为害臭椿和千头椿。初孵幼虫先为害皮层，导致被害处薄薄的树皮下面形成一小块凹陷，稍大后钻入木质部内为害。沟眶象常与臭椿沟眶象混杂发生。幼虫主要蛀食根部和根际处，造成树木衰弱以至死亡(图 1–177a)。

图 1–177a 臭椿沟眶象为害状

【识别特征】①成虫：体长 11.5 mm 左右，宽 4.6 mm 左右。臭椿沟眶象体黑色。额部窄，中间无凹窝；头部布有小刻点；前胸背板和鞘翅上密布粗大刻点；前胸前窄后宽。前胸背板、鞘翅肩部及端部布有白色鳞片形成的大斑，稀疏掺杂红黄色鳞片(图 1–177b)。②卵：长圆形，黄白色。③幼虫：长 10~15 mm，头部黄褐色，胸、腹部乳白色，每节背面两侧多皱纹。④蛹：长 10~12 mm，黄白色。

【生活习性】1 年发生 2 代，以幼虫或成虫在树干内或土内越冬。翌年4 月下旬至 5 月上中旬越冬幼虫化蛹，6~7 月成虫羽化，7 月为羽化盛期。幼虫为害从 4 月中下旬开始，4 月中旬至 5 月中旬为越冬代幼虫翌年出蛰后为害期。7 月下旬至 8 月中下旬为当年孵化的幼虫为害盛期。虫态重叠，很不整齐，至 10 月都有成虫发生。成虫有假死性，羽化出孔后需补充营养取食嫩梢、叶片、叶柄等，成虫为害 1 个月左右开始产卵，卵期 7~10 天，幼虫孵化期上半年始于 5 月上中旬，下半年始于 8 月下旬至 9 月上旬。幼虫孵化后先在树表皮下的

图 1–177b 臭椿沟眶象成虫

韧皮部取食皮层,钻蛀为害,稍大后即钻入木质部继续钻蛀为害。蛀孔圆形,熟后在木质部坑道内化蛹,蛹期 10~15 天。受害树常有流胶现象。

【象甲类的防治措施】

(1)加强检疫,严禁调入、调出带虫苗木,防止其传播蔓延。

(2)及时剪除被害枝条,拔除并烧毁带幼虫的枝干。

(3)人工捕捉成虫,利用成虫的假死性,人工震落捕杀。

(4)保护和利用啄木鸟和蟾蜍等天敌。

(5)药剂防治:成虫外出期,喷洒 8%绿色威雷微胶囊水悬剂 300~400 倍液、24%氰氟虫腙悬浮剂 600~800 倍液、10%溴氰虫酰胺可分散油悬乳剂 1500~2000 倍液、10.5%三氟甲吡醚乳油 3000~4000 倍液、20%甲维·茚虫威悬浮剂 2000 倍液、50%辛硫磷乳油1000 倍液杀死成虫;也可在成虫期用 25%灭幼脲Ⅲ号油胶悬剂超低量喷雾防治成虫,使成虫不育,卵不孵化;幼虫期向树体内注射 40%氧化乐果乳油 10 倍液,以杀死幼虫。

七、其他类蛀干害虫

178.梨小食心虫

梨小食心虫 *Grapholitha molesta* (Busck),又名梨小蛀果蛾、东方果蠹蛾、梨姬食心虫、桃折梢虫、小食心虫、桃折心虫,属鳞翅目,小卷叶蛾科。

图 1-178a 梨小食心虫为害山楂果实状

【为害状况】 该虫为害梨、桃、苹果、李、梅、杏、樱桃、海棠、山楂等植物。以幼虫为害果实(图 1-178a)与新梢。蛀果时多从萼洼处蛀入,直接蛀到果心,在蛀孔处有虫粪排出,被害果上有幼虫脱出的脱果孔;蛀害嫩梢时,多从嫩梢顶端第 3 叶叶柄基部蛀入,直至髓部,向下蛀食。蛀孔处有少量虫粪排出,蛀孔以上部分易萎蔫干枯,俗称"折梢"(图1-178b)。

图 1-178b 梨小食心虫为害桃梢状

【识别特征】 ①成虫:体长5~7 mm,翅展 11~14 mm,暗褐色或

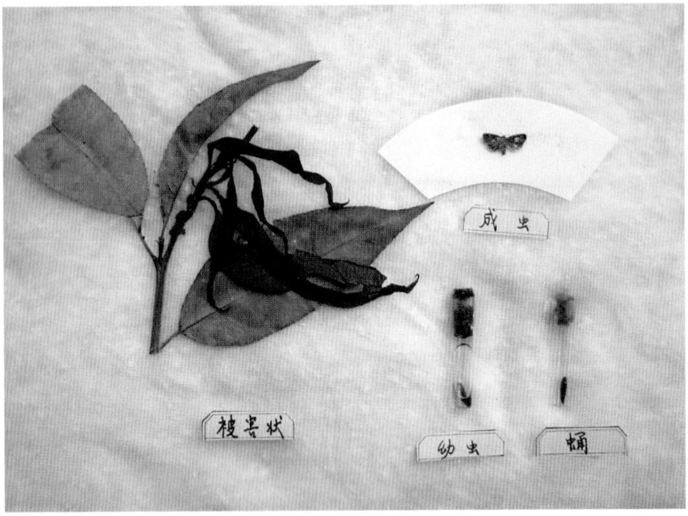

图 1-178c 梨小食心虫生活史

灰褐色，触角丝状，前翅前缘有 10 组白色短斜纹，翅中央近处外缘有 1 个明显白点。翅面散生灰白色鳞片，近外缘纹有 10 个小黑斑，后翅浅茶褐色。②卵：扁圆形，中央隆起，淡黄色，半透明表面有褶皱。③幼虫：老熟幼虫体长 10~13 mm，桃红色，头褐色，前胸背板黄褐色。④蛹：长 7 mm，黄褐色，腹部 3~7 节背面，具 2 排列小短刺，8~10 节各生 1 排大刺，腹末有 8 根钩状臀棘。⑤茧：丝质白色，长椭圆形，长约 10 mm。其生活史见插图（图 1-178c）。

【生活习性】 1 年发生 3~4 代，有转寄主为害习性。第 1、2 代幼虫主要为害桃、李、杏的梢，第 3、4 代幼虫主要转移到梨、苹果果实上为害。均以老熟幼虫在枝干和根颈裂缝处及土中结成灰白色薄茧越冬。第 2 年春季 4 月上中旬开始化蛹，成虫发生期在 4 月中旬至 6 月中旬。发生很不整齐，造成世代重叠。3、4 代为害期在 7 月中下旬，即果实迅速膨大期蛀果至采收。成虫产卵于叶背、果实表面、果实萼洼和两果接缝处。成虫对糖醋液有趋性。

【防治措施】

（1）树木休眠期刮除老翘皮进行处理；或于幼虫脱果越冬前进行树干束草诱集幼虫越冬，来春出蛰前取下束草烧毁。

（2）春季及时剪除桃树被蛀梢端，对萎蔫而未变枯的折梢及时处理。

（3）释放赤眼蜂。

（4）药剂防治：分别于 4 月中下旬第 1 代成虫发生期，以及 5 月上旬与 7 月上中旬，喷洒 24%氰氟虫腙悬浮剂 600~800 倍液、10%溴氰虫酰胺可分散油悬乳剂 1500~2000 倍液、10.5%三氟甲吡醚乳油 3000~4000 倍液、20%甲维·茚虫威悬浮剂 2000 倍液等。

179.国槐叶柄小蛾

国槐叶柄小蛾 *Cydia trasias* (Meyrick)，又名国槐小卷蛾、槐叶柄卷蛾、槐小卷蛾，属鳞翅目，卷蛾科。

【为害状况】 该虫以幼虫为害叶柄基部、枝条嫩梢、花穗及豆荚等部位，使叶片受害后下

图 1-179a 国槐叶柄小蛾为害国槐复叶状

图 1-179b 国槐叶柄小蛾为害国槐嫩梢状

垂，萎蔫后干枯，挂在树枝上，遇风脱落，严重时树冠枝梢出现光秃现象，大大影响观赏效果。受为害的嫩梢、花穗萎蔫干枯，影响观赏（图1-179a、图 1-179b）。

【识别特征】①成虫：体长为 5 mm 左右，黑褐色，胸部有蓝紫色闪光鳞片。前翅灰褐至灰黑色，其前缘为 1 条黄白线，黄白线中有明显的 4 个黑斑，翅面上有不明显的云状花纹，后翅黑褐色。②卵：扁椭圆形，乳白渐变黑褐色。③幼虫：老熟时 9 mm 左右，圆筒形，黄色，有透明感，头部深褐色，体稀布有短刚毛。④蛹：黄褐色，臀棘 8 根。

【生活习性】1 年发生 2 代，以幼虫在果荚、树皮裂缝等处越冬。第 1 代成虫发生期在 5 月中旬至 6 月中旬，6 月上中旬第 1 代叶柄小蛾幼虫开始孵化，为害槐树直至 7 月下旬。第 2 代成虫发生期在 7 月中旬至 8 月上旬。7 月中旬至 9 月幼虫为害槐树。初孵幼虫寻找叶柄基部后，先吐丝拉网，以后进入基部为害，为害处常见胶状物中混杂有虫粪。有迁移为害习性，1 头幼虫可造成几个复叶脱落。老熟幼虫在孔内吐丝作薄茧化蛹，蛹期9 天左右。6 月世代重叠严重，可见到各种虫态。7 月两代幼虫重叠，其中以第 2 代幼虫孵化极不整齐且为害严重，一般 6、7 月国槐叶柄小蛾为害比较严重，是防治的关键期。8 月树冠上明显出现光秃枝。8 月中下旬槐树果荚逐渐形成后，大部分幼虫转移到果荚内为害，9 月可见到槐豆变黑，10 月大多数幼虫进入越冬。成虫羽化时间以上午最多，飞翔力强，有较强的趋光性。雌成虫将卵产在叶片背面，其次产在小枝或嫩梢伤疤处。每处产卵 1 粒，卵期为 7 天左右。

【防治措施】

（1）消灭虫源：结合秋冬季园田管理，剪除槐豆荚，以减少虫源；7 月中旬修剪被害小枝，对第 2 代的发生有一定控制作用。

（2）消灭成虫：成虫期用黑光灯进行诱杀，或将槐小卷蛾性诱捕器悬挂在树冠向阳面外围，诱杀成虫。

（3）药剂防治：幼虫为害期喷施 24%氰氟虫腙悬浮剂 600~800 倍液、10%溴氰虫酰胺可分散油悬乳剂 1500~2000 倍液、10.5%三氟甲吡醚乳油 3000~4000 倍液、20%甲维·茚虫威悬浮剂 2000 倍液。

图 1-180a 柳瘿蚊为害状

180.柳瘿蚊

柳瘿蚊 *Rhabdophaga salicis* Schrank,属双翅目,瘿蚊科。

【为害状况】 该虫为害柳、河柳、垂柳、银柳、沙柳、馒头柳等柳类植物。以幼虫从寄主植物嫩芽基部蛀入或由伤口裂缝处蛀入。被害处因受刺激引起组织增生,形成瘿瘤,因连年为害,瘿瘤逐渐增大,造成树势衰弱,甚至枝干枯死。严重者 1 株树上的瘿瘤多达 20 个以上(图 1-180a、图 1-180b、图 1-180c、图 1-180d)。雄虫还在韧皮部、形成层内为害。

图 1-180b 柳瘿蚊为害状

图 1-180c 柳瘿蚊为害状

【识别特征】 ①成虫:体长 2.5~3.5 mm,紫红色或黑褐色。腹部各节着生环状细毛。触角灰黄色,念珠状,16 节,各节轮生细毛,雄成虫轮生毛较长。前翅膜质,透明,菜刀形;翅基狭窄;有 3 条纵脉;翅面生有短细毛。足细长。②卵:长椭圆形,长 0.3~0.5 mm,两端稍尖,橘黄色,略透明。③幼虫:椭圆形,初孵幼虫体长 1~1.5 mm,淡黄色;老熟幼虫体长 3~4 mm,橘黄色,前胸有 1 个"Y"形骨片。④蛹:椭圆形,长 3~4 mm,橘黄色。

【生活习性】 1 年发生 1 代,以幼虫在瘿瘤内越冬。翌年 2 月下旬至 3 月上旬开始化蛹,3 月中下旬成虫羽化,3 月下旬至 4 月上旬为成虫羽化盛期,成虫羽化后即行交尾产卵。成虫羽化多在上午,以 9~10 时为多。成虫发生期持续 1 个月左右。羽化与气温有密切关系,日平均气温达 15 ℃以上时,羽化数量显著增多。卵多产于瘿瘤,产在嫩芽基部和树皮伤口、裂缝等处的较少。卵多成块状,少数散产。雌虫一生平均产卵150 粒左右。雌成虫寿命 2~3 天,雄成虫 1~2 天。卵期 6~10 天,蛹期 20 天左右。初孵幼虫先在亲代蛹室内取食,随后蛀入韧皮部、形成层内为害。幼虫分泌黏液,使蛀害处坏死,形成孔道。卵粒产于嫩芽基部和树皮伤口、裂缝处。

【防治措施】

(1)被害树木较小或在为害初期时,可于冬季或早春,将被害部树皮铲下或将瘿瘤锯下,集中烧毁。

(2)3 月下旬用 40%氧化乐果乳油 2 倍稀释液涂刷瘿瘤及新侵害部位,并用塑料薄膜包扎涂药部位,可彻底杀死幼虫、卵与成虫。

(3)春季成虫羽化前,用机油乳剂(或废机油)仔细涂刷瘿瘤及新侵害部位,可以杀死未羽化的老熟幼虫、蛹和羽化的成虫。

(4)5 月份用 40%氧化乐果乳油 2 倍液在树干根基打孔(孔径 0.5~0.8 cm,深达木质部 3 cm),用注射器注药 1.5~2 mL,然后用泥巴封口,防止药液向外挥发。

图 1-180d 柳瘿蚊为害状

181.玫瑰茎蜂

玫瑰茎蜂 *Neosyrista similis* Moscary,又名月季茎蜂、钻心虫,属膜翅目,茎蜂科。

【为害状况】该虫为害玫瑰、月季、蔷薇、十姊妹等植物。钻蛀茎干,造成枝条枯萎,影响其生长和开花(图 1-181a、图 1-181b)。受害严重的植物常从蛀孔处倒折,损失较大。

【识别特征】①成虫:体长 20 mm 左右,翅展约 25 mm,体黑色,有光泽。触角丝状,黑色,基部黄绿色。两个复眼间具黄绿色小点 2 个。翅茶色,半透明,常有紫色闪光。3~5 腹节、第 6 腹节基部 1/2 赤褐色,第 1 腹节的背板外露一部分。1~2 腹节背板两侧黄色。腹末尾刺长 1 mm 左右,两旁各具 1 个短刺。②卵:直径 1.2 mm,黄白色。③幼虫:末龄幼虫体长约 20 mm,宽 2 mm,乳白色,头部浅黄色,尾端具褐色尾刺 1 根。足不发达(图 1-181c、图 1-181d)。④蛹:纺锤形,棕红色。

图 1-181a 玫瑰茎蜂为害蔷薇嫩梢状

【生活习性】1 年发生1 代,以幼虫在受害

图 1-181b 玫瑰茎蜂幼虫及为害月季嫩梢状

图 1-181c 玫瑰茎蜂幼虫

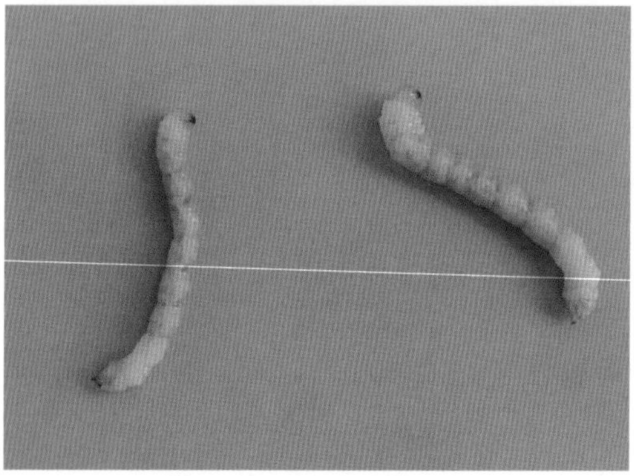

图 1-181d 玫瑰茎蜂幼虫

枝条里越冬,翌年 4 月,幼虫即开始为害,4 月底幼虫老熟后化蛹在枝条内。5 月上中旬柳絮盛飞时,成虫开始羽化、交尾,喜把卵产在当年生枝条嫩梢处,一般每个嫩梢上产 1 粒卵。该虫尤其喜欢把卵产在从地面新萌生的较粗壮的嫩梢上。5 月中下旬,进入玫瑰、月季盛花期,初孵化幼虫开始从嫩梢钻进枝条的髓部,往下把髓部蛀空,然后利用红褐色虫粪及木屑把虫道堵住,造成受害枝条萎蔫、干枯,以后尖端变黑下弯。进入秋季有的钻至枝条地下部分或钻进上年生较粗的枝条里作薄茧越冬。天敌有幼虫及蛹的寄生蜂,寄生率可达 50%。

【防治措施】

(1)5~6 月发现萎蔫的嫩梢、枝条时,要及时剪掉,消灭枝内幼虫。

(2)注意保护利用该虫的天敌。

(3)越冬代成虫羽化初期及在卵孵化盛期,及时喷洒 50%吡蚜酮可湿性粉剂2500~5000 倍液、10%氟啶虫酰胺水分散粒剂 2000 倍液、22%氟啶虫胺腈悬浮剂 5000~6000 倍液。

第四节 地下害虫

地下害虫又名根部害虫，是一生或一生中某个阶段生活在土壤中为害植物地下部分、种子、幼苗或近土表主茎的杂食性昆虫。种类很多，主要有蝼蛄、蛴螬、金针虫、地老虎、种蝇、蟋蟀等。在我国各地均有分布，发生种类因地而异。植物等受害后，轻者萎蔫，生长迟缓，重者干枯而死，造成缺苗断垄。有的种类以幼虫为害，有的种类成虫、幼(若)虫均可为害。为害方式可分为三类：长期生活在土内为害植物的地下部分；昼伏夜出，在近土面处为害；地上地下均可为害。

一、蝼蛄类

蝼蛄属直翅目，蝼蛄科，又名土狗、地狗、拉拉蛄等。常见的有东方蝼蛄、单刺蝼蛄两种，是常见的地下害虫。

182.东方蝼蛄

图 1-182a 东方蝼蛄在苗床为害形成的虚土隧道

东方蝼蛄 *Gryllotalpa orientalis* Burmeister，又名拉拉蛄、土狗子、地狗子、非洲蝼蛄、小蝼蛄、水狗，属直翅目、蝼蛄科。

【为害状况】 食性很杂，主要以成虫、若虫为害植物幼苗的根部和靠近地面的幼茎，尤其是一、二年生草本花卉、草坪草以及树木扦插苗受害重。成虫、若虫均在土中活动，取食播下的种子、幼芽、茎基，严重的咬断，植物因而枯死。在温室、大棚内由于气温高，蝼蛄活动早，加之幼苗集中，受害更重。蝼蛄活动的区域常有虚土隧道(图 1-182a)。

图 1-182b 东方蝼蛄成虫

图 1-182c 东方蝼蛄（左）与单刺蝼蛄（右）的后足胫节

【识别特征】①成虫：体长 30~35 mm，灰褐色，腹部色较浅，全身密布细毛。头圆锥形，触角丝状；前胸背板卵圆形，中间具 1 块明显的暗红色长心脏形凹陷斑。前翅灰褐色，较短，仅达腹部中部；后翅扇形，较长，超过腹部末端。腹末具 1 对尾须（图 1-182b）。前足为开掘足，后足胫节背面内侧有 4 个距，别于单刺蝼蛄（图 1-182c）。②卵：初产时长2.8 mm，孵化前 4 mm，椭圆形，初产乳白色，后变黄褐色，孵化前暗紫色。③若虫：共 8~9 龄，末龄若虫体长 25 mm，体形与成虫相近。

【生活习性】2 年发生 1 代，以成虫或6 龄若虫越冬。翌年 3 月下旬开始上升至土表活动，4、5 月为活动为害盛期，5 月中旬开始产卵，5 月下旬至 6 月上旬为产卵盛期。产卵前先在腐殖质较多或未腐熟的厩肥土下筑土室产卵其中，每雌可产卵 60~80 粒。5~7 天孵化，6 月中旬为孵化盛期，10 月下旬以后开始越冬。东方蝼蛄昼伏夜出，具有趋光性，往往在灯下能诱到大量虫体，还有趋湿性和趋厩肥习性，喜在潮湿和较黏的土中产卵。此外，对香甜食物嗜食。

该虫活动与土壤温湿度关系很大，土温 16~20 ℃，含水量在22%~27%为最适宜，所以春秋两季较活跃，雨后或灌溉后为害较重。土中大量施未腐熟的厩肥、堆肥，易导致该虫发生。

183.单刺蝼蛄

单刺蝼蛄 *Gryllotalpa unispina* Saussure，又名华北蝼蛄、大蝼蛄、拉拉蛄、地拉蛄、土狗子、地狗子，属直翅目，蝼蛄科。

【为害状况】该虫为害多种园林植物。以成虫、若虫在土中活动，取食播下的种子、幼芽或将幼苗咬断致死，受害的根部呈乱麻状。由于该虫的活动将表土层窜成许多隧道，使苗根脱离土壤，致使幼苗因失水而枯死，严重时造成缺苗断垄。在温室，由于气温高，其活动早，加之幼苗集中，受害更重。

图 1-183a 单刺蝼蛄成虫

【识别特征】①成虫：体较粗壮肥大，体长 36~56 mm；黄褐色，腹部色较浅；全身密布细毛。前胸背板甚发达呈盾

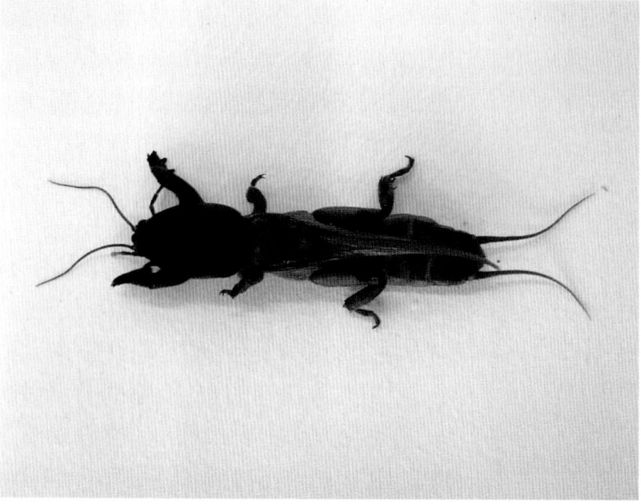

图 1-183b 单刺蝼蛄成虫

形，中央具 1 凹陷不明显的暗红色心脏形坑斑。前翅鳞片状，黄褐色，长 14~16 mm，覆盖腹部不到 1/3。后翅扇形，纵卷成尾状，超过腹部末端。前足特化为开掘足，腿节强大，内侧外缘缺刻明显，胫节宽扁坚硬，末端外侧有锐利扁齿 4 个，上面 2 齿大。后中胫节背面内侧有棘 1 个或消失。腹部末端近圆筒形（图 1-183a、图 1-183b）。②卵：椭圆形，初产时长 1.6~1.8 mm，孵化前长 2~2.8 mm。初产时乳白色有光泽，后变黄褐色，孵化前呈暗灰色。③幼虫：初孵化的若虫，头胸部很细，腹部肥大，全体乳白色，复眼浅红。以后体色变浅黄到土黄，每次蜕皮后体色逐渐加深。5~6 龄以后与成虫体色基本相似。初龄若虫体长 3.6~4.0 mm，末龄若虫体长 36~40 mm，若虫共 13 龄。

【生活习性】 3 年发生 1 代，若虫达 13 龄，于 11 月上旬以成虫及若虫越冬。翌年 3~4 月越冬成虫开始活动，6 月上旬开始产卵，6 月下旬至 7 月中旬为产卵盛期，8 月为产卵末期。卵多产在轻盐碱地，而黏土、壤土及重盐碱地较少。

【蝼蛄类防治措施】

（1）施用厩肥、堆肥等有机肥料要充分腐熟，可减少蝼蛄的产卵。

（2）灯光诱杀成虫：在闷热天气、雨前的夜晚灯光诱杀非常有效，一般在晚上 7:00~10:00 进行。

（3）毒饵诱杀：用 80%敌敌畏乳油或 50%辛硫磷乳油 0.5 kg 拌入 50 kg 煮至半熟或炒香的饵料（麦麸、米糠等）中作毒饵，傍晚均匀撒于苗床上。但要注意防止畜、禽误食。

（4）土壤处理：在受害植株根际或苗床浇灌 50%辛硫磷乳油 1000 倍液；或每亩用5%二嗪磷颗粒剂 2.0~3.0 kg 均匀撒布距苗木根部 15~20 cm 的范围内，然后浇水，杀虫效果好；也可在上述距离的范围内开沟撒施，然后浇水覆土，效果更好。

二、蛴螬类

蛴螬是金龟甲幼虫的统称，属于鞘翅目，金龟甲科，种类很多。成虫啃食各种植物的叶片，形成孔洞、缺刻，严重时造成枝叶秃枝。幼虫为害多种植物的根茎及球茎。腐食性的种类则以腐烂有机物为食。在园林植物上为害较重的有无斑弧丽金龟、中华弧丽金龟、小青花金龟、白斑花金龟、铜绿丽金龟、东方绢金龟、暗黑金龟甲等。

184.无斑弧丽金龟

无斑弧丽金龟 *Popillia mutans* Newman，又名豆蓝丽金龟、墨绿金龟，属鞘翅目，金龟科。

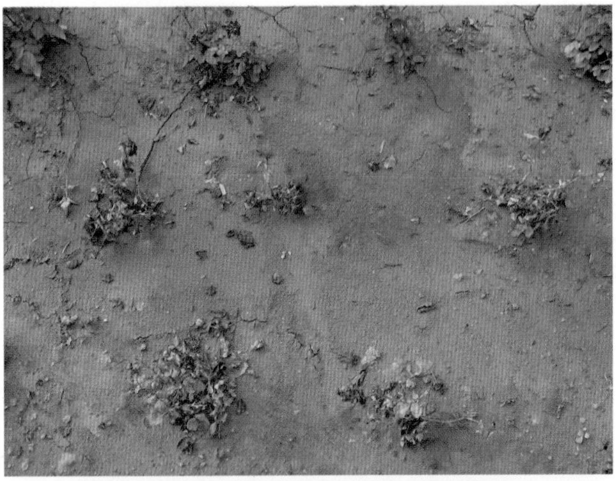
图 1-184a 无斑弧丽金龟为害月季苗木状

图 1-184b 无斑弧丽金龟为害月季花朵状

图 1-184c 无斑弧丽金龟为害月季根系状

【为害状况】 该虫为害月季、紫薇、紫荆、木槿、泡桐、菊花、蜀葵、大丽花、葡萄、柿等植物。成虫群集为害花、嫩叶，致受害花畸形或死亡；幼虫为害植物的根系，常常造成地上部枯萎（图 1-184a、图 1-184b、图 1-184c、图 1-184d）。

【识别特征】 ①成虫：体长 11~14 mm，宽 6~8 mm，体深蓝色带紫，有绿色闪光；背面中间宽，稍扁平，头尾较窄，臀板无毛斑；唇基梯形，触角 9 节，棒状部 3 节；前胸背板弧拱明显，小盾片短阔三角形，较大；鞘翅短阔，后方明显变窄，小盾片后侧具 1 对深显横沟，背面具 6 条浅缓刻点沟，第 2 条短，后端略超过中点；足黑色、粗壮，前足胫节外缘 2 齿，雄虫中足 2 爪大爪不分裂；第 1~5 腹节两侧具白色毛斑，臀板外露，无白色毛斑（图 1-184e）。成虫特征也可见图 1-184f 中的“子”字图案。②卵：近球形，乳白色。③幼虫：体长 24~26 mm，弯曲呈“C”形；头黄褐色，体多皱褶，肛门孔呈横裂缝状（图 1-184g）。④蛹：裸蛹，乳黄色，后端橙黄色。

【生活习性】 1 年发生 1 代，以 2 龄幼虫在土深 24~35 cm 处越冬。翌年春季土温回升后，越冬幼虫向上移动，为害草根。5 月中下旬开始化蛹，化蛹不整齐，6 月上旬至 7 月上旬为化蛹盛期，蛹期 15 天左右。成虫羽化后需要补充营养，喜食寄主幼芽嫩叶、花蕾和花冠，造成花朵凋谢，落花落果。成虫为日出型，以上午和傍晚最为活跃，夜间潜伏。7~8 月成虫产卵于土壤中，对土质选择性不强，卵期约 15 天。8 月上旬卵开始孵化，幼虫孵化后在土中取食植物

图 1-184d 无斑弧丽金龟为害木槿花朵状

图 1-184e 无斑弧丽金龟成虫

图 1-184f 三种金龟甲成虫图案

图 1-184g 无斑弧丽金龟幼虫

细根或腐殖质。10 月随着气温下降，幼虫向深土层转移越冬。其天敌有黄蜂、土蜂、胡蜂、步行虫、益鸟等。

185.中华弧丽金龟

中华弧丽金龟 *Popillia quadriguttata* (Fabricius)，又名四纹丽金龟、豆金龟子、四斑丽金龟，属鞘翅目，金龟科。

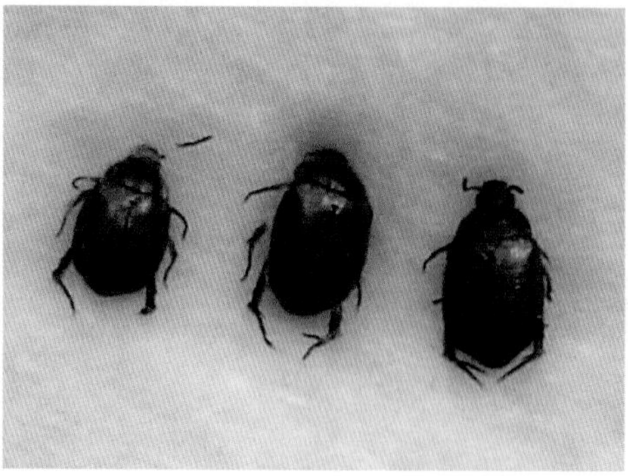

图 1-185 中华弧丽金龟成虫

【为害状况】 该虫为害金叶女贞、紫藤、月季等植物。成虫食叶成不规则缺刻或孔洞，严重的仅残留叶脉，有时食害花或果实；幼虫为害地下组织。

【识别特征】 ①成虫：体长 7.5~12 mm，体阔 4.5~6.5 mm。小型甲虫。体长椭圆形。体色一般深铜绿色，有光泽。鞘翅浅褐色或草黄色，四缘常呈深褐色，足同于体色或黑褐(图 1-185)。成虫特征也可见图 1-184f 中的“龟”字图案。

②卵:椭圆形,长径约 2 mm,初为乳白色,后渐变淡黄色,表面光滑。③幼虫:体白色,头部橙黄或褐色,上腭发达;体呈圆筒形,腹部末节向腹面弯曲,成“C”形,具发达的胸足;体的各节有皱褶,腹部后端肥大。④蛹:裸蛹,初期白色,后渐变为淡褐色。

【生活习性】 1 年发生 1 代,多以 3 龄幼虫在 30~80 cm 土层内越冬。翌春 4 月上移至表土层为害,6 月老熟幼虫开始化蛹,成虫于 6 月中下旬至 8 月下旬羽化,7 月是为害盛期。6 月底开始产卵,7 月中旬至 8 月上旬为产卵盛期。幼虫为害至秋末达 3 龄时,钻入深土层越冬。成虫白天活动,适温 20~25 ℃,飞行力强,具假死性,晚间入土潜伏,无趋光性。成虫群集为害一段时间后交尾产卵,卵散产在 2~5 cm 土层里。成虫喜于地势平坦、保水力强、土壤疏松、有机质含量高的田园产卵。初孵幼虫以腐殖质或幼根为食,稍大后为害地下组织。

186.小青花金龟

小青花金龟 *Gametis jucunda* (Faldermann),又名小青花潜,属鞘翅目,金龟科。

【为害状况】 该虫主要寄主植物有榆、槐、杨、柳、苹果、玫瑰、葡萄、月季、梅花、梨、桃、美人蕉、大丽花、海棠、鸡冠花等植物。主要以成虫为害多种植物的花蕾和花,严重为害时,常群集在花序上,将花瓣、雄蕊和雌蕊吃光(图 1–186a)。

【识别特征】 ①成虫:体长 12~17 mm,宽 7~8 mm。头部长,黑色。胸部、腹部的腹面密生许多深黄色短毛。前胸背板和鞘翅均为暗绿色或铜色,并密生许多黄褐色毛,无光泽。翅鞘上具有对称的黄白斑纹(图 1–186b)。②卵:近椭圆形,白色。③幼虫:老熟幼虫体长 32~36 mm;头部较小,褐色;体部乳白色,各体节多皱褶,密生绒毛。④蛹:长 14 mm,为裸蛹,乳黄色,后端为橙黄色。

图 1–186a 小青花金龟为害状

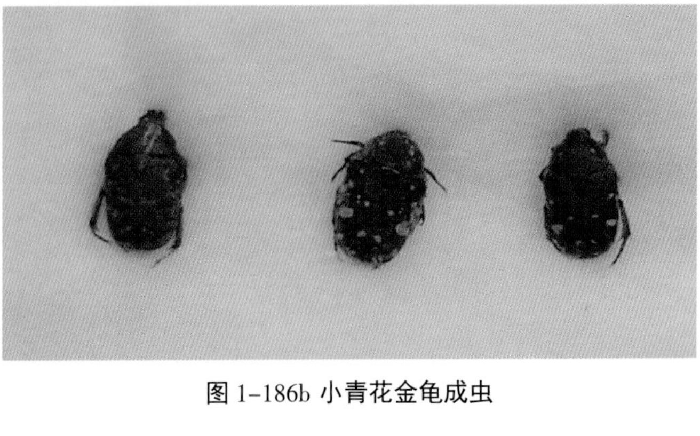

图 1–186b 小青花金龟成虫

【生活习性】 1 年发生 1 代,以成虫或幼虫在土中越冬。翌年 4、5 月份成虫出土活动,成虫白天活动,主要取食花蕊和花瓣,尤其在晴天无风或气温较高的 10:00 ~14:00 时,成虫取食飞翔最烈,同时也是交尾盛期。如遇风雨天气,则栖息在花中,不大活动,日落后飞回土中潜伏,产卵。

成虫喜欢在腐殖质多的土壤中和枯枝落叶层下产卵。6、7 月始见幼虫，8 月底绝迹。

187.白斑花金龟

白斑花金龟 *Protaetia brevitarsis* (Lewis)，又名白星花金龟、白斑金龟甲，属鞘翅目，金龟科。

【为害状况】 该虫主要为害樱花、月季、木槿、海棠、碧桃、杏、金针菜等植物。主要以成虫咬食寄主的花、花蕾和果实，影响寄主开花、结实，严重降低花卉的观赏价值。

【识别特征】 ①成虫：体长 20~24 mm，宽 13~15 mm，略上下扁平；体壁特别硬，全体古铜色带有绿紫色金属光泽。中胸后侧片发达，顶端外露在前胸背板与翅鞘之间。前胸背板有斑点状斑纹，翅鞘表面有云片状由灰白色鳞片组成的斑纹（图 1–187a、图 1–187b）。②幼虫：老熟时体长约 50 mm，头较小，褐色；体部粗胖，黄白或乳白色。胸足短小，无爬行能力。肛门缝呈"一"字形。覆毛区有两短行刺毛列，每列由 15~22 条短而钝的刺毛组成。

图 1–187a 白斑花金龟成虫

图 1–187b 白斑花金龟成虫

【生活习性】 1 年发生 1 代，以中龄或近老熟幼虫在土中越冬。成虫每年 6~9 月出现，7 月初至 8 月中旬为发生为害盛期。成虫将卵产在腐草堆下、腐殖质多的土壤中及鸡粪中，每处产卵多粒。幼虫群生，老熟幼虫 5~7 月份在土中做蛹室化蛹。成虫昼夜活动为害。幼虫不用足行走，将体翻转借体背体节的蠕动向前行进。该虫主要是成虫期为害，幼虫不为害寄主的根部。

188.铜绿丽金龟

铜绿丽金龟 *Anomala corpulenta* Motschulsky，又名铜绿金龟子、青金龟子、淡绿金龟子，属鞘翅目，金龟科。

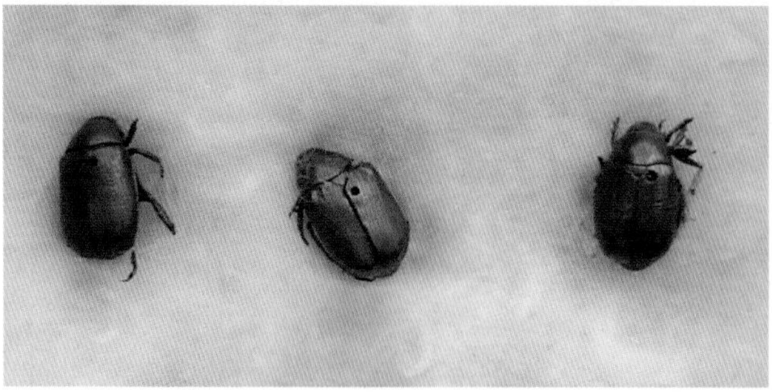

图 1–188a 铜绿丽金龟成虫

【为害状况】 该虫为害杨、柳、榆、松、柏、杉、栎、板栗、核桃、枫杨等植物，尤其对小树幼林为害严重，被害叶呈孔洞缺刻状或被食光。

【识别特征】 ①成虫：体长 15~18 mm，宽 8~10 mm，背面铜绿色，有光泽。头部较大，深铜绿色，前胸背板为闪光绿色，密布刻点，两侧边缘有黄边，鞘翅为黄铜绿色，有光泽（图 1-188a、图 1-188b），成虫特征也可见图 1-184f 中的“金”字图案。②卵：白色，初产时为长椭圆形，以后逐渐膨大至近球形。③幼虫：中型，体长 30 mm 左右，头部暗黄色，近圆形。④蛹：椭圆形，长约 18 mm，略扁，土黄色。

图 1-188b 铜绿丽金龟成虫

【生活习性】 1 年发生 1 代，以 3 龄幼虫在土中越冬。次年 5 月开始化蛹，成虫一般在 6~7 月出现。5、6 月份雨量充沛时，成虫羽化出土较早，盛发期提前。成虫昼伏夜出，闷热无雨的夜晚活动最盛。成虫有假死性和趋光性，食性杂，食量大，被害叶呈孔洞缺刻状。卵散产，多产于 5~6 cm 深的土壤中。幼虫主要为害花木的根系。1、2 龄幼虫多出现在 7、8 月，食量较小，9 月后大部分变为 3 龄，食量猛增，11 月份进入越冬状态。越冬后又继续为害到 5 月。幼虫一般在清晨和黄昏由深处爬到表层，咬食苗木近地面的基部、主根和侧根。

189.东方玛绢金龟

东方玛绢金龟 *Maladera orientalis* Motschulsky，又名东方绢金龟、黑绒鳃金龟、天鹅绒金龟子、东方金龟子，属鞘翅目，金龟科。

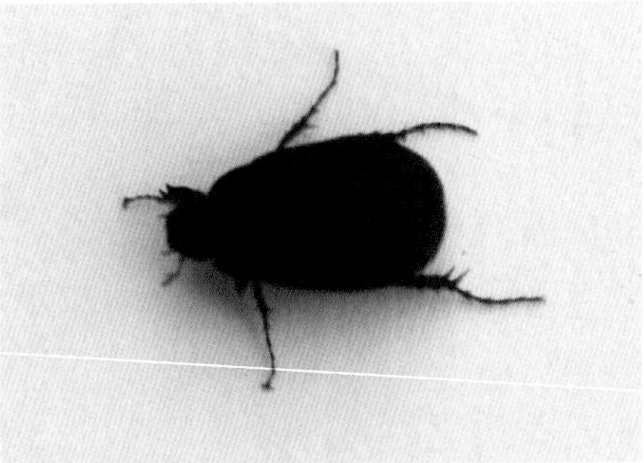
图 1-189a 东方玛绢金龟成虫

【为害状况】 该虫成虫是重要的食叶害虫，食性甚杂，可为害 40 余科约 150 种植物。由于它每年出土活动早，数量大，常群聚为害各类花木的芽苞、嫩芽，造成严重损失。幼虫为害植物地下部分，因食量小，食性杂，一般不造成严重损害。

图 1-189b 东方玛绢金龟成虫

【识别特征】 ①成虫：体长 7~8 mm，宽 4.5~5 mm，卵圆形，前窄后宽；初羽化时为褐色，以后逐渐变成黑褐色或黑色，体表具丝绒状光泽（图 1-189a、图 1-189b）。②卵：椭圆形，长 1.2 mm，乳白色，光滑。③幼虫：乳白色，3 龄幼虫体长 14~16 mm，头宽 2.7 mm 左右。④蛹：长 8 mm，黄褐色，复眼朱红色。

【生活习性】 1 年发生 1 代，一般以成虫在土中越冬。翌年 4 月中旬出土活动，4 月末至 6 月上旬为成虫盛发期，有雨后集中出土的习性。6 月末虫量减少。成虫有夜出性，飞翔力强，傍晚多围绕树冠飞翔。5 月中旬为交尾盛期。雌虫产卵于 10~20 cm 深的土中，卵散产或 10 余粒集于一处，卵期 5~10 天。幼虫以腐殖质及少量嫩根为食，共 3 龄，老熟后在 20~30 cm 深土层中化蛹，蛹期 11 天。成虫羽化盛期在 8 月中下旬，当年羽化成虫大部分不出土即蛰伏越冬。

190.暗黑金龟甲

暗黑金龟甲 *Holotrichia parallela* Motschulsky，又名暗黑鳃金龟，属鞘翅目，金龟科。

【为害状况】 该虫成虫、幼虫食性杂。成虫取食榆、加杨、白杨、柳、槐、桑、柞、苹果、梨等植物的树叶，最喜食榆叶，其次为加杨。幼虫能为害多种植物的幼苗、种子、幼根、嫩茎，常咬断幼苗根茎，切口整齐，造成幼苗枯萎（图 1-190a、图 1-190b）；为害块根等地下多肉组织时，常引起腐烂；近年来为害草坪也日趋严重。

【识别特征】 ①成虫：体长 17~22 mm，宽 9~11.5 mm，椭圆形，黑色或黑褐色；体被淡蓝灰色粉状闪光薄层，腹部闪光更明显；背板前缘密生黄褐色毛；每鞘翅上有隆起带 4 条，刻点粗大，散生于带间；前足胫节外侧有 3 钝齿，内侧生 1 棘刺，后足胫节端部侧生 2 端距（图 1-190c、图 1-190d）。②卵：长椭圆形，乳白色。③幼虫：臀节腹面无刺毛列，钩状毛多；肛门口三射列状（图 1-190e）。④蛹：体蛋黄色或杏黄色，离蛹（图 1-190f）。

【生活习性】 1 年发生 1 代，绝大部分以幼虫越冬，但也有以成虫越冬的，其比例因地而异。在 6 月上中旬初见，第 1 次高峰在 6 月下旬至 7 月上旬，第 2 次高峰在 8 月中旬。第 1 次高峰持续时间长，虫量大，是形成田间幼虫的主要来源，第 2 次高峰的虫量较小。成虫出土的基本规律是一天多一天少，选择无风、温暖的傍晚出土，天明前入土。成虫有假死习性。

图 1-190a 暗黑金龟甲幼虫为害鸢尾状

图 1-190c 暗黑金龟甲成虫

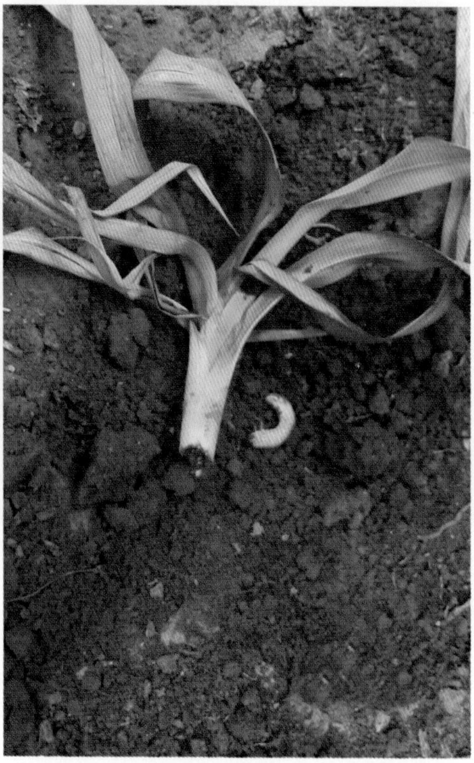

图 1-190b 暗黑金龟甲幼虫为害鸢尾状

图 1-190d 暗黑金龟甲成虫

幼虫活动主要受土壤温湿度制约，在卵和幼虫的低龄阶段，若土壤中水分含量较大则会淹死卵和幼虫。幼虫活动也受温度制约，幼虫常上下移动寻求适合地温。

【金龟甲类的防治措施】

(1)消灭成虫：

①金龟子一般都有假死性，可于早晚气温不太高时振落捕杀。

②夜出性金龟子大多数都有趋光性，可设置黑光灯诱杀。

③利用性激素诱捕金龟，如苹毛丽金龟、小云斑鳃金龟等效果均较明显，该领域有待于今后进一步研究应用。

④成虫发生盛期(应避开花期)可喷洒 5%甲维盐水分散粒剂 3000~5000 倍液、24%氰氟虫腙悬浮剂 600~800 倍液、10%溴氰虫酰胺可分散油悬乳剂 1500~2000 倍液、10.5%三氟甲吡醚乳油 3000~4000 倍液、20%甲维·茚虫威悬浮剂 2000 倍液等。

图 1-190e 暗黑金龟甲幼虫为害草坪状

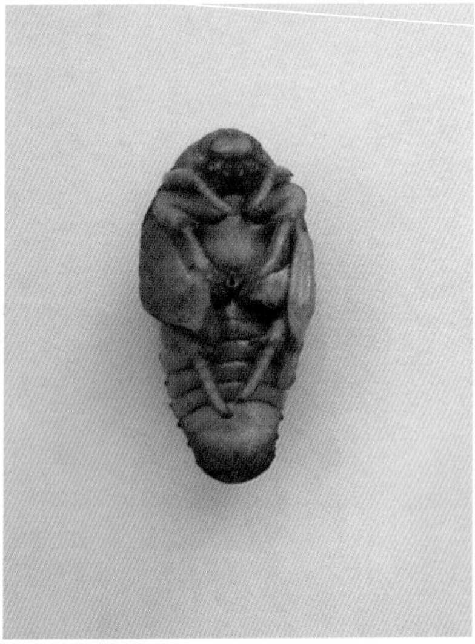
图 1-190f 暗黑金龟甲蛹

(2)除治蛴螬：

①加强苗圃管理：圃地勿用未腐熟的有机肥或将杀虫剂与堆肥混合施用；冬季翻耕，将越冬虫体翻至土表冻死。

②药剂防治：可用 50%辛硫磷颗粒剂 30~37.5 kg/hm^2 处理土壤或用 50%辛硫磷

1000~1500 倍液灌注苗木根际；也可每亩用 5%二嗪磷颗粒剂 2.0~3.0 kg 均匀撒布距苗木根部 15~20 cm 的范围内，然后浇水，杀虫效果好，或在上述距离的范围内开沟撒施，然后浇水覆土，效果更好。

③草坪蛴螬药剂防治：草坪修剪 2~3 天内，按照每亩施用 5%二嗪磷颗粒剂 2.2 kg 的量，将其均匀撒施草坪，然后浇水；若采用喷水方式，效果会更好。

④土壤含水量过大或被水久淹，蛴螬数量会下降，可于 11 月前后冬灌，或于 5 月上中旬生长期间适时浇灌大水，均可减轻为害。

三、金针虫类

金针虫是叩甲类幼虫的统称，属于鞘翅目，叩甲科，常见的有沟金针虫、细胸金针虫、褐纹金针虫等。

191.沟金针虫

沟金针虫 *Pleonomus canaliculatus* (Faldermann)，又名沟叩头虫、沟叩头甲、土蚰蜒、芨芨虫、钢丝虫、铁丝虫、姜虫、金齿耙，属鞘翅目，叩头甲科。

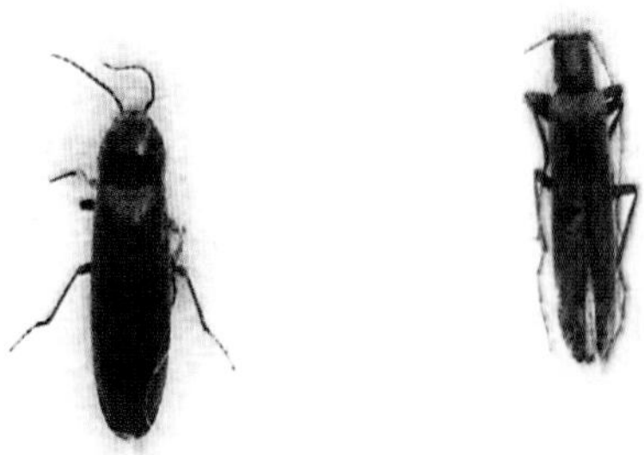

图 1-191a 沟金针虫的雌成虫(左)与雄成虫(右)

【为害状况】 该虫能为害多种园林植物。主要以幼虫在土中取食播种下的种子、萌出的幼芽、花苗的根部，致使植物枯萎致死，造成缺苗断垄，甚至全部毁种。

图 1-191b 沟金针虫幼虫

【识别特征】 ①成虫：体长 16~28 mm，深栗色。雌虫前胸背板呈半球形隆起。雄虫体形较细长，触角 12 节，丝状，长达鞘翅的末端(图 1-191a)。②卵：椭圆形，长径 0.7 mm，短径 0. 6 mm，乳白色。③幼虫：老龄时体长 20~30 mm，金黄色，体背有 1 条细纵沟，尾节深褐色，末端有 2 个分叉(图 1-191b)。④蛹：体长 15~20 mm，宽 3.5~4.5 mm。雄虫蛹略小，末端瘦削，有刺状突起。

【生活习性】 2~3 年发生 1 代，以幼虫和成虫在土中越冬。幼虫期长，老熟幼虫于 8 月下旬在 16~20 cm 深的土层内作土室化蛹，蛹期 12~20 天，成虫羽化后在原蛹室越冬。翌年春天开始活动，4~5 月为活动盛期。成虫在夜晚活动、交配，产卵于 3~7 cm 深的土层中，卵期 35 天。成虫具假死性。幼虫于 3 月下旬 10 cm 地温 5.7~6.7 ℃时开始活动，4 月是为害盛期。夏季温度高，沟金针虫垂直向土壤深层移动，秋季又重新上升为害。

192.细胸金针虫

细胸金针虫 *Agriotes subvittatus* Motschulsky，又名细胸叩头虫、细胸叩头甲、土蚰蜒，属鞘翅目，叩甲科。

【为害状况】 该虫为害多种植物植物。主要以幼虫在土中取食播种下的种子、萌出的幼芽、花苗的根部，致使植物枯萎致死，造成缺苗断垄，甚至全部毁种。

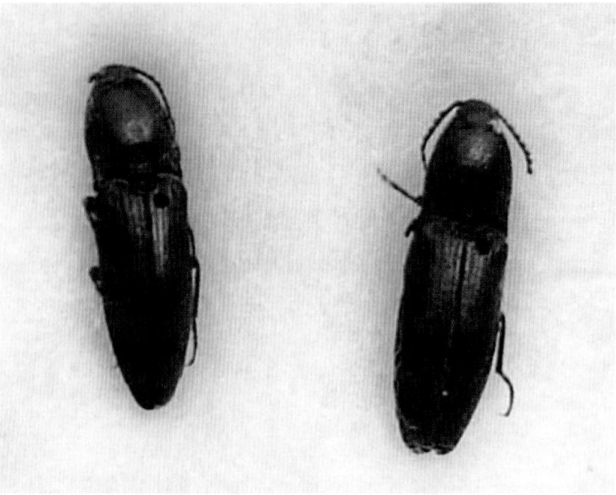
图 1–192 细胸金针虫成虫

【识别特征】 ①成虫：体长 8~9 mm，体扁细长；头、胸棕黑色；鞘翅棕红色，每个鞘翅有 9 行纵列刻点（图 1–192）。②卵：乳白色，近圆形。③幼虫：细长，老熟时体长约 23 mm，淡黄色；头扁平，口器深褐色；尾节圆锥形，背面有 4 条褐色纵纹，近前缘两侧各有 1 个褐色圆斑，末端为红褐色小突起。

【生活习性】 3 年发生 1 代，以成虫和幼虫在土中越冬。翌年 6 月成虫羽化，活动力强，7 月产卵于土表，卵经 10~20 天发育成幼虫，幼虫喜潮湿和酸性土壤。成虫对禾木科草类刚腐烂发酵时的气味有趋向性。

193.褐纹金针虫

褐纹金针虫 *Melanotus caudex* Lewis，又名褐纹叩头甲，属鞘翅目，叩甲科。

【为害状况】 该虫为害多种园林植物。成虫在地上取食嫩叶，幼虫为害幼芽、种子或咬断刚出土幼苗，有的钻蛀茎或种子，蛀成孔洞，致受害植株干枯死亡。

【识别特征】 ①成虫：体长约 9 mm，细长，黑褐色，有灰色短毛，每个鞘翅有 9 行纵列刻点（图 1–193）。②卵：长 0.5 mm，椭圆形至长卵形，白色至黄白色。③幼虫：末龄幼虫体长 25 mm，宽 1.7 mm，体圆筒形，细长，棕褐色具光泽。第 1 胸节、第 9 腹节红褐色。头梯形扁平，上生纵沟并具小刻点，体具微细刻点和细沟。第 1 胸节长，第 2 胸节至第 8 腹节各节的前缘两侧均具深褐色新月斑纹。尾节扁平且尖，尾节前缘具半月形斑 2 个，斑后具纵纹 4 条，后半部具皱纹且密生大刻点。幼虫共 7 龄。

【生活习性】 3 年发生 1 代，第 1、2 年以幼虫越冬，第 3 年以成虫在土中越冬。成虫于 5 月上旬出土，成虫终见期为 6 月中旬。幼虫 4 月下旬至 5 月下旬是为害盛期，6~8 月大部分老龄幼虫潜入 20 cm 以下土层，9 月上中旬幼虫又移到地面为害秋播花卉及其他植物。

图 1–193 褐纹金针虫成虫

【金针虫类防治措施】

（1）食物诱杀：利用金针虫喜食甘薯、土豆、萝卜等习性，在发生较多的地方，每隔一段挖一小坑，将上述食物切成细丝放入坑中,上面覆盖草屑,可以大量诱集,然后每日或隔日检查捕杀。

(2)翻耕土地:结合翻耕,检出成虫或幼虫。

(3)药物防治:用 50%辛硫磷乳油 1000 倍液喷浇苗间及根际附近的土壤;或每亩用 5%二嗪磷颗粒剂 2.0~3.0 kg 均匀撒布距苗木根部 15~20 cm 的范围内,然后浇水,杀虫效果好;也可在上述距离的范围内开沟撒施,然后浇水覆土,效果更好。

(4)毒饵诱杀:用豆饼碎渣、麦麸等 16 份,拌和 90%晶体敌百虫 1 份,制成毒饵,具体用量为 15~25 kg/hm^2。

四、蟋蟀类

蟋蟀类属于直翅目,蟋蟀科,以北京油葫芦较为常见。

194.北京油葫芦

北京油葫芦 *Teleogryllus emma* (Ohmachi et Matsumura),属直翅目,蟋蟀科。

【为害状况】 该虫的成虫和若虫均可为害,在它生活的地区,几乎所有园林植物都可被害,是重要的苗圃害虫。

【识别特征】 ①成虫:体长 18~24 mm,黑褐色,有光泽;头顶黑色,两颊黄色,背板有月牙纹 2 个;中胸腹版后缘内凹,前翅淡褐有光泽,后翅尖端纵折露出腹端很长,后足褐色强大;腹面黄褐色,产卵管甚长(图 1-194)。②卵:长筒形,光滑,两端微尖,乳白微黄色。

【生活习性】 1 年发生 1 代,以卵在土中越冬,翌年 4~5 月孵化为若虫,经 6 次脱皮,于 5 月下旬至 8 月陆续羽化为成虫,9~10 月进入交配产卵期,交尾后 2~6 日产卵,卵散产在杂草丛、田埂等处,深 2 cm,雌虫共产卵 34~114 粒,成虫和若虫昼间隐蔽,夜间活动,觅食、交尾。成虫有趋光性。成虫喜欢隐藏在薄草、阴凉处及疏松潮湿的浅土、土穴中,雌雄同居,部分昼夜发出鸣声,善跳、爱斗。

【蟋蟀类的防治措施】

(1)灯光诱杀成虫。

(2)毒饵诱杀:用敌敌畏、辛硫磷等拌炒过的米糠、麦麸或炒后捣碎的花生壳,或切碎的蔬菜叶,施于其洞口附近,或直接放在苗圃的株行间,诱杀成虫或若虫。用毒饵诱杀,最好在播种前或者苗木出土前进行,效果较好。

(3)药剂处理:白天寻找虫穴,拨开洞口封土,用 80%敌敌畏乳油 1000 倍液、5%甲维盐水分散粒剂 3000~5000 倍液灌入洞内,使其爬出或死于洞中;或每亩用 5%二嗪磷颗粒剂 2.0~3.0 kg 均匀撒布距苗木根

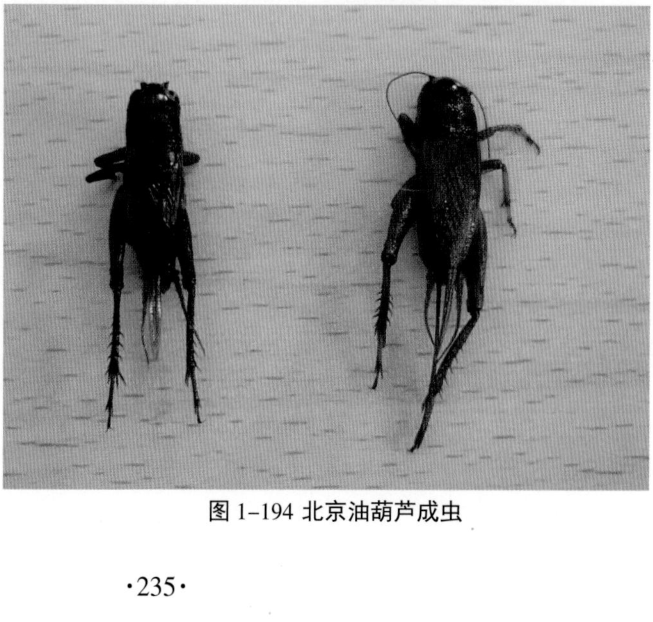

图 1-194 北京油葫芦成虫

部 15~20 cm 的范围内，然后浇水，杀虫效果好；也可在上述距离的范围内开沟撒施，然后浇水覆土，效果更好。

五、地老虎类

地老虎类属鳞翅目，夜蛾科，是一类重要的地下害虫，分布广，为害重。常见的种类有小地老虎、大地老虎、黄地老虎等，其中以小地老虎为害最重。

195.小地老虎

图 1-195a 小地老虎成虫

小地老虎 *Agrotis ipsilon* (Hufnagel)，又名土蚕、黑地蚕、切根虫，属鳞翅目，夜蛾科。

【为害状况】 该虫食性杂，幼虫为害各类园林植物的幼苗，从地面截断植株或咬食未出土幼苗，亦能咬食植物生长点，严重影响植株的正常生长。

【识别特征】 ①成虫：体长 18~24 mm，前翅暗褐色，肾状纹外有 1 尖长楔形斑，亚缘线上也有 2 个尖端向里的楔形斑；后翅灰白色，翅脉及边缘黑褐色，缘毛灰白色（图 1-195a、

图 1-195b 小地老虎成虫

图 1-195c 小地老虎成虫

图 1-195b、图 1-195c)。②卵:0.50~0.55 mm,半球形。③幼虫:老熟时体长 37~50 mm,灰褐色,各节背板上有 2 对毛片;臀板黄褐色,有深色纵线 2 条(图 1-195d、图 1-195e)。④蛹:长约 20 mm,赤褐色,有光泽,末端有刺 2 个。

图 1-195d 小地老虎幼虫

图 1-195e 小地老虎幼虫

【生活习性】 1 年发生 3 代,以蛹或老熟幼虫在土中越冬。5~6 月、8 月、9~10 月为幼虫为害期,10 月中下旬老熟幼虫在土中化蛹越冬,来不及化蛹的则以老熟幼虫越冬。成虫日伏夜出,飞翔力很强,对光和糖醋液以及枯萎桐树叶具有较强的趋性。幼虫共 6 龄,3 龄前多群集在杂草和花木幼苗上为害,3 龄后分散为害, 以黎明前露水多时为害最重,5 龄进入暴食期,为害性更大。生产上造成严重损失的是第 1 代幼虫。10 月开始越冬。

小地老虎成虫对黑光灯有强烈趋性,对糖、醋、蜜、酒等香、甜物质特别嗜好,故可设置糖醋液诱杀。成虫补充营养后 3~4 天交配产卵,卵散产于杂草或土块上。幼虫白天潜伏于杂草或幼苗根部附近的表土干、湿层之间,夜出咬断苗茎,尤以黎明前露水未干时更烈,把咬断的幼苗嫩茎拖入土穴内供食。当苗木木质化后,则改食嫩芽和叶片,也可把茎干端部咬断。如遇食料不足则迁移扩散为害,老熟后在土表 5~6 cm 深处做土室化蛹。

对小地老虎发生影响的主要是土壤湿度,以 15%~20%土壤含水量最为适宜,故在长江流域因雨量充沛,常年土壤湿度大,会发生严重。沙土地、重黏土地发生少,沙壤土、壤土、黏壤土发生多,圃地周围杂草多亦有利其发生。

196.大地老虎

大地老虎 *Agrotis tokionis* Butler,又名黑虫、地蚕、土蚕、切根虫、截虫,属鳞翅目,夜蛾科。

【为害状况】 该虫食性杂,常以幼虫将近地面的幼茎咬断,使整株死亡,造成缺苗断垄,严重的甚至毁种。

【识别特征】 ①成虫:体长 20~30 mm,翅展 42~52 mm,黄褐色;前翅暗褐色并有黑褐斑,内、外横线均为双条曲线,不甚明显(图 1-196)。②卵:半球形,高 1.5 mm。③幼虫:老熟幼虫体长 41~60 mm,黄褐色,表皮多皱;腹节背面毛片,前两个等于或略小于后者。

图 1-196 大地老虎成虫

④蛹：体长 23~24 mm，第 4~7 腹节基部密布刻点。

【生活习性】 1 年发生 1 代，以低龄幼虫在表土层或草丛根茎部越冬。翌年 3 月开始活动。成虫趋光性不强，交尾后第 2 天就能产卵，卵一般散产于土表或生长幼嫩的杂草茎叶上，4 龄以前的幼虫不入土蛰伏，常在草丛间啮食叶片，4 龄以后的幼虫伏于土表下，夜间出土为害，幼虫有滞育越夏习性。越冬后的幼虫食欲旺盛，是全年为害的最盛时期。老熟幼虫于 6 月在土下 3~5 cm 处筑土室滞育越夏，越夏期长达 3 个多月，到秋季羽化为成虫。越冬幼虫抵抗低温能力很强。

地老虎一般以地势高，地下水位低，土壤板结及碱性大的土壤发生轻；重黏土和沙土对其亦不利；地势低洼，地下水位高，土壤比较疏松的沙质壤土，易透水，排水快，适于地老虎的生存。

197.黄地老虎

黄地老虎 *Agrotis segetum* (Denis et Schiffermüller)，又名土蚕、地蚕、切根虫、截虫，属鳞翅目，夜蛾科。

【为害状况】 该虫为害多种园林植物的幼苗。幼虫多从地面上咬断幼苗，主茎硬化可爬到上部为害生长点。

【识别特征】 ①成虫：体长 14~19 mm，翅展 32~43 mm，黄褐色；前翅无楔形黑斑，肾形、环形及棒形斑均明显，各横线不明显（图 1-197a、图 1-197b）。②卵：半球形，卵壳表面有纵脊纹 16~20 条。③幼虫：黄褐色，老熟幼虫 33~43 mm，腹节背面毛片前后各 2 个，大小相似（图 1-197c）。④蛹：体长 15~20 mm，腹部 5~7 节刻点小而多。

【生活习性】 1 年发生 3~4 代，一般以 4~6 龄幼虫在 2~15 cm 深的土层中越冬，以 7~10 cm 最多。翌春 3 月上旬越冬幼虫开始活动，4 月上中旬在土中做室化蛹，蛹期 20~30 天。成虫昼伏夜出，具较强趋光性和趋化性。1 年中春秋两季为害，但春季为害重于秋季。本虫习性与小地老虎相似，幼虫以 3 龄以后为害最重。

图 1-197a 黄地老虎成虫

【地老虎类的防治措施】

（1）及时清除苗床及圃地杂草，减少虫源。

（2）诱杀成虫：在春季成虫羽化

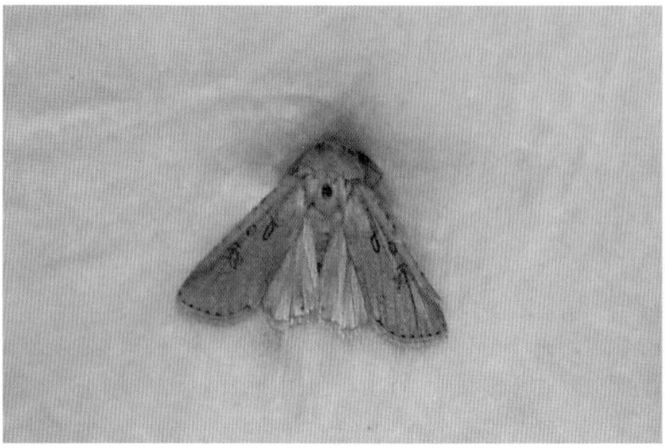

图 1-197b 黄地老虎成虫

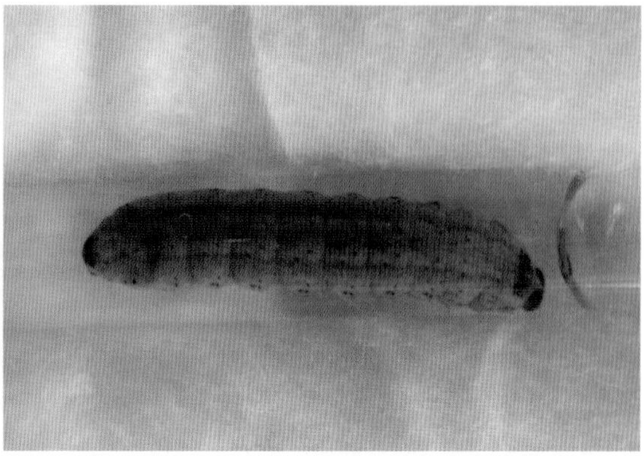

图 1-197c 黄地老虎幼虫

盛期,用糖醋液诱杀成虫。糖醋液配制比为糖 6 份、醋 3 份、白酒 1 份、水 10 份加适量吡虫啉等药物,盛于盆中,于近黄昏时放于苗圃地中。用黑光灯诱杀成虫。

(3)药杀幼虫:幼虫为害期,喷洒 75%辛硫磷乳油 1500 倍液,也可将此药液喷浇苗间及根际附近的土壤;或每亩用 5%二嗪磷颗粒剂 2.0~3.0 kg 均匀撒布距苗木根部 15~20 cm 的范围内,然后浇水,杀虫效果好,也可在上述距离的范围内开沟撒施,然后浇水覆土,效果更好。

(4)人工捕杀:清晨巡视苗圃,发现断苗时,刨土捕杀幼虫。

六、种蝇类

种蝇又名根蛆、地蛆,是指为害园林植物地下部分的花蝇科昆虫。常见的有灰地种蝇等。

198.灰地种蝇

灰地种蝇 *Delia platura* (Meigen),又名菜蛆、根蛆、地蛆,属双翅目,花蝇科。

【为害状况】 该虫以幼虫为害月季、蔷薇、玫瑰以及多种草本花卉的种子、幼根及嫩茎,轻者缺苗断垄,重者毁种重播。此外,盆花也常受到该虫的为害,造成植株枯萎,影响观赏价值,也有碍卫生。

【识别特征】 ①成虫:体长 4~6 mm,头部银灰色,体暗褐色,胸部背板有 3 条明显的黑色纵纹。翅透明。腹部背面有 1 条纵纹,各腹节间均有 1 条黑色横纹,全身有黑色刚

图 1-198 灰地种蝇幼虫

毛。②幼虫：成熟幼虫体长 7~10 mm，蛆状腹末端有 7 对肉质突起（图 1-198）。

【生活习性】 1 年发生 2~4 代，以蛹在土中越冬。翌年越冬幼虫开始活动取食，4 月羽化，成虫白天活动，有趋粪肥习性。卵多产在土壤中。初孵幼虫为害种子或幼根、嫩茎，以 4~5 月为害最严重，老熟后在土壤中化蛹。

【种蝇类防治措施】

（1）深施充分腐熟的有机肥，及时清除受害植株，集中处理。

（2）成虫发生期，用糖醋液诱杀。

（3）药剂防治：①成虫羽化盛期防治：喷施 80%敌敌畏乳油 1000 倍液、5%锐劲特胶悬剂 2500 倍液、10%虫螨腈悬浮剂 1500 倍液、20%氰戊菊酯乳油 2000 倍液防治成虫。②幼虫期防治：可用 90%晶体敌百虫 1000 倍液、50%辛硫磷乳油 1500 倍液灌根；或撒施 5%二嗪磷颗粒剂，具体为：每亩用 2.0~3.0 kg 均匀撒布距苗木根部 15~20 cm 的范围内，然后浇水，杀虫效果好，也可在上述距离的范围内开沟撒施，然后浇水覆土，效果更好。

第二章 园林植物常见病害

第一节 真菌病害

一、白粉病类

白粉病是园林植物上发生极为普遍的一类病害，一般多发生在寄主植物生长的中后期，可侵害叶片、嫩枝、花器、花柄与新梢。在叶片上初为褪绿斑，后生出白色菌丝层，并产生白粉状分生孢子，在生长季节可进行多次再侵染。严重时可抑制寄主植物生长，使叶面不平整，甚至卷曲，萎蔫苍白。白粉病能够降低园林植物的观赏价值，严重者可导致枝叶干枯，甚至可造成全株死亡。

1.荷兰菊白粉病

【症状】 该病主要为害叶片、嫩梢和嫩茎。叶片发病初期，正面出现薄薄的白色粉层，即病原菌的菌丝体和分生孢子梗，叶片背面症状类似。发病后期，白色粉层中生出许多黑色小点，即病原菌的有性世代子囊壳。嫩梢、嫩茎受害后亦产生类似症状(图 2-1)。

图 2-1　荷兰菊白粉病

【病原】 有性阶段为子囊菌亚门，菊科白粉菌 *Erysiphe cichoracearum* DC.；无性阶段为半知菌亚门，粉孢属 *Oidium chrysantheni* Rabenh。

【发病规律】 病菌以子囊壳在受害植株病残体上越冬，翌年春末夏初产生子囊孢子，借气流传播，进行初侵染，自气孔、皮孔侵入。生长季节产生分生孢子进行多次再侵染，6 月中旬至 10 月上旬都可引起发病。子囊壳形成较迟，一般 9 月下旬、10 月上旬可见。干旱年份发病较为严重。

图 2-2a 凤仙花白粉病

图 2-2b 凤仙花白粉病

图 2-2c 凤仙花白粉病后期的小黑点

2.凤仙花白粉病

【症状】 该病主要发生在叶片和嫩梢上，始发时病斑较小、白色、较淡，大都发生在叶片的正面，背面很少有；之后白色粉层逐渐增厚，病斑扩大，覆盖局部甚至整个叶片或植株，影响光合作用。初秋，白色粉层中部变淡黄褐色，并形成黄色小圆点，后逐渐变深而呈黑褐色。叶面出现零星的不定形白色霉斑，随着霉斑的增多和向四周扩展相互连合成片，最终导致整个叶面布满白色至灰白色的粉状薄霉层，仿佛叶面被撒上一薄层面粉。粉霉斑相对应的叶背面，可见到初呈黄色后变为黄褐色至褐色的枯斑。发病早且严重的叶片，扭曲畸形、枯黄(图 2-2a、图 2-2b)，发病后期，叶面上会见到大量小黑点(图 2-2c)，为病菌的闭囊壳。

【病原】 有性阶段为子囊菌亚门，凤仙花单囊壳菌 *Sphaerotheca balsamina* (Wallr.) Kari；无性阶段为半知菌亚门，粉孢属 *Oidium balsamii* Mont.。

【发病规律】 病菌以闭囊壳越冬，病菌(分生孢子)借风雨传播。高温高湿、通风透光不良、偏施氮肥时发病重。

3.菊芋白粉病

【症状】该病受害植株叶片正面生出小型不规则的白色粉霉斑，与之相对应的叶背面失绿变为黄色。白色粉层逐渐扩展，可扩至整个叶面。后期叶片严重受害逐渐枯萎皱缩，入秋后白粉层中生出黑色小粒点，即为病原菌的子囊壳。叶正面白粉层比叶背面为多（图 2–3a、图 2–3b、图 2–3c、）。最终导致病株叶片枯萎皱缩，花期较晚，花冠较小。

【病原】子囊菌亚门，单囊白粉菌 *Sphaerotheca fuliginea* (Schlecht) Poll.。

【发病规律】病菌以子囊壳在病落叶中越冬。翌春菊芋放叶时，释放子囊孢子，借气流传播，附着在叶片上，萌发进行初侵染，在生长季节菌丝体不断蔓延生出分生孢子，扩大病情。春季温暖干旱、夏季凉爽、秋季晴朗，以及阴暗郁闭时，有利于病害的发生和流行。一般秋季病情扩展较快。高温或连续降雨均可抑制病害的发生。植株下部叶片较上部叶片受害重。

图 2–3a 菊芋白粉病

图 2–3b 菊芋白粉病

图 2–3c 菊芋白粉病

4.金盏菊白粉病

【症状】叶和茎均可受害，发病初期，叶片上有白色粉状的圆斑，发生严重时叶面像是铺上一层面粉，叶片两面均有白色粉霉层，引起叶片变形，扭曲卷曲、黄化枯死，新梢生长停滞甚至矮化，发育不良。茎同样为白色粉状，被害茎秆不久枯死（图 2–4a、图 2–4b）。

【病原】子囊菌亚门，二孢白粉菌属 *Erysipela cichoracearum* DC.和 *Erysipela polygoni* DC.。

图 2-4a 金盏菊白粉病

图 2-4b 金盏菊白粉病

【发病规律】 病菌以闭囊壳或菌丝体在被害叶、茎的病组织中越冬。翌年春季，温度回升，条件适宜时放射子囊孢子，完成初侵染。再侵染主要是分生孢子通过气流传播，其次是雨水的溅散。条件适宜时潜育期缩短，可以产生大量的分生孢子进行频繁的再侵染，在温度 20~24 ℃时发病严重。

5.金鸡菊白粉病

【症状】 该病主要发生在叶片及嫩梢上，被害叶片呈现大小不一的黄色病斑，病叶皱缩扭曲，叶面逐渐布满白色粉层。5~6 月开始发病，8~9 月发生严重时，在白色的粉层中形成黄白色小圆点，后逐渐形成黑褐色，即病菌的闭囊壳。发病处一般在叶面较多，叶背少，严重时导致叶片枯萎脱落（图 2-5a、图 2-5b、图 2-5c）。

【病原】 子囊菌亚门，菊科白粉菌 *Erysiphe cichoracearum* DC.。

【发病规律】 病菌以闭囊壳在病残体上越冬。翌春天气转暖，条件适宜时，释放子囊孢子进行初侵染，以后产生分生孢子进行再侵染，借风雨传播。此病发生期长，5~9 月均可发生，以 8~9 月发生较为严重。

图 2-5a 金鸡菊白粉病

图 2-5b 金鸡菊白粉病

图 2-5c 金鸡菊白粉病

6.百日菊白粉病

【症状】 该病主要为害叶片,以成熟叶片发病为主。发病初期,感病叶片表面出现零星的白色粉霉斑。随着病害的发展,叶面布满灰白色的粉状物,秋季在白粉中散生小黑点,为病原菌的闭囊壳。发病后期,病叶枯黄,皱缩枯死(图 2-6a、图 2-6b、图 2-6c)。

【病原】 子囊菌亚门,单囊白粉菌 *Sphaerotheca fuliginea* (Schlecht) Poll.和壳二孢白粉菌 *Erysipela cichoracearum* DC.。

【发病规律】 病菌以菌丝体及闭囊壳在病株残体上越冬。翌年温度适合时,产生分生孢子及子囊孢子,孢子借风雨传播,开始侵染。该病在 5~10 月均可发生,但以温度高、湿度大的 8、9 月份发病最为严重。

图 2-6a 百日菊白粉病

图 2-6b 百日菊白粉病

图 2-6c 百日菊白粉病

7.波斯菊白粉病

图 2-7a 波斯菊白粉病

【症状】 该病为害叶片、嫩茎、花芽及花蕾,使发病部位具有大量灰白色粉状霉斑。被害植株生长发育受阻,叶片扭曲,不能开花或花变畸形。随着病害的发展,叶面布满灰白色的粉状物,秋季在白粉中散生小黑点,为病原菌的闭囊壳。病害严重时,叶片干枯,植株死亡(图 2-7a、图 2-7b、图 2-7c)。

【病原】 子囊菌亚门,蓼白粉菌 *Erysiphe polygoni* DC.,无性阶段为白粉孢菌 *Oidium erysiphoides* Fr.。

【发病规律】 病菌以菌丝体在寄主的病芽、病枝上越冬。翌年产生大量分生孢子,萌发后侵入寄主吸收营养。孢子借风雨向周围飞散传播,蔓延为害。偏施氮肥、阴暗郁闭,植株生长柔嫩时,发病重。

图 2-7b 波斯菊白粉病

图 2-7c 波斯菊白粉病

8.草坪禾草白粉病

【症状】 该病主要侵染叶片和叶鞘,也为害茎杆和穗。受害叶片开始出现 1~2 mm 大小的病斑,以正面较多,以后逐渐扩大呈近圆形、椭圆形绒絮状霉斑,初为白色,后变灰白色至灰褐色,后期病斑上有黑色的小粒点。随着病情的发展,叶片变黄,早枯死亡。草坪呈灰色,像是被撒了一层面粉(图 2-8a、图 2-8b、图 2-8c)。

【病原】 子囊菌亚门,禾白粉菌 *Erysiphe graminis* DC. ex Merat。

【发病规律】 病菌主要以菌丝体或闭囊壳在病株体内越冬,也能以闭囊壳在病残体中越冬。翌春越冬菌丝体产生分生孢子,越冬的子囊孢子也释放、萌发,通过气流传播。环境温湿度与白粉病发生程度有密切关系,15~20 ℃为发病适温,25 ℃以上时病害发展受抑制。空

图 2-8a 草坪禾草白粉病

图 2-8b 草坪禾草白粉病

气相对湿度较高有利于分生孢子萌发和侵入，但雨水太多又不利于其生成和传播。常年春季降雨较少，因而春季降雨量较多且分布均匀时，有利于白粉病的发生。水肥管理不当、荫蔽、通风不良等都是诱发病害发生的重要因素。

图 2-8c 草坪禾草白粉病

9.黄栌白粉病

【症状】 该病主要为害叶片，也为害嫩枝。叶片被害后，初期在叶面上出现白色粉点，后逐渐扩大为近圆形白色粉霉斑，严重时霉斑相连成片，叶正面布满白粉（图 2-9a）。发病后期白粉层上陆续生出先变黄，后变黄褐，最后变为黑褐色的颗粒状子实体（闭囊壳）（图 2-9b）。秋季叶片焦枯，不但影响树木生长，而且受害叶片秋天不能变红，影响观赏红叶。该病为害美国红栌也较为严重（图2-9c、图 2-9d、图 2-9e）。

图 2-9a 黄栌白粉病

图 2-9b 黄栌白粉病

图 2-9c 美国红栌白粉病

图 2-9d 美国红栌白粉病

图 2-9e 美国红栌白粉病

【病原】 子囊菌亚门，漆树钩丝壳菌 *Uncinula vernieiferae* P. Henn.

【发病规律】 病菌以闭囊壳在落叶上或附着在枝干上越冬，也有以菌丝在枝条上越冬。翌年 5~6 月，当气温达 20 ℃，雨后湿度较大时，闭囊壳开裂，释放出子囊孢子，子囊孢子借风吹、雨溅等方式传播。子囊孢子萌发的最适温度为 25~30 ℃，孢子萌发后，菌丝在叶表生长，以吸器插入寄主表皮细胞吸取营养，菌丝上不断生出分生孢子梗和分生孢子，借风、雨、虫等传播，多次进行再侵染。条件适宜时，引起病害大发生，7~8 月为发病盛期。阴暗郁闭、多雨潮湿、通风透光较差时，病害发生严重。

10.月季白粉病

【症状】 该病主要为害新叶和嫩梢，也为害叶柄、花柄、花托、花萼等。被害部位表面长出一层白色粉状物（即分生孢子），同时枝梢弯曲，叶片皱缩畸形或卷曲，上、下两面布满白色粉层，渐渐加厚，呈薄毡状（图 2-10a、图 2-10b）。发病叶片加厚，为紫绿色，逐渐干枯死亡。老叶较抗病。发病严重时叶片萎缩干枯，花少而小，严重影响植株生长、开花和观赏。花蕾受害后被满白粉层，逐渐萎缩干枯（图 2-10c）。受害轻的花蕾开出的花朵畸形。

幼芽受害不能适时展开，比正常的芽展开晚且生长迟缓。该病菌为害蔷薇也较严重（图2-10d、图 2-10e）。

【病原】 有性阶段为子囊菌亚门，蔷薇单囊壳 *Sphaerotheca rosae* (Jacz.) Z. Y. Zhao 和毡毛单囊壳 *Sphaerotheca pannosa* (Wallr. Ex Pr.) Lev.；无性阶段为半知菌亚门，粉孢属 *Oidium* sp.。

【发病规律】 病菌主要以菌丝在寄主植物的病枝、病芽及病落叶上越冬，闭囊壳也可以越冬，一般较少。翌春病菌随病芽萌发产生分生孢子，可进行多次再侵染。病菌生长适温为 18~25 ℃。分生孢子借风力大量传播、侵染，在适宜条件下只需几天的潜育期。1 年当中 5~6 月及 9~10 月发病严重。月季品种间抗病性有差异。偏施氮肥、栽植过密、光照不足、通风不良等都会加重该病的发生。

图 2-10a 月季白粉病

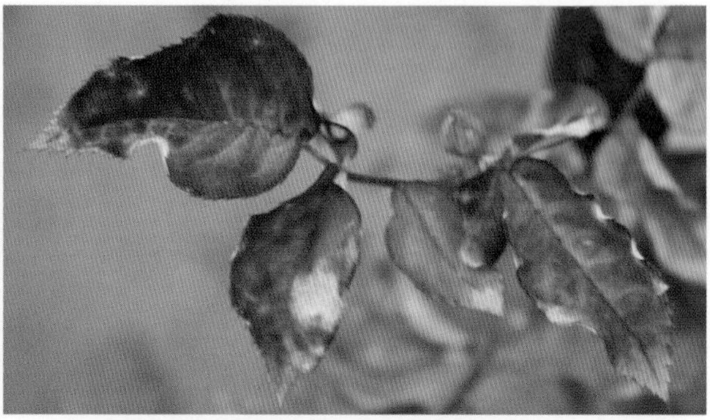

图 2-10b 月季白粉病

图 2-10c 月季白粉病

图 2-10d 蔷薇白粉病

图 2-10e 蔷薇白粉病

图 2-11a 紫薇白粉病

11.紫薇白粉病

【症状】 该病主要为害紫薇的叶片,嫩叶比老叶易感病,嫩梢和花蕾也能受害(图2-11a、图 2-11b、图 2-11c)。叶片展开即可受到侵染，发病初期叶片上出现白色小粉斑，后扩大为圆形并连接成片,有时白粉覆盖整个叶片。叶片扭曲变形,枯黄脱落。发病后期白粉层上出现由白而黄，最后变为黑色的小粒点——闭囊壳。

【病原】 子囊菌亚门,南方小钩丝壳菌 *Uncinuliella australiana* (McAlp.) Zheng et Chen 和紫薇白粉菌 *Erysiphe lagerstrormiae* West。

【发病规律】 病菌以菌丝体在病芽或以闭囊壳在病落叶上越冬。分生孢子由气流传播,生长季节多次再侵染。该病害主要发生在春、秋两季,其中以秋季发病较为严重。

图 2-11b 紫薇白粉病

图 2-11c 紫薇白粉病

12.刺槐白粉病

【症状】 该病的被害叶片上初期散生点状白粉斑,后白粉层逐渐增多并扩大连片,甚至布满整个叶面,这些白粉层即病原菌的菌丝体和分生孢子。发病后期,白粉层中出现黄褐色至黑褐色小粒点,即病原菌的子囊壳,严重时叶片早落。叶片的正面和背面都生有白粉层和子囊壳,降低光合作用,妨碍生长(图 2-12a、图2-12b、图 2-12c)。

图 2-12a 刺槐白粉病

【病原】 子囊菌亚门，叉丝白粉菌 *Microsphaera subtrichotoma* 和 *Microsphaera palczewskii*。

【发病规律】 病原菌以子囊壳在病落叶上越冬，翌年 4~5 月产生子囊孢子，经气流传播枝叶面上，萌发后自气孔侵入，进行初侵染。生长季节产生分生孢子，多次再侵染，病斑逐渐扩展。干旱的年份，有大树遮阴、光照不良的环境发病重。

图 2-12b 刺槐白粉病

图 2-12c 刺槐白粉病

13.栎类白粉病

【症状】 该病在苗木、大树均可为害。受害株的叶片上生出不规则状白色粉斑，后期白粉斑中生有许多小黑点，即为病原菌的子囊壳（图 2-13a、图 2-13b、图 2-13c、图 2-13d、图 2-13e）。

【病原】 有性阶段为子囊菌亚门，*Microsphaera* sp.、*Cystotheca* sp.、*Erysiphe* sp.、*Phyllactinia* sp.、*Typhulochaeta* sp.、*Uncinnla* sp.等，无性阶段为半知菌亚门，粉孢属 *Oidium* sp.。

【发病规律】 病原菌以子囊壳或菌丝体在病落叶上越冬。翌春放叶时释放子囊孢子，进行初次侵染，在生长期内产生分生孢子进行多次再侵染。白粉菌较耐旱，对湿度的适应范围较广。菌丝体发育的最适温度为 20 ℃。

图 2-13a 栎类白粉病

图 2-13b 栎类白粉病

图 2-13c 栎类白粉病

图 2-13d 栎类白粉病

图 2-13e 栎类白粉病

14.枸杞白粉病

【症状】 该病主要为害枸杞叶片和嫩梢。叶片被害时,叶两面发生近圆形白粉状霉斑,后渐扩大至整个叶片被白粉覆盖,使叶片皱缩。叶柄、嫩梢被害时,亦生白色霉层,严重时新叶卷缩不能伸展。9 月下旬后白粉层中生出许多褐色至黑褐色小颗点,即为病原菌的子囊壳(图 2-14a、图 2-14b、图 2-14c)。

【病原】 有性阶段为子囊菌亚门，节丝壳属 *Arthrocladiella mougeofii* var. *mougeofii* 与 *A. mougeofii* var. *polysporae*;无性阶段为半知菌亚门,粉孢属 *Oidium* sp.。

图 2-14a 枸杞白粉病

【发病规律】 病菌以子囊壳随病残体在地面越冬，翌年放射出子囊孢子进行初侵染。发病后病部产生分生孢子,通过风雨传播,多次进行再侵染。在温湿度适宜的条件下,分生孢子萌发产生侵染丝直接自寄生表皮细胞侵入,并在表皮细胞里生出吸器吸收营养;菌丝体则以附着器匍匐于寄主表面,不断扩展蔓延。阴暗郁闭、通风透光不良时,发病重。

图 2-14b 枸杞白粉病

图 2-14c 枸杞白粉病

15.大叶黄杨白粉病

【症状】 该病主要为害叶片、嫩梢,白色粉霉斑以叶片正面居多，也有生长在叶片背面的。单个病斑圆形，病斑扩大相互愈合之后不规则。将表生的白色粉状菌丝和孢子层拭去时，原发病部位呈现黄色圆形斑。有时病叶发生皱缩、扭曲畸形(图 2-15a、图 2-15b、图 2-15c)。该病菌为害北海道黄杨也较严重(图 2-15d)。

【病原】 半知菌亚门,粉孢霉属 *Oidium euonymi-japonicae* (Arc.) Sacc.。

【发病规律】 病菌以菌丝在病残体上越冬。翌春生长季节病菌产生大量的分生孢子,传播侵染。夏季高温不利于病害发展,至秋凉后,病菌再产生大量孢子侵染为害。修剪不及时,植株枝叶过密时发病重。

图 2-15a 大叶黄杨白粉病

图 2-15b 大叶黄杨白粉病

图 2-15c 大叶黄杨白粉病

图 2-15d 北海道黄杨白粉病

16.石楠白粉病

【症状】 该病主要侵染叶片、嫩梢、嫩茎、花器等部位。发病初期叶片上产生褪绿斑点并逐渐扩大,初期为黄绿色不规则形小斑,边缘不明显,之后病斑不断扩大,表面生出白粉斑,呈污白色或淡灰白色,边缘不清晰。叶片正反两面布满圆形或近圆形白色粉斑,最后病斑逐渐扩大并相连成片,严重时白粉可布满叶片、嫩梢、花芽、花蕾。病芽生出的嫩梢全部感病,感病叶片和嫩梢皱缩反卷,变小变厚,扭曲畸形,甚至干枯脱落(图2-16a、图 2-16b、图 2-16c)。连年感病的植株长势衰弱,严重降低其生长势。该病为害红叶石楠也较为严重(图 2-16d)。

图 2-16a 石楠白粉病

【病原】 半知菌亚门,粉孢霉 *Oidium* sp.。

【发病规律】 病菌以菌丝体在病株和病残体上越冬。翌春气温回升时,病原菌产生分生孢子,借风雨传播,形成初侵染源。当气温在 20~25 ℃,湿度较大时,侵入寄主体内,引起发病。浇水过多,通风透光不良,病害容易迅速侵染和蔓延。该病主要发生在春秋两季,栽植于树荫下的植株发病重,全光照下的植株发病轻;栽植密度大、通

图 2-16b 石楠白粉病

风条件差的植株发病重；夏季空气湿度大有利于发病；氮肥使用过多容易引起病害发生；温暖干燥有利于分生孢子的传播；连续下雨不利于白粉病的发生；嫩叶比老叶易感病。

图 2-16c 石楠白粉病

图 2-16d 红叶石楠白粉病

17.牡丹白粉病

【症状】 株丛中荫蔽处的枝叶、叶柄首先发病，外部不易发现，待发现时已很严重。叶面常覆满一层白粉状物，后期叶片两面及叶柄、茎秆上都生有污白色霉斑。后期在粉层中散生许多黑色小粒点，即病原菌闭囊壳（图 2-17a、图 2-17b、图2-17c、图 2-17d）。

【病原】 子囊菌亚门，芍药单囊壳 *Sphaerotheca paeoniae* Z. Y. Zhao。

【发病规律】 病菌以菌丝体在病芽上越冬。翌春病芽萌动，病菌随之侵染叶片和新梢。露地、保护地均有栽培的地区，分生孢子能终年不断地繁殖，病原积累多，发病重。露地栽植时，以 5~6 月和 9~10 月发病较重。栽植过密或偏施、过施氮肥，通风不良或光照不足时，容易发病。

图 2-17a 牡丹白粉病

图 2-17b 牡丹白粉病

图 2-17c 牡丹白粉病

图 2-17d 牡丹白粉病

图 2-18a 葡萄白粉病

18.葡萄白粉病

【症状】 该病主要为害叶片、枝梢及果实等部位，以幼嫩组织受害最重。展叶期叶片正面产生大小不等的不规则形黄色或褪绿色小斑块，病斑正反面均可见一层白色粉状物，粉斑下叶表面呈褐色花斑，严重时全叶枯焦(图 2-18a、图 2-18b、图 2-18c)。新梢、果梗及穗轴初期表面产生不规则灰白色粉斑，后期粉斑下面形成雪花状或不规则的褐斑，可使穗轴、果梗变脆，枝梢生长受阻。幼果先出现褐绿斑块，果面出现星芒状花纹，其上覆盖一层白粉状物；病果停止生长，有时变成畸形，果肉味酸；开始着色后果实在多雨时易感病，病处裂开，后腐烂。

【病原】 子囊菌亚门，葡萄钩丝壳菌 *Uncinula*

图 2-18b 葡萄白粉病

图 2-18c 葡萄白粉病

necator (Schw.) Burr。

【发病规律】 病菌以菌丝体在受害组织或芽鳞内越冬，翌春产生分生孢子，借风雨传播，生长季节可进行多次再侵染。夏季干旱、温暖潮湿、天气闷热等外界条件，有利于白粉病的大发生。一般6月开始发病，7月中下旬至8月上旬为发病高峰期，9~10月停止发病。

19.金银木白粉病

【症状】 该病主要为害叶片，有时也为害茎和花。叶上病斑初为白色小点，后扩展为白色粉状斑，后期整片叶布满白粉层，严重时叶发黄变形甚至落叶；茎上病斑褐色，不规则形，上生有白粉；花扭曲，严重时脱落(图2-19)。

【病原】 子囊菌亚门，忍冬叉丝壳 *Microsphaera lonicerae* (Dc.) Wint. in Rabenh.。

【发病规律】 病菌以子囊壳在病残体上越冬。翌年子囊壳释放子囊孢子进行初侵染，发病后病部又产生分生孢子进行再侵染。温暖干燥或株间荫蔽条件下易发病。施用氮肥过多，干湿交替时发病重。

图2-19 金银木白粉病

20.紫叶小檗白粉病

【症状】 该病主要为害叶片、嫩梢。发病初期，先在受害叶表面产生白粉小圆斑，后逐渐扩大。在嫩叶上，病斑扩展几乎无限，甚至布满整个叶片，严重时还会导致叶片皱缩、纵卷，新梢扭曲、萎缩。在老叶上，病斑发展成有限的近圆形的病斑，白粉层呈白色至灰白色，病斑最后变成黄褐色(图2-20a、图2-20b)。

【病原】 半知菌亚门，粉孢霉 *Oidium* sp.。

【发病规律】 病菌一般以菌丝体在病组织越冬，病叶、

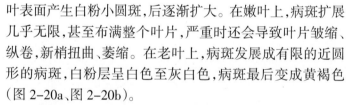

图2-20b 紫叶小檗白粉病

图2-20a 紫叶小檗白粉病

病梢为翌春的初侵染源。病菌分生孢子萌发温度范围是 5~30 ℃,最适温度为 20 ℃。发病高峰期出现于 4~5 月和 9~11 月。降雨频繁、栽植过密、光照不足、通风不良、低洼潮湿等均可加重病害的发生。温湿度适合时,可常年发病。

21.海棠白粉病

【症状】 幼芽、新梢、嫩叶、花、幼果均可受害。受害芽干瘪尖瘦;病梢节间缩短,发出的叶片细长,质脆而硬;受害嫩叶背面及正面布满白粉。花器受害,花萼洼或梗洼处产生白色粉斑,果实长大后形成锈斑(图 2-21a、图2-21b、图 2-21c)。

【病原】 有性阶段为子囊菌亚门,白叉丝单囊壳 *Podosphaera leucotricha* (EII. et Ev.) Salm.;无性阶段为半知菌亚门,粉孢属 *Oidium* sp.。

【发病规律】 病菌以菌丝在冬芽的鳞片间、鳞片内越冬。春季冬芽萌发时,越冬菌丝产生分生孢子经气流传播侵染。4~9 月均可发病,其中 4~5 月为发生盛期。6~8 月发病缓慢或停滞。待秋梢发出,组织幼嫩时,又开始第 2 次发病高峰。春季温暖干旱,有利于病害流行。

图 2-21a 海棠白粉病

图 2-21b 海棠白粉病

图 2-21c 海棠白粉病

22.三叶草白粉病

【症状】 症状初期叶两面出现局部由病原菌的菌丝体和分生孢子构成的白色粉斑(图 2-22a、图 2-22b、图 2-22c),后迅速覆盖叶片的大部或全部。病害流行时,整个草地如同喷过白粉。严重时,可使叶片变黄或枯落,种子不实或瘪劣。后期白色病斑上产生许多黑褐色小黑点,即病原菌的闭囊壳。

【病原】 子囊菌亚门,豌豆白粉菌 *Erysiphe pisi* DC.,异名蓼白粉菌(*E. polygoin* DC.)。

【发病规律】 病原菌主要以休眠菌丝在寄主体内越冬。在大多数三叶草种植区，分生孢子阶段（*Oidium* sp.）是主要致病体。分生孢子借风传播，生长季节可进行多次的再侵染，造成病害流行。潮湿且白天热夜间凉爽以及多风等条件，利于此病的流行。多雨或过于潮湿则不利于病害的发生。过量施氮肥或磷肥，会加重病害的发生。增施钾肥可抑制菌丝的生长，使病情减轻。

属于该类病害的种类还有荷包牡丹白粉病（图 2-22d、图 2-22e）、红叶甜菜白粉病（图 2-22f、图 2-22g）、丁香白粉病（图 2-22h）、玫瑰白粉病（图 2-22i、图 2-22j）、悬铃木白粉病（图 2-22k、图 2-22l、图 2-22m）、杨树白粉病（图 2-22n、图 2-22o）、核桃白粉病（图2-22p、图 2-22q）、枫杨白粉病（图 2-22r）、紫玉兰白粉病（图 2-22s、图 2-22t）、接骨木白粉病（图 2-22u、图 2-22v）。

【白粉病类的防治措施】

（1）消灭越冬病菌，秋冬季节结合修剪，剪除病弱枝。同时，彻底清除枯枝落叶，并集中烧毁，减少初侵染来源。

（2）休眠期喷洒3~5 波美度的石硫合剂，消灭病芽中的越冬菌丝或病部的闭囊壳。

（3）加强栽培管理，改善环境条件。栽植密度不要过大；增施磷钾肥，合理施用氮肥；灌水最好在晴天的上午进行。

（4）化学防治：发病初期喷施 30%吡唑醚菌酯悬浮剂 1000~2000 倍液、50%啶酰菌胺水分散粒剂 1500~2000 倍液、32.5%苯甲·嘧菌酯悬浮剂 1500~2000 倍液、60%唑醚·代森联水分散粒剂 1000~2000 倍液。

（5）生物制剂：近年来生物农药发展较快，BO-10（150~200 倍液）、抗霉菌素 120 对白粉病也有良好的防效。

图 2-22a 三叶草白粉病

图 2-22b 三叶草白粉病

图 2-22c 三叶草白粉病

图 2-22d 荷包牡丹白粉病

图 2-22e 荷包牡丹白粉病

图 2-22f 红叶甜菜白粉病

图 2-22h 丁香白粉病

图 2-22g 红叶甜菜白粉病

图 2-22i 玫瑰白粉病

图 2-22j 玫瑰白粉病

图 2-22k 悬铃木白粉病

图 2-22l 悬铃木白粉病

图 2-22m 悬铃木白粉病

图 2-22n 杨树白粉病

图 2-22o　杨树白粉病

图 2-22p　核桃白粉病

图 2-22q　核桃白粉病

图 2-22r 枫杨白粉病

图 2-22s 紫玉兰白粉病

图 2-22t 紫玉兰白粉病

图 2-22u 接骨木白粉病

(6)种植抗病品种:选用抗病品种是防治白粉病的重要措施之一。

二、锈病类

锈病是由担子菌亚门、冬孢菌纲、锈菌目的真菌所引起,主要为害园林植物的叶片,引起叶枯及早期早落,严重影响生长与观赏。该类病害因在病部产生大量锈状物而得名。锈病多发生于温暖湿润的春秋季,灌溉方式不适宜、叶面凝结雾露以及多风雨的条件下,最有利于发生和流行。

图 2-22v 接骨木白粉病

23.玫瑰锈病

【症状】 植株地上部均可受害,以叶、芽受害最重。春季新芽上布满鲜黄色的粉状物,叶背出现稍隆起的黄色斑点状的锈孢子器,成熟后散出橘红色粉末。随着病情发展,叶背面出现黄色粉堆——夏孢子堆和夏孢子(图 2-23);秋末叶背出现黑褐色粉状物,即冬孢子堆和冬孢子。受害叶片早期脱落,影响生长和开花。

【病原】 为害玫瑰的病菌种类较多,常见的主要有 3 个种,属担子菌亚门,冬孢菌纲,锈菌目,多孢锈属 *Phrangmidium*,即玫瑰多胞锈菌 *Phrangmidium rosae-rugprugosae* Kasai、

短尖多胞锈菌 *Phrnagmidium mucronatum* (Pers.) Schlecht. 和蔷薇多胞锈菌 *Phrangmidium rosae-multiforae* Diet.。

【发病规律】 病菌以菌丝体在芽内或以冬孢子在发病部位及枯枝落叶上越冬。该病为单主寄生。翌年玫瑰新芽萌发时,冬孢子萌发产生担孢子,侵入植株幼嫩组织,4 月下旬出现明显的病芽,在嫩芽、幼叶上呈现出橙黄色粉状物,即锈孢子。5 月玫瑰花含苞待放时开始在叶背出现夏孢子,借风、雨、虫等传播,进行第 1 次再侵染。条件适宜时叶背不断产生大量夏孢子,进行多次再侵染,造成病害流行。发病适温在 15~26 ℃,6~7 月和 9 月发病最为严重。温暖、多雨、空气湿度大为病害流行的主要因素。

图 2-23 玫瑰锈病

24.海棠-桧柏锈病

【症状】 该病在春夏季主要为害贴梗海棠、木瓜海棠、山楂、苹果、梨等。叶面最初出现黄绿色小点,逐渐扩大呈橙黄色或橙红色有光泽的圆形油状病斑,直径 6~7 mm,边缘有黄绿色晕圈, 其上产生橙黄色小粒点,后变为黑色,即性孢子器(图 2-24a、图 2-24b)。发病后期,病组织肥厚,略向叶背隆起,其上长出许多黄白色毛状物,即病菌锈孢子器(俗称羊胡子)(图 2-24c、图 2-24d、图 2-24e),最后病斑枯死。有时果实发病也较严重(图 2-24f、图 2-24g)。

图 2-24a 海棠-桧柏锈病初期性孢子器

该病转主寄主为桧柏类,秋冬季病菌为害桧柏针叶或小枝,被害部位出现浅黄色斑点,后隆起呈灰褐色豆状的小瘤;初期表面光滑,后膨大,表面粗糙,呈棕褐色,直径 0.5~1.0 cm;翌春 3~4 月遇雨破裂,膨胀为橙黄色花朵状 (或木耳状)(图 2-24h、图 2-24i、图2-24j)。受害严重的桧柏小枝上病瘿成串(图 2-24k、图 2-24l),造成柏叶枯黄,小枝干枯,甚至整株死亡。

该病在海棠、苹果类植物与桧柏类植物混栽的公园、绿地等处发病最重(图 2-24m)。

【病原】 担子菌亚门,山田胶锈菌 *Gymnosporangium yamadai* Miyabe、梨胶锈菌 *G. haraeanum* Syd.,该锈菌缺夏孢子阶段。

图 2-24b 海棠-桧柏锈病后期性孢子器

图 2-24c 海棠-桧柏锈病初期锈孢子器

图 2-24d 海棠-桧柏锈病后期锈孢子器

图 2-24e 海棠-桧柏锈病后期锈孢子器

图 2-24g 海棠-桧柏锈病为害山楂果实状

图 2-24f 海棠-桧柏锈病为害山楂果实状

图 2-24h 海棠-桧柏锈病初期冬孢子角

图 2-24i 海棠-桧柏锈病初期冬孢子角

图 2-24j 海棠-桧柏锈病中期半胶化状的冬孢子角

图 2-24k 海棠-桧柏锈病后期胶化状的冬孢子角

图 2-24l 海棠-桧柏锈病后期胶化状的冬孢子角

图 2-24m 龙柏、桧柏与海棠混栽时发病严重状

【发病规律】 病菌以菌丝体在桧柏等针叶树枝条上越冬,可存活多年。翌春 3~4 月遇雨时,冬孢子萌发产生担孢子,担孢子主要借风传播到海棠上。担孢子萌发后直接侵入寄主表皮并蔓延,约 10 天后便在叶正面产生性孢子器,3 周后形成锈孢子器。8~9 月锈孢子成熟后随风传播到桧柏上，侵入嫩梢越冬。此病的发生与雨水关系密切。两类寄主混栽较近,有病菌大量存在,3~4 月雨水较多,是病害大发生的主要条件。

25.草坪草锈病

【症状】 该病主要发生在叶片上,发病严重时也侵染茎秆。早春叶片一展开即可受侵染。发病初期叶片上下表皮均可出现疱状小点,逐渐扩展形成圆形或长条状的黄褐色病斑——夏孢子堆,稍隆起。夏孢子堆在寄主表皮下形成,成熟后突破表

图 2-25a 草坪草锈病——夏孢子堆

皮裸露呈粉堆状，橙黄色。夏孢子堆长约 1 mm。冬孢子堆生于叶背，黑褐色、线条状，长 1~2 mm，病斑周围叶肉组织失绿变为浅黄色。发病严重时叶片变黄、卷曲、干枯，草坪景观被破坏（图 2-25a、图 2-25b）。

图 2-25b 草坪草锈病——夏孢子堆

【病原】 担子菌亚门，结缕草柄锈菌*Puccinia zoysiae* Diet.。

【发病规律】 病菌以菌丝体或夏孢子在病株上越冬。细叶结缕草 5~6 月叶片上出现褪绿色病斑，发病缓慢，9~10 月发病严重，草叶枯黄，9 月底 10 月初产生冬孢子堆。病菌生长适温为 17~22 ℃，空气相对湿度在 80%以上有利于侵入。光照不足、土壤板结、土质贫瘠、偏施氮肥的草坪发病重。病残体多的草坪发病重。

图 2-26a 杨树锈病——夏孢子堆

图 2-26b 杨树锈病——夏孢子堆

26.杨树锈病

【症状】 该病为害植株的芽、叶、叶柄及幼枝等部位。感病冬芽萌动时间一般较健康芽早 2~3 天。如侵染严重，往往不能正常放叶。未展开的嫩叶为黄色夏孢子粉所覆盖，不久即枯死。感染较轻的冬芽，开放后嫩叶皱缩、加厚、反卷、表面密布夏孢子堆，像一朵黄花。轻微感染的冬芽可正常开放，嫩叶两面仅有少量夏孢子堆。正常芽展出的叶片被害后，感病叶上病斑圆形，针头至黄豆大小，多数散生，以后在叶背面产生黄色粉堆，为病原菌的夏孢子堆(图 2-26a、图 2-26b、图 2-26c)。

【病原】 担子菌亚门，马格栅锈菌*Melampsora magnusiana* Wagher、杨栅锈菌 *M. rostrupii* Wagner 和圆茄夏孢锈菌 *Uredo tholopsora* Cumm.。

【发病规律】 病菌以菌丝体在冬芽或枝梢的溃疡斑内越冬。翌年春季，受侵冬芽开放时，形成大量夏孢子堆，成为当年侵染的主要来源。嫩梢病斑内的菌丝体也可越冬形成夏孢子堆。夏孢子萌发后，可直接穿透角质层侵入寄主。冬孢子在侵染循环中无重要作用。2 个月以上的老熟叶片一般不受感染。4 月上旬病芽开始出现，5~6 月为发病高峰，7~8 月病害平缓，8 月下旬以后又形成第2 个高峰期。10 月下旬以后，病害停止发展。

【锈病类的防治措施】

（1）在园林设计及定植时，避免海棠、山楂、苹果、梨类植物等与桧柏、龙柏类混栽。

（2）清除侵染来源：结合园圃清理及修剪，及时将病枝芽、病叶等集中烧毁，以减少病原。

（3）加强栽培管理，注意通风透光，降低湿度，增施磷钾肥，提高植株的抗病能力。

图 2-26c 杨树锈病——夏孢子堆

（4）对于海棠-桧柏锈病，可于 3~4 月冬孢子角胶化前，在桧柏上喷洒 1:2:100 倍的石灰倍量式波尔多液、50%硫悬浮液 400 倍液，以抑制冬孢子堆遇雨膨裂产生担孢子。

（5）药剂防治：发病初期可喷洒30%吡唑醚菌酯悬浮剂 1000~2000 倍液、50%啶酰菌胺水分散粒剂 1500~2000 倍液、32.5%苯甲·嘧菌酯悬浮剂 1500~2000 倍液、60%唑醚·代森联水分散粒剂 1000~2000 倍液喷雾防治。

三、叶斑病类

叶斑病是叶片组织受局部侵染，导致出现各种形状斑点病的总称。但叶斑病并非只是在叶片上发生，有些病害则既在叶片上发生，也在枝干、花和果实上发生。叶斑病的类型很多，可因病斑的色泽、形状、大小、质地、有无轮纹等不同，分为黑斑病、褐斑病、圆斑病、角斑病、斑枯病、轮斑病、炭疽病等。叶斑上往往着生有各种粒点或霉层。叶斑病聚集发生时，可引起叶枯、落叶或穿孔，以及枯枝或花腐，严重降低园林植物的观赏价值，有些叶斑病还会给园林植物造成较大的经济损失。如鸡冠花褐斑病、月季黑斑病、大叶黄杨褐斑病等。

27.鸡冠花褐斑病

【症状】病害主要发生在叶片上，有时也可为害茎部，甚至根部。叶面病斑初为浅黄褐色小点，后扩展呈近圆形或椭圆形病斑，边缘略凸起，紫褐色，中央呈浅褐色并有不太明显的同心轮纹。后期病斑上生有许多密集的粉红色小霉丛，病斑直径为 5~10 mm。严重感病的叶片上，病斑可达 30 余个。病斑连片可使叶片变褐枯黄，甚至植株死亡（图 2-27a、图 2-27b、图 2-27c、图 2-

图 2-27a 鸡冠花褐斑病

图 2-27b 鸡冠花褐斑病

图 2-27c 鸡冠花褐斑病

27d),单个病斑干枯脱落可造成穿孔。茎部感病则呈现条状或不规则形的褐色腐烂大斑,有时可以从病部发生倒伏,茎、叶凋萎枯死。

【病原】 半知菌亚门，尾孢属*Cercospora celosiae* Syd.。

【发病规律】 病菌随植株病残体及土壤中植物碎屑上越冬。翌年当环境条件适宜时,病菌借风雨、浇灌时水滴溅泼等方式传播。病害程度与气温、降雨量及降雨次数密切相关,当气温在 25 ℃左右,连续几次降雨后,即可发病且迅速蔓延,为害严重。土壤排水不良,透水性差,植株容易发病。高温多雨季节发病重。

图 2-27d 鸡冠花褐斑病

28.菊花斑枯病

【症状】 发病初期病叶出现淡黄色褪绿斑,病斑近圆形,逐渐扩大,变紫褐色或黑褐

图 2-28a 菊花黑斑病

图 2-28b 菊花黑斑病

色。发病后期，病斑近圆形或不规则形，直径可达 12 mm，病斑中间部分浅灰色，边缘黑褐色，其上散生细小黑点，为病菌的分生孢子器。一般发病从下部开始，向上发展，严重时全叶变黄干枯(图 2-28a、图 2-28b)。

【病原】 半知菌亚门，菊壳针孢菌 *Septoria chrysanthemella* Sacc.。

【发病规律】 病菌以菌丝体和分生孢子器在病残体上越冬。分生孢子器翌年吸水产生大量分生孢子借风雨传播。温度在 24~28 ℃，雨水较多，种植过密条件下，该病发生严重。

29.芍药红斑病

【症状】 本病发病后叶片出现不规则性病斑，病斑大小为 5~15 mm，紫红色或暗紫色（图 2-29a、图 2-29b)；潮湿条件下叶片背面可产生暗绿色霉层，并可产生浅褐色轮纹。发生严重时，叶片焦枯破碎，如火烧一般，影响观赏效果。

【病原】 半知菌亚门，牡丹枝孢霉 *Cladaosprium paeoniae* Pass.。

【发病规律】 病菌以菌丝体在病叶、病枝条、果壳等病残株上越冬。病菌自伤口侵入或直接从表皮侵入。分生孢子借风雨传播，侵染新叶、嫩梢等部位。再侵染次数很少，初侵染决定病害流行的程度。春季雨水早、雨量大，气候潮湿发病较重。

图 2-29a 芍药红斑病

图 2-29b 芍药红斑病

30.鸢尾叶斑病

【症状】 该病发病初期，病斑微小且带有水渍状边缘，呈“眼斑”状，大小相似，逐渐连片，中心浅灰色，边缘深褐，多发生于叶片上半部(图 2-30a、图2-30b、图 2-30c)。

【病原】 半知菌亚门，*Alternaria iridicola* (Ell. et EV.) Elliott。

【发病规律】 植株进入开花期后，病害加重，引起叶片过早死亡。病菌不侵入根状茎和根部，但容易侵入花蕾。病害的发生与降雨有关系。

图 2-30a 鸢尾叶斑病

图 2-30b 鸢尾叶斑病

图 2-30c 鸢尾叶斑病

31.月季黑斑病

【症状】 该病主要为害叶片,也为害叶柄和嫩梢。感病初期叶片上出现褐色小点,以后逐渐扩大为圆形或近圆形的斑点,直径 1~8 mm,边缘呈不规则的放射状,病部周围组织变黄。病斑上生有黑色小点,即病菌的分生孢子盘。严重时病斑连片,甚至整株叶片全部脱落,成为光杆。嫩枝上的病斑为长椭圆形,暗紫红色,稍下陷(图 2-31a、图 2-31b、图 2-31c、图 2-31d、图 2-31e)。

图 2-31a 月季黑斑病

【病原】 ①半知菌亚门,蔷薇放线孢菌 *Actinonema rosae* (Lib.) Fr.; ②半知菌亚门, 蔷薇盘二孢属 *Marssonina rosae* Sutton。

【发病规律】 病菌以菌丝和分生孢子盘在病残体上越冬。露地栽培时,病菌以菌丝体在芽鳞、叶痕或枯枝落叶上越冬。分生孢子借风雨、飞溅水滴传播为害, 因而多雨、多雾、多露时易于发病。病害多从下部叶片开始侵染。气温 24 ℃,相对湿度 98%,多雨天气有利于发病。一般 8~9 月发病最重。

病菌可多次重复侵染, 整个生长季节均可发病。植株衰弱时容易感病。雨水是病害流行的主要条件。低洼积水、通风不良、光照不足、肥水不当、卫生状况不佳等都利于发病。月季不同品种间,其抗病性也有差异,一般浅色黄花品种易感病。

图 2-31b 月季黑斑病

图 2-31c 月季黑斑病

图 2-31d 月季黑斑病

图 2-31e 月季黑斑病

32.大叶黄杨褐斑病

图 2-32a 大叶黄杨褐斑病

【症状】 病斑多从叶尖、叶缘处开始发生，初期为黄色或淡绿色小点，后扩展成直径 5~10 mm 近圆形褐色斑，病斑周缘有较宽的褐色隆起，并有一黄色晕圈，病斑中央黄褐色或灰褐色，病斑有轮纹。病斑上密布黑色绒毛状小点，即病原菌的子座组织。后期几个病斑可连接成片，严重时叶片发黄脱落，植株死亡（图 2-32a、图 2-32b、图 2-32c、图2-32d）。

【病原】 半知菌亚门，坏损尾孢菌 *Cercospora destructiva* Rav.。

【发病规律】 病菌以菌丝体或子座组织在病叶及其他病残组织中越冬。翌春形成分生孢子进行初侵染。分生孢子由风雨传播。5 月中下旬开始发病，6~7 月为侵染盛期，8~9 月为发病盛期，并引起大量落叶。管理粗放、多雨、排水不畅、通风透光不良发病重，夏季炎热干旱、肥水不足、树势生长不良也会加重病害发生。

图 2-32b 大叶黄杨褐斑病

图 2-32d 大叶黄杨褐斑病

图 2-32c 大叶黄杨褐斑病

33.玫瑰褐斑病

【症状】 该病主要为害叶片，叶上病斑散生，圆形或近圆形至不规则形，大小1~4 mm，边缘紫褐色至红褐色，中间浅褐色或黄褐色至灰色，后期叶面产生黑色小霉点，即病原菌分生孢子梗和分生孢子。严重时，病斑常融合成不规则形大斑，叶背颜色略浅（图 2-33a、图 2-33b）。

【病原】 半知菌亚门，尾孢属 *Cercospora rosicola* Pass.。

图 2-33b 玫瑰褐斑病

图 2-33a 玫瑰褐斑病

【发病规律】 病菌以菌丝体在病部或病残体上越冬。翌年 5 月，条件适宜时产生分生孢子借风雨传播进行初侵染和再侵染，6~9 月高温潮湿或雨日多、雨量大时易发病。10 月后病害停滞。

34.腊梅叶枯病

图 2-34 腊梅叶枯病

【症状】该病主要为害叶片和嫩枝。叶片染病时发生在叶尖或叶缘，初生黑色小斑点，后扩展成不规则或近圆形褐色病斑，后期病斑呈灰白色至灰褐色，并产生许多黑色小粒点，即病原菌的分生孢子盘(图 2-34)。嫩枝染病后常常枯死，秋季在枯死梢的病斑上产生黑色小粒点。发病重的提前落叶，影响花蕾的形成和观赏。

【病原】半知菌亚门，腊梅叶点霉 *Phyllosticta calycanthi*。

【发病规律】病菌以菌丝体和分生孢子器在病叶或枯枝上越冬，翌年 5 月腊梅展叶时，从分生孢子器中产生分生孢子进行初侵染，借风雨传播，后在生长季节进行多次再侵染。气温高时发病重。

35.金叶女贞叶斑病

图 2-35a 金叶女贞叶斑病

【症状】该病多发生于叶片上，枝条上也有发生。病斑在叶片上形成近圆形斑，直径2~4 mm，周围具一圈紫黑色晕圈，病斑内淡褐色。发病初期病斑为淡褐色，有的为紫褐色，逐渐在中央形成轮廓明显的病斑，颜色渐变淡褐色或灰白色，后期产生黑色小颗粒。初期病斑较小，扩展后病斑直径达 1 cm 以上，有时融合成不规

图 2-35b 金叶女贞叶斑病

图 2-35c 金叶女贞叶斑病

则形。发病叶片极易从枝条上脱落，从而造成严重发病区域枝杆光秃的现象（图 2-35a、图 2-35b、图 2-35c）。

【病原】 半知菌亚门，链格孢属 *Alternaria* sp.。

【发病规律】 病原以菌丝体在土表病残体上越冬。分生孢子通过气流或枝叶接触传播，从伤口、气孔或直接侵入寄主。高温多雨季节发病重。上年发病较重的区域，下年一般发病也较重。连作、密植、通风不良、湿度过高均有利于病害的发生。

36.大叶黄杨疮痂病

【症状】 该病主要为害叶片、枝条。叶面最初出现直径 1~2 mm 的圆形或近椭圆形斑点，后期病组织干枯脱落形成穿孔。新梢被侵染时，表面出现深褐色圆形或椭圆形稍隆起的病斑，如疮痂状，中央灰白色（图 2-36a、图 2-36b、图2-36c）。后期在病斑中央产生1~2 个小黑点，即分生孢子盘。严重时造成叶片脱落，最终导致枝条枯死。

图 2-36a 大叶黄杨疮痂病

【病原】 半知菌亚门，刺盘孢属 *Colletotrichum* sp.。

【发病规律】 病菌通常在土壤中越冬，遇适宜条件即传播侵染。蝼蛄、叩甲、线虫等均可传带病菌扩大为害。此外，流水、养护操作也可传播病害。植株过密、生长不良、管理粗放以及风、雨等有利于病害发生和传染。温度高、雨水多、湿度大的条件易造成感病加重。

图 2-36b 大叶黄杨疮痂病

图 2-36c 大叶黄杨疮痂病

37.凤尾兰叶斑病

【症状】 该病发病初期，叶片上产生深褐色斑点，后为圆形至不规则形，带有紫色的边缘，直径 4~15 mm，几个病斑愈合时，可以形成几十毫米的大斑。以后斑的中心变灰褐色，有同心轮纹，在同心轮纹上有黑色小点——病菌的分生孢子器。其先埋生于表皮下，后外露破裂（图 2-37a、图 2-37b、图 2-37c）。

【病原】半知菌亚门，丝兰盾壳霉 *Coniothyrium concentricum* (Desm.) Sacc.

【发病规律】病菌以分生孢子器在病叶内越冬。翌年产生分生孢子为害，夏季雨多时病害较重，一般下部叶片发病较多。

图 2-37a 凤尾兰叶斑病

图 2-37b 凤尾兰叶斑病

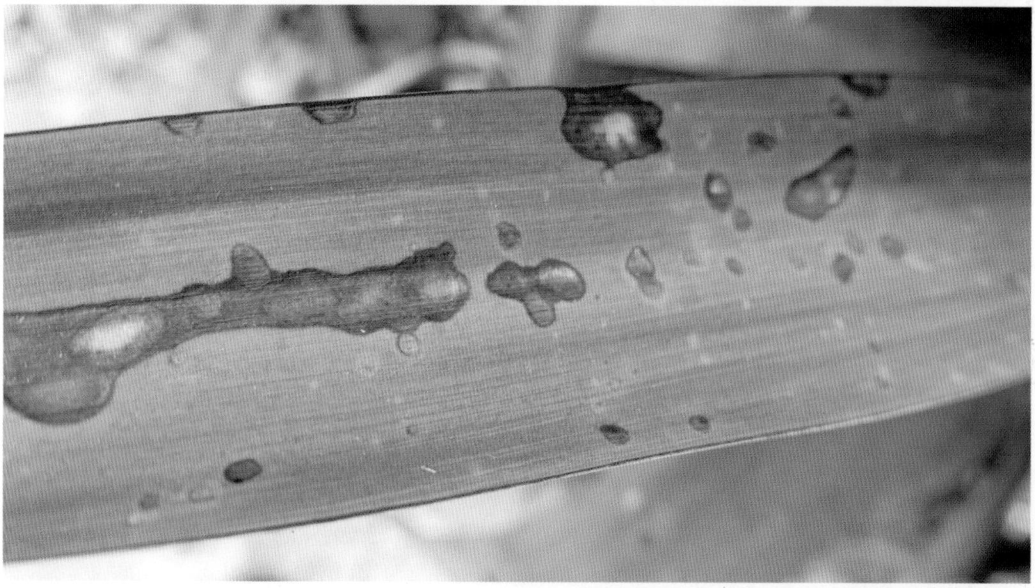

图 2-37c 凤尾兰叶斑病

38.草坪禾草褐斑病

【症状】初期受害叶片或叶鞘常出现梭形、长条形或不规则形病斑，病斑内部呈青灰色水浸状，边缘红褐色，以后病斑变褐色甚至整叶水浸状腐烂。条件适宜时，在被侵染的草坪上形成几厘米至几十厘米，甚至 1~2 m 的枯草圈（图 2-38a、图 2-38b）。枯草圈常呈“蛙眼”状，清晨有露水或高湿时，有“烟圈”。在病叶鞘、茎基部有初为白色，以后变成黑褐色的菌核形成，易脱落。另

图 2-38a 草坪禾草褐斑病

图 2-38b 草坪禾草褐斑病

图 2-38c 玉簪炭疽病

图 2-38d 玉簪炭疽病

外，该病在冷凉的春季和秋季还可以引起黄斑症状(也称为冷季或冬季型褐斑)。褐斑病的症状随草种类型、不同品种组合、不同立地环境和养护管理水平、不同气象条件以及病原菌的不同株系等影响变化较大。

【病原】 半知菌亚门，立枯丝核菌 *Rhizotonia soani* Kiihn。

【发病规律】 褐斑病主要是由立枯丝核菌引起的一种真菌病害。丝核菌以菌核或在草坪草残体上的菌丝形式度过不良的环境条件。由于丝核菌是一种寄生能力较弱的菌，所以处于良好生长环境中的草坪草，只会发生轻微的侵染，不会造成严重的损害。只有当草坪草生长在高温条件且生长停止时，才有利于病菌的侵染及病害的发展。丝核菌是土壤习居菌，主要以土壤传播。枯草层较厚的老草坪，菌源量大，发病重。建坪时填入垃圾土、生土，土质黏重，地面不平整，低洼潮湿，排水不良；田间郁蔽，小气候湿度高；偏施氮肥，植株旺长，组织柔嫩；冻害；灌水不当等因素都有利于病害的发生。全年都可发生，但以高温高湿多雨炎热的夏季为害最重。

属于该类病害的种类还有玉簪炭疽病（图2-38c、图 2-38d）、萱草褐斑病(图 2-38e、图 2-38f)、荷花黑斑病(图 2-38g、图 2-38h)、石楠褐斑病(图 2-38i、图 2-38j、图 2-38k)、桂花赤叶枯病(图 2-38l、图 2-38m)、丁香褐斑病(图 2-38n、图 2-38o)、杜鹃角斑病(图 2-38p)、无花果角斑病(图 2-38q、图 2-38r)、阔叶十大功劳炭疽病(图 2-38s、图2-38t)。

图 2-38e 萱草褐斑病

【叶斑病类防治措施】

(1)清除侵染来源：随时清扫落叶，摘去病叶，以减少侵染来源。冬季对重病株进行重度修剪，清除发病枝干上的越冬病菌。休眠期喷施 3~5 波美度石硫合剂。

(2)加强栽培管理：合

理施肥，肥水宜充足；夏季干旱时，要及时浇灌；在排水良好的土壤上建造苗圃；种植密度要适宜，以便通风透光，降低叶面湿度；及时清除田间杂草。

（3）药剂防治：注意发病初期及时用药。可选用下列药剂：70%代森联悬浮剂 800~1000 倍液、30%吡唑醚菌酯悬浮剂 1000~2000 倍液、32.5%苯甲·嘧菌酯悬浮剂 1500~2000 倍液、60%唑醚·代森联水分散粒剂1000~2000 倍液，10~15 天喷施一次，连续喷施3~4 次。

（4）选用抗病品种。

图 2-38f 萱草褐斑病

图 2-38g 荷花黑斑病

图 2-38h 荷花黑斑病

图 2-38i 石楠褐斑病

图 2-38j 石楠褐斑病

图 2-38k 石楠褐斑病

图 2-38l 桂花赤叶枯病

图 2-38m 桂花赤叶枯病

图 2-38n 丁香褐斑病

图 2-38o 丁香褐斑病

图 2-38p 杜鹃角斑病

图 2-38q 无花果角斑病

图 2-38r 无花果角斑病

图 2-38s 阔叶十大功劳炭疽病

图 2-38t 阔叶十大功劳炭疽病

四、灰霉病类

灰霉病是园林植物最常见的病害。各类植物都可被灰霉病菌侵染。自然界大量存在着这类病原物，其中有许多种类寄主范围十分广泛，但寄生能力较弱，只有在寄主生长不良、受到其他病虫为害、冻伤、创伤、植株幼嫩多汁，抗性较差时，才会引起发病，导致植物体各个部位发生水渍状褐色腐烂。灰霉病在低温、潮湿、光照较弱的环境中易发生。病害主要表现为花腐、叶腐、果腐，但也能引起猝倒、茎部溃疡以及块茎、球茎、鳞茎和根的腐烂，受害组织上产生大量灰黑色霉层，因而称之为灰霉病。灰霉病在发病后期常有青霉菌（*Pcnicillium* spp.）和链格孢菌（*Aternaria* spp.）混生，导致病害的加重。

39.金盏菊灰霉病

【症状】 茎叶受害后，近地面的茎叶呈水渍状变色腐败、褐色；病害扩展时，叶柄也发生腐烂，受害部位出现灰黄色霉层。严重时整株黄化、枯死。在潮湿条件下，病部均形成灰褐色霉层（图 2-39a、图 2-39b、图 2-39c）。

图 2-39a 金盏菊灰霉病

【病原】 半知菌亚门，灰葡萄孢菌 *Botrytis cinerea* Pers. et Fr.。

【发病规律】 病菌在病株、病残体和土壤中越冬。病菌可通过伤口侵入，或者在衰老花柄及近枯死叶片生长一段时间后，产生菌丝体侵入。该病多发生在幼苗期，3~4 月为发病盛期。此外，地面潮湿、通风不良时有利于病害的发生。气温 18~23 ℃，湿度高于90%利于发病。

图 2-39b 金盏菊灰霉病

图 2-39c 金盏菊灰霉病

40.美人蕉灰霉病

【症状】 本病主要为害花瓣和花梗，初为水渍状褐腐，后生长出灰色霉状物(图 2-40)。

【病原】 半知菌亚门，灰葡萄孢 *Botrytis cinerea* Pers. et Fr.。

【发病规律】 病菌以菌核在土壤中越冬，也可以分生孢子在病残体上越冬。病部产生分生孢子借气流传播进行多次再侵染。幼株易发病，春季、秋末冬初，以及连续阴雨、低温高湿的情况下发病重。

图 2-40 美人蕉灰霉病

41.牡丹灰霉病

【症状】 该病主要为害叶片、叶柄、茎及花。叶片染病初期在叶尖或叶缘处发生近圆形至不规则形水渍状斑，后病部扩展，直径 1 cm 或更大，病斑褐色至灰褐色或紫褐色，有的产生轮纹。湿度大时病部长出灰色霉层(图 2-41a、图 2-41b、图 2-41c)。叶柄和茎部染病生水浸状暗绿色长条斑，后凹陷褐变软腐，造成病部以上的倒折。花染病后花瓣变褐烂腐，产生灰色霉层，在病组织里形成黑色小菌核。

【病原】 半知菌亚门，牡丹葡萄孢菌 *Botrytis paeoniae* Oud.。

【发病规律】 病菌以菌核和分生孢

图 2-41a 牡丹灰霉病

图 2-41b 牡丹灰霉病

图 2-41c 牡丹灰霉病

子在病残体上越冬。翌春菌核萌发,产生分生孢子进行初次侵染。分生孢子借风雨传播。牡丹的整个生长期都可发病,分生孢子可重复侵染为害。花后、梅雨季节发病更为严重,幼嫩的植株最易感病,花圃连作发病重。该病多发生于春季、冬季及低温潮湿的温室、花房中。

【灰霉病类的防治措施】

(1)及时清除并销毁病株,减少侵染来源。

(2)加强栽培管理,改善通风透光条件,温室内要适当降低湿度,最好使用换气扇或暖风机,减少伤口。合理施肥,增施钙肥,控制氮肥用量。

(3)生长季节喷施下列杀菌剂:50%啶酰菌胺水分散粒剂 1500~2000 倍液、30%吡唑醚菌酯悬浮剂1000~2000 倍液、32.5%苯甲·嘧菌酯悬浮剂 1500~2000 倍液、60%唑醚·代森联水分散粒剂 1000~2000 倍液。

五、霜霉病(白锈病、腐霉病)类

该类病害的病原物都属低等的鞭毛菌亚门，其共同特点是在高湿的情况下发病重。主要包括霜霉病、白锈病、腐霉病等。

42.葡萄霜霉病

【症状】 该病主要为害叶片,发病初期,叶片正面出现水渍状小斑点,随病斑扩大，渐形成黄褐色或红褐色多角形病斑。天气潮湿时,叶片背面的相应部位出现白色霜霉层。病斑较多时,病叶变黄脱落。嫩梢偶尔发病,出现油渍状斑,潮湿时上生霜霉层,病梢扭曲变形(图2-42a、图 2-42b、图 2-42c、图 2-42d、图 2-42e)。

【病原】 鞭毛菌亚门,葡萄生单轴霉 *Plasmopara viticola* (Berk. et Curtis)

图 2-42a 葡萄霜霉病

Berl. et de Toni.。

【发病规律】病菌以卵孢子和菌丝体在病落叶或土中越冬。翌春温度适宜时，卵孢子萌发产生孢子囊，再由卵孢子囊产生游动孢子，随雨水飞溅传播，经气孔侵染叶片。冷凉、多雨、多雾露、潮湿的天气有利于该病的发生。不同年份的发病时期有差异。降雨早而频繁、雨量大的年份和草荒重、枝叶过密、排水不良的种植区发病严重。

图 2-42b 葡萄霜霉病

图 2-42c 葡萄霜霉病

图 2-42d 葡萄霜霉病

图 2-42e 葡萄霜霉病

43.牵牛花白锈病

【症状】该病主要为害叶片、叶柄、嫩茎和花（图 2-43a、图 2-43b、图 2-43c、图 2-43d、图 2-43e）。发病初期，叶片出现淡绿色小斑，逐渐变为淡黄色，无明显边缘。后期，病部背面出现隆起的白色疱状物，破裂时，散出白色粉状物，为病菌的孢囊孢子。发病严重时，病斑连成片，使叶片变褐枯死。如病菌侵染到花茎上，可使花茎扭曲。当病斑围绕嫩茎一周时，则上部组织生长不良，萎蔫死亡。

【病原】鞭毛菌亚门，旋花白锈菌 *Albugo ipomoeae-panduranae* (Schw.) Swingle

【发病规律】病菌以卵孢子随种子及病残组织越冬。翌年随温度的升高，卵孢子萌芽产生孢囊孢子，借风雨传播侵染。该病 8~9 月发生较普遍。

图 2-43a 牵牛花白锈病

图 2-43b 牵牛花白锈病

图 2-43d 牵牛花白锈病

图 2-43e 牵牛花白锈病

图 2-43c 牵牛花白锈病

图 2-44a 草坪禾草腐霉病

图 2-44b 草坪禾草腐霉病

图 2-44c 草坪禾草腐霉病

44.草坪禾草腐霉病

【症状】 幼苗与成株均可受害。种子萌发和出土时受害出现芽腐、苗腐和幼苗猝倒。发病轻的幼苗叶片变黄,稍矮,此后症状可能消失。成株期根部受侵染,产生褐色腐烂斑块,根系发育不良,病株发育迟缓,分蘖减少,底部叶片变黄,草坪稀疏。在高温高湿条件下,草坪受害常导致根部、根茎部和茎、叶变褐腐烂,草坪上出现直径2~5 cm 的圆形黄褐色枯草斑,凌晨或树荫下的草叶上会发现白色至灰白色棉状菌丝(图 2-44a、图 2-44b、图 2-44c)。

【病原】 鞭毛菌亚门,引起该病的病原菌有多种,常见的有瓜果腐霉(*Pythium aphanidermatum*)、禾草腐霉(*Pythium graminicola*)、终极腐霉(*Pythium ultimum*)等十几种。

【发病规律】 腐霉菌为土壤习居菌,在土壤及病残体中可存活 5 年以上。土壤和腐残体中的菌丝体及卵孢子是最重要的初侵染菌源。低洼积水、土壤贫瘠、有机质含量低、通气性差、缺磷、氮肥施用过量时发病重。此菌既能在冷湿环境中侵染为害,如有些种类甚至在土壤温度低至 15℃时仍能侵染禾草,导致根尖大量坏死,也能在天气炎热、潮湿时猖獗流行,条件适合时,可在一夜之间毁坏大片草坪。

【霜霉病类(白锈病、腐霉病)的防治措施】

(1)及时清除病残体。

(2)选择抗病品种,选留无病种子作为繁殖种子,播种前应进行种子消毒。

(3)加强栽培管理:采用科学浇水方法,避免大水漫灌。注意平衡施肥,避免施用过量氮肥,增施磷肥和有机肥。注意通风透气,控制温湿度。

(4)药剂防治:可选用的药剂为 70%氟醚菌酰胺水分散粒剂 3000~4000 倍液、70%代森联悬浮剂 800~1000 倍液、30%吡唑醚菌酯悬浮剂 1000~2000 倍液、32.5%苯甲·嘧菌酯悬浮剂 1500~2000 倍液、60%唑醚·代森联水分散粒剂 1000~2000 倍液。

六、枯黄萎病

45.黄栌黄萎病

【症状】 该病的具体症状表现形式多样。首先，叶部一般出现两种萎蔫类型：一种是绿色萎蔫型(不落叶型)，初期叶片表现失水状萎蔫，自叶缘向里逐渐干缩并卷曲，但不失绿，不落叶，约 2 周后变焦枯；叶柄皮下可见黄褐色病线(图 2-45a、图 2-45b、图 2-45c)。另一种是黄色萎蔫型或落叶型，先自叶缘起叶肉变黄，逐渐向内发展至大部分或全部叶片变黄，叶脉仍保持绿色，部分或大部分落叶；未落的叶干缩、卷曲，变焦枯，叶柄皮下可见黄褐色病线。其次，植物根、茎横切面上有褐色病斑，形成完整或不完整环形。剥皮后可见褐色病线，有时病线不在皮下而在木质部，这是由于浸染发生后，次生生长形成的新组织将受害部位包在里面。发病严重时导致整个植株生长势衰弱或死亡；在发病过程中，可能或引起植株整株或部分枝杈迅速死亡，也可能会在较长时间内持续影响植株，减缓生长速度。

图 2-45a 黄栌黄萎病

图 2-45b 黄栌黄萎病

图 2-45c 黄栌黄萎病

【病原】 半知菌亚门，大丽轮枝孢菌 *Verticillium dahliae* Kleb.。

【发病规律】 病菌以菌丝或菌核在病株残体或土壤中越冬(菌核可单独在土壤中存活多年)。翌年 6~7 月借浇水、中耕、地下害虫等传播浸染，通过伤口侵入或根部直接浸染，发病程度与根系所分布的土壤层中的病菌数目成正比。在土壤温度 20 ℃左右且湿度较大的微碱性土壤中易于侵染发病，氮肥过量会加重病害，增施钾肥可以缓解病情。

46.合欢枯萎病

【症状】 幼苗发病时，根及茎基部软腐，植株生长衰弱，叶片变黄，以后逐渐扩至全株造成全株枯死。成龄树感病，枝叶失水枯萎，叶片脱落，枝干逐渐干枯，在病树枝干横截面可见圈状变色环。夏末秋初，感病枝干皮孔肿胀呈隆起的黄褐色圆斑。湿度大时，皮孔中产生肉红色或白色粉状物(图 2-46a、图 2-46b)。

图 2-46a 合欢枯萎病

图 2-46b 合欢枯萎病

【病原】 半知菌亚门，尖镰孢菌含羞草变种 *Fusarium oxysporum* f. sp. *perniciosum*。

【发病规律】 此病为系统侵染性病害。病菌随病株或病残体在土壤中越冬。翌春分生孢子，从寄主根部伤口直接侵入，也可从枝干皮层伤口侵入时。从根部侵入的病菌沿根部导管向上蔓延至枝干、枝条导管，造成枝枯。病菌从枝干伤口侵入，最初树皮呈水渍状坏死，后干枯下陷。发病重时，造成黄叶、枯叶，根皮、树皮腐烂，以致全株死亡。高温、高湿有利病菌的繁殖和侵染，暴雨有利病害的扩散，干旱缺水也促使病害发生。干旱季节幼苗长势弱的 5~7 天即可死株，长势好的表现局部枯枝，死亡速度较慢。

【枯黄萎病类的防治措施】

（1）及时清除病株并销毁，减少病菌在土中的积累。

（2）在苗圃实行 3 年以上轮作。

（3）土壤处理：用 40%福尔马林 100 倍液浇灌，36 kg/667 m^2，然后用薄膜盖住 1~2 周，揭开 3 天以后再用。也可种植前用 50%绿亨一号 500~1000 倍液浇灌，每隔 10 天灌一次，连灌 2~3 次。

（4）发病初期可选用 30%吡唑醚菌酯悬浮剂 1000~2000 倍液、50%啶酰菌胺水分散粒剂1500~2000 倍液、32.5%苯甲·嘧菌酯悬浮剂 1500~2000 倍液、60%唑醚·代森联水分散粒剂 1000~2000 倍液。

七、枝干溃疡、腐烂、干腐病类

47.杨树溃疡病

【症状】 该病有溃疡型和枝枯型两种症状。

溃疡型：3 月中下旬感病植株的枝干部位出现褐色病斑，圆形或椭圆形，大小约 1 cm，质地松软，手压有褐色臭水流出。有时出现水泡，泡内有略带腥味的黏液（图 2-47a、图2-47b、图 2-47c、图 2-47d）。5、6 月份水泡自行破裂，流出黏液，随后病斑下陷，很快发展成长椭圆形或长条形斑，病斑无明显边缘。4 月上中旬，病斑上散生许多小黑点，即病菌的分生孢子器，并突破表皮。当病斑包围树干时，上部即枯死。5 月下旬病斑停止发展，在周围形成一隆起的愈伤组织，此时中央裂开，形成典型的溃疡症状。11 月初在老病斑处出现粗黑点，即病菌的子座及子囊壳（图 2-47e、图 2-47f）。

图 2-47a 溃疡病为害窄冠毛白杨初期状

图 2-47b 溃疡病为害窄冠毛白杨初期状

图 2-47c 溃疡病为害窄冠毛白杨后期状

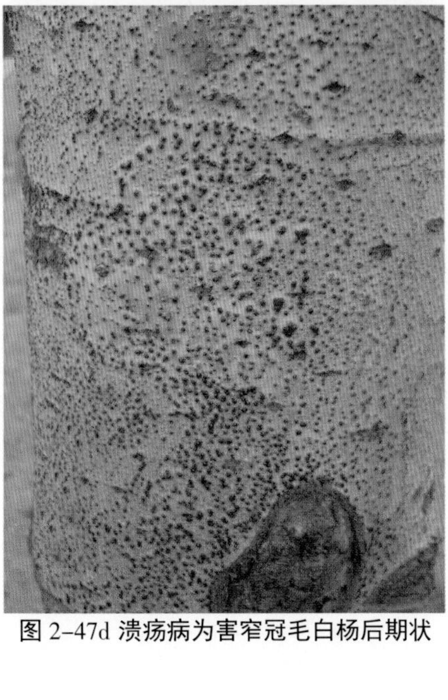

图 2-47d 溃疡病为害窄冠毛白杨后期状

图 2-47e 溃疡病为害速生杨初期状

图 2-47f 溃疡病为害速生杨初期状

枯梢型：在当年定植的幼树主干上先出现不明显的小斑，呈红褐色，2~3 月后病斑迅速包围主干，致使上部梢头枯死。有时在感病植株的冬芽附近出现成段发黑的斑块，剥开树皮可见里面已腐烂，引起梢枯。随后在枯死部位出现小黑点。这种类型发生普遍，为害性也大。

【病原】 有性阶段为子囊菌亚门，茶藨子葡萄座腔菌 *Botryosphaeria ribis* (Tode) Grosssenb. et Dugg.；无性世代为半知菌亚门，聚生小穴壳菌*Dothiorella gregaria* Sacc.。

【发病规律】病菌以菌丝在寄主体内越冬。翌春气温 10 ℃以上时开始活动。病害于 3 月下旬开始发病，4 月中旬至 5 月上旬为发病高峰，病害发生轻重与气象因子、立地条件和植树技术等密切相关。春旱、春寒、西北风次数多则病害发生重；沙丘地比平沙地发病重，苗木生长不良，病害发生也重；苗木假植时间越长，发病越重；根系受伤越多，病害越重。

48.柳树溃疡病

【症状】 树干的中下部首先感病，受害部树皮长出水泡状褐色圆斑，用手压会有褐色臭水流出，后病斑呈深褐色凹陷，病部上散生许多小黑点，为病菌的分生孢子器，后病斑周围隆起，形成愈伤组织，中间裂开，呈溃疡症状（图 2-48a、图 2-48b、图 2-48c）。老病斑处出现粗黑点，为子座及子囊腔。还可表现为枯梢型，初期枝干先出现红褐色小斑，病斑迅速包围主干，使上部枝梢枯死。

【病原】 有性阶段为子囊菌亚门，茶藨子葡萄座腔菌 *Botryosphaeria ribis* (Tode) Grosssenb. et Dugg.；无性世代为半知菌亚门，聚生小穴壳菌*Dothiorella gregaria* Sacc.。

图 2-48a 柳树溃疡病

图 2-48b 柳树溃疡病

【发病规律】病菌以菌丝在寄主体内越冬。翌年 3 月下旬气温回升开始发病，4 月中旬~5 月上旬为发病盛期，5 月中旬~6 月初气温升至 26 ℃基本停止发病，8 月下旬当气温降低时病害会再次出现，10 月病害又有发展。该病可侵染树干、根茎和大树枝条，但主要为害树干的中下部。病菌潜伏于寄主体内，使病部出现溃疡状。天气干旱时，寄主会表现出症状。树皮膨胀度大于 80%时不易感染溃疡病，小于 75%时易感染溃疡病，且发病严重。病害发生与树木生长势关系密切。植株长势弱易感染病害，新植树以及干旱瘠薄、水分供应不足的林地容易发病。在起苗、运输、栽植等生产过程中，苗木伤口多有利于病害发生。

图 2-48c 柳树溃疡病

49.国槐溃疡病

【症状】引起该病的病原有两种，即镰刀菌与小丛壳菌。两者共同的特点是：主要发生在幼苗、2~4年生幼树的绿色枝干以及大树1~2年生绿色小枝上(图2-49)。

镰刀菌感染引起的症状为：病斑初为近圆形，褐色水渍状，渐发展为梭形，中央稍下陷，呈典型的湿腐状；病斑继续扩展可包围树干，使上部枝干枯死。后期病斑上出现橘红色的分生孢子堆。若病斑未能环切枝干，则当年能愈合，且一般无再发现象。个别病斑由于愈合组织很弱，翌年春季可自老斑边缘向四周扩展。

小丛壳菌感染引发的症状为：病斑初为圆形，黄褐色，较前者稍深，边缘为紫黑色。后病斑扩展为椭圆形，长径可达20 cm以上，并可环切枝干。后期病斑上出现许多小黑点即溃疡菌的分生孢子器，病部逐渐干枯下陷或开裂，一般不再扩展。

图2-49 国槐溃疡病

【病原】①三隔镰孢菌 *Fusarium tricinatum* (Cord.) Sacc.；②无性阶段为聚生小穴壳菌 *Dothiorella gregaria* Sacc.，有性阶段为茶蔗子葡萄座腔菌 *Botryosphaeria ribis* (Tode) Gross. et Dugg.。

【发病规律】镰刀菌型溃疡病约在3月初开始发生，3月中旬至4月末为发病盛期，5~6月产生孢子座。但在自然情况下并未发现有新侵染发生，至6~7月病斑一般停止发展，并形成愈伤组织。小穴壳菌型腐烂病发病稍晚，在子实体出现后当年虽不再扩展，但次年仍能继续发展。病菌具有潜伏侵染现象。病菌可以从断枝、残桩、修剪伤口、虫伤、死芽、皮孔、叶痕等处侵入。当树皮膨胀度小于85%时，枝条上的溃疡病斑急剧增多，60%时达最多。如再失水则枝条枯死。病害的潜育期约1个月。

50.皂角溃疡病

【症状】该病可侵染树干、根茎和大树枝条，但主要为害树干的中部和下部。发病初期树干皮孔附近出现水泡，水泡破裂后流出带臭味的液体，内有大量病菌(图2-50a、图2-50b)。病部最后干缩下陷成溃疡斑，病斑处皮层变褐腐烂，当病斑横向扩展环绕树干一圈后，树即死亡。近年来，由于大规格皂角树移植较多，因而在大树上也表现较重。

【病原】有性阶段为子囊菌亚门，茶藨子葡萄座腔菌 *Botryosphaeria ribis* (Tode) Grosssenb. et Dugg.；无性世代为半知菌亚门，聚生小穴壳菌 *Dothiorella gregaria* Sacc.。

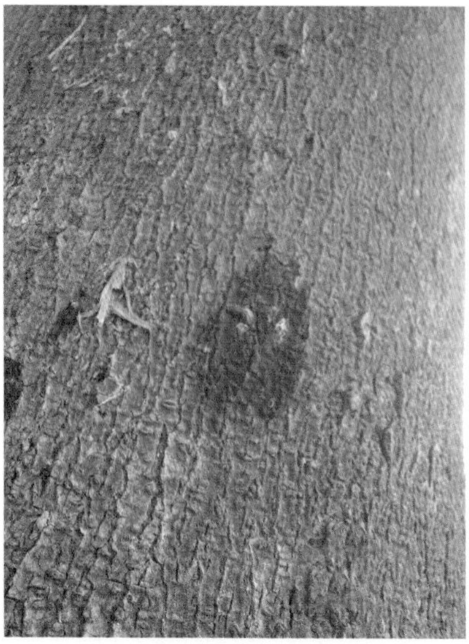

图 2-50a 皂角树溃疡病

图 2-50b 皂角树溃疡病

【发病规律】 3 月下旬开始发病，4 月中旬至 5 月下旬为发病高峰期，6 月初基本停止，10 月后稍有发展。因大规格移栽的皂角树，树皮较厚，发病时外部症状表现不明显，因而常常忽略其防治，造成枝叶枯萎，树体死亡。

51.杨树腐烂病

【症状】 初发病时主干或大枝出现不规则水肿块斑，淡褐色，病部皮层变软、水渍，易剥离和具酒糟味；后病部失水干缩和开裂，皮层纤维分离，木质部浅层褐色；后期病部出现针头状黑色小突起（分生孢子器），遇雨后挤出橘黄色卷丝（孢子角），枝干枯死，进而全株死亡（图2-51a、图 2-51b）。

图 2-51a 杨树腐烂病

图 2-51b 杨树腐烂病

【病原】有性阶段为子囊菌亚门,污黑腐皮壳菌 *Valsa sordida* Nit.;无性阶段为半知菌亚门,金黄壳囊孢菌 *Cytospora chrysosperma* (Pers.) Fr.。

【发病规律】病菌以菌丝、分生孢子器和子囊壳在病组织内越冬。翌年春天,孢子借风、雨、昆虫等媒介传播,自伤口或死亡组织侵入寄主。潜育期一般为 6~10 天。病菌生长的最适温度为 25 ℃,孢子萌发的适温为 25~30 ℃。烂皮病于每年 3~4 月开始发病,5~6 月为发病盛期,9 月病害基本停止扩展。子囊孢子于当年侵入杨树,次年表现症状。

引起杨树烂皮病的病原菌都是弱寄生菌,只为害树势衰弱的树木。立地条件不良或栽培管理不善,削弱了树木的生长势,有利于病害的发生。土壤瘠薄,低洼积水,春季干旱,夏季日灼,冬季冻害等容易引发此病;行道树、新种植的幼树、移植多次或假植过久的苗木、强度修剪的树木容易发病。

52.海棠腐烂病

【症状】该病为害树干及枝梢,幼树、老树均可受害,尤以衰弱的老树受害重,严重时多处树皮腐烂,枝叶枯黄,造成树势严重衰弱。当病皮环绕枝干一周时,病斑上部枝叶往往干枯(图 2-52a、图 2-52b、图 2-52c、图 2-52d)。树干感病部位初期皮层稍变褐色,病假组织界限明显,以后病斑逐渐扩大,病部膨胀而软化,手压之易凹陷,并有黄褐色液体流出。病斑后期干缩凹陷呈黑褐色,病皮上凸出许多小黑点,即为病原菌的分生孢子器(图 2-52e、图 2-52f、图 2-52g)。遇雨或天气潮湿时,常从小黑颗粒上溢出橙黄色丝状卷曲的分生孢子角。病斑严重时,枝干上部叶片变黄以致枯死。

图 2-52a 海棠腐烂病

图 2-52b 海棠腐烂病

图 2-52c 海棠腐烂病

图 2-52d 海棠腐烂病

图 2-52e 海棠腐烂病——示病部小黑点

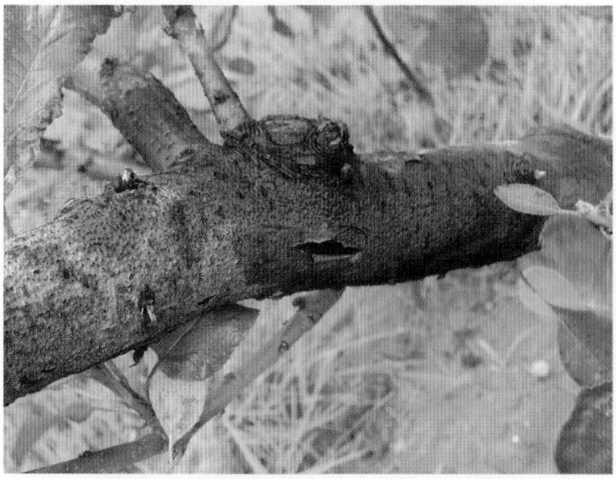

图 2-52f 海棠腐烂病——示病部小黑点

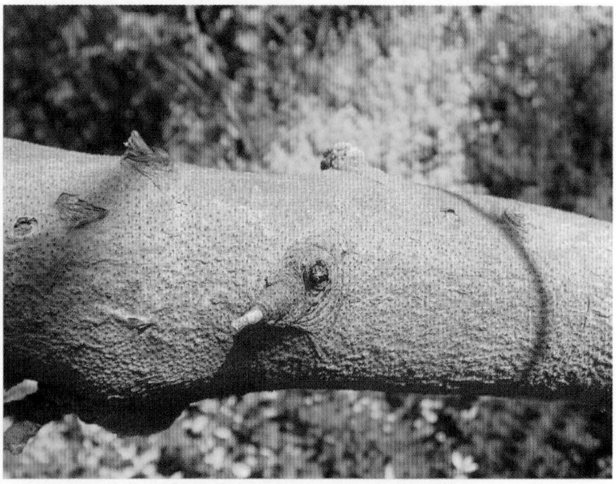

图 2-52g 海棠腐烂病——示病部小黑点

【病原】 属于囊菌亚门，苹果黑腐皮壳 *Valsa mali* Miyabe et Yamada。

【发病规律】 病菌以菌丝、分生孢子器、子囊壳在老病疤或死树皮中越冬。3~10 月都能侵染和发病。4~5 月和8 月为两次传染高峰。病菌孢子借风雨传播，喜侵染和寄生老树、弱树，由伤口侵入。

53.法桐干腐病

【症状】该病是为害法桐的重要病害之一,主要为害幼苗至大树的枝干,引起枝枯或整株枯死。大树主要发生在干基部,少数在上部枝梢的分杈处。大树基部被害,外部无明显症状,剥开树皮内部已变色腐烂,有臭味,木质部表层产生褐色至黑褐色不规则斑。病斑不断扩展,包围树干一周,造成病斑以上枝干枯死,叶片即发黄凋萎。枝梢或幼树的主茎受害,病组织呈水渍状腐烂,产生明显的溃疡斑,稍凹陷,边缘紫褐色;随着病斑的扩展,不久病斑以上部位即枯死(图 2-53a、图 2-53b)。

【病原】一类弱寄生性真菌。

【发病规律】病原菌常自干基部侵入,也有从干部开始发病的。地下害虫的伤口是侵染主要途径。土壤含水量过高或大风造成的伤口,以及人、畜活动造成的机械伤,都能成为侵染途径。病害盛发期在 5~9 月。气温 25 ℃以上,相对湿度 85%以上时,病斑扩展迅速。速生品种上往往发病重。病害的发生与日灼、干旱等因子以及与寄主植物长势衰弱有关。

属于该类病害的种类还有:柳树干腐病(图 2-53c、图 2-53d)、西府海棠溃疡病(图2-53e、图 2-53f)、榆树溃疡病(图 2-53g、图 2-53h)、挪威槭溃疡病(图 2-53i、图 2-53j)、泡桐腐烂病(图 2-53k、图 2-53l)等。

【枝干烂皮病、溃疡病、干腐病类防治措施】

(1)加强出圃苗木检查,严禁带病苗木出圃,对插条进行消毒处理;重病苗木要烧毁,以免传播。加强栽培管理,提高抗病力。如随起苗随栽植,避免假植时间过长。避免伤根

图 2-53a 法桐干腐病

图 2-53b 法桐干腐病

和干部皮层损伤，定植后及时浇水等。

（2）选用抗病树种与品种：尽量不采用抗逆性弱的速生树种，如速生杨、速生柳、速生法桐、速生白蜡等。选用抗性强的品种，如日本白杨、沙兰杨、毛白杨、意大利 214 杨、新疆杨等较抗病，而小叶杨、小美旱杨等易感病。

（3）药剂防治：发病高峰期前，用溃腐灵稀释 50~80 倍液，涂抹病斑或用注射器直接注射病斑处，或用溃疡灵 50~100 倍液、多氧霉素 100~200 液、70%甲基托布津 100 倍液、50%多菌灵 100 液、50%退菌特 100 倍液、20%抗农 120 水剂 10 倍液、2.12%的 843 康复剂 100 倍液、菌毒清 80 倍液喷洒主干和大枝，阻止病菌侵入。秋末涂上白涂剂，1%波尔多液或 0.5 波美度石硫合剂。

图 2-53c 柳树干腐病

图 2-53d 柳树干腐病

图 2-53e 西府海棠溃疡病

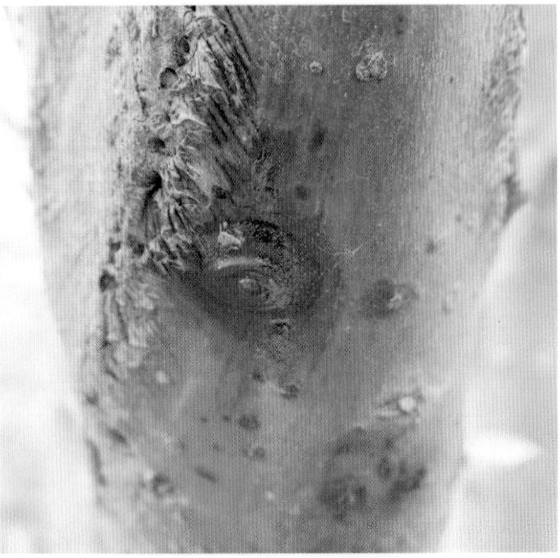

图 2-53f 西府海棠溃疡病

图 2-53g 榆树溃疡病

图 2-53h 榆树溃疡病

图 2-53i 挪威槭溃疡病

图 2-53j 挪威槭溃疡病

图 2-53k 泡桐腐烂病

图 2-53l 泡桐腐烂病

八、煤污病类

54.花木煤污病

【症状】 该病典型症状是在叶面、枝梢上形成黑色小霉斑，后扩大连片，使整个叶面、嫩梢上布满黑霉层。由于煤污病菌种类很多，同一植物上可染上多种病菌，其症状上也略有差异。呈黑色霉层或黑色煤粉层是该病的重要特征。煤污病的主要为害是抑制了植物的光合作用，削弱植物的生长势。另外，由于观赏植物的叶面布满黑色的霉层，严重破坏了植物的观赏性（图 2-54a、图 2-54b、图 2-54c）。

【病原】 多种附生菌和寄生菌。常见的有性态是小煤炱菌（*Meliola* sp.）和煤炱菌（*Capnodium* sp.）；常见的无性态是散播烟霉（*Fumago vagans* Pers）和枝孢霉（*Cladosporium* sp.）。小煤炱菌属子囊菌亚门、小煤炱菌属。小煤炱菌为高等植物上的专性寄生菌。菌丝体生于植物体表面，黑色，有附着枝，并以吸器伸入寄主表皮细胞内吸取营养。

图 2-54a 煤污病为害柑橘状

图 2-54b 煤污病为害毛白杨状

图 2-54c 煤污病为害紫薇状

煤炱菌属子囊菌亚门、煤炱菌属，该菌主要依靠蚜虫、介壳虫的分泌物生活。

【发病规律】病菌以菌丝体、分生孢子、子囊孢子在病部及病落叶上越冬，翌年孢子由风雨、昆虫等传播。高温高湿，通风不良，蚜虫、介壳虫等能够产生分泌物的害虫发生量大时，均可加重病情。露地栽培的花木，其发病盛期为春夏季节；温室栽培的花木，可周年发生。

【防治措施】

(1)及时防治蚜虫、介壳虫等害虫，减少其分泌物，从而达到防病的目的。

(2)冬季或早春，喷洒波美 3~5 波美度的石硫合剂，以杀死越冬的菌源，从而减轻病害的发生。

(3)加强栽培管理，适度修剪，通风透光，以降低湿度，减轻病害的发生。

第二节 原核生物病害

原核生物病害主要包括细菌性根癌病、细菌性软腐病及植原体病害等。根癌病主要是野杆菌属的细菌侵染植物的根与茎所致，其通过伤口进入植物，刺激细胞分裂和增大，形成黑褐色、粗糙龟裂、大小不一的根瘤；软腐细菌（欧氏杆菌）侵染植物组织时，由于其具有复杂的酶系统，分解植物细胞间的中胶层，使组织崩溃，并使组织彻底腐烂，而表现出软腐症状。软腐病可以发生在植株的任何部分，有时发生在茎基部或根部，引起上部枯萎，外观似维管束受害所致的萎蔫病。植原体病害的病原是一类介于细菌与病毒之间的特殊微生物，有细胞结构，但无细胞膜，引起的症状有丛枝、黄化等。

一、根癌病类

55.樱花根癌病

【症状】 病害发生于根颈部位，也发生在侧根上。最初病部组织肿大，不久扩展成球形或半球形的瘤状物，幼瘤为乳白色或白色，按之有弹性，以后变硬。肿瘤可不断增大，表面粗糙，褐色或黑褐色，表面龟裂。严重时地上部分表现为生长不良，叶色发黄。苗木受害后根系发育不良，根的数量减少，细根极少，植株矮化，地上部分生长缓慢，树势衰弱，严重时叶片黄化、早落，

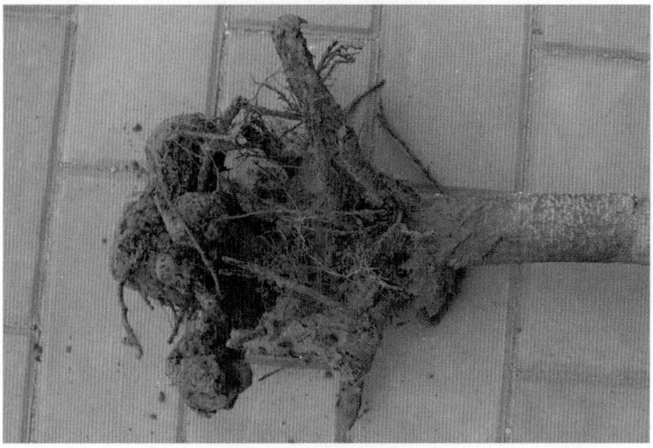

图 2-55a 樱花根癌病

图 2-55b 樱花根癌病

图 2-55c 樱花根癌病

甚至全株枯死。肿瘤可以两倍或几倍于被害部位的粗度，有时可大到拳头状，引起幼苗迅速死亡（图 2-55a、图 2-55b、图 2-55c）。

【病原】 病原为根癌土壤杆菌 *Agrobacterium tumefaciens* (Smith et Towns.) Conn.。

【发病规律】 病菌及病瘤存活在土壤中或寄主瘤状物表面，随病组织残体在土壤中可存活 1 年以上。灌溉水、雨水、采条嫁接、作业农具及地下害虫均可传播病菌，通过各种伤口侵入植株。带病种苗和种条调运可远距离传播。土壤潮湿、积水、有机质丰富时发病严重，碱性土壤有利于发病。连作利于发病。苗木根部有伤口易发病。不同品种的樱花抗病性有明显差异，如染井吉野、八重垂枝樱等易发病，而关山、菊樱等品种则较抗病。

56.杨树根癌病

图 2-56 杨树根癌病

【症状】 幼树和新栽的苗木感病后，生长缓慢，植株矮小，严重时叶片枯黄，早期脱落，直至死树。苗木和幼树发病部位多见于主干基部和侧根。发病初期出现近圆形小瘤，呈浅黄色或白色。当癌瘤老化时，表皮细胞脱落，瘤体表面粗糙龟裂、颜色变黑褐。发病后期，在寄主主根基部或侧根部的癌瘤常常会拱出地面，有时树干上也会出现大小不一的一群瘤体(图 2-56)。

【病原】 由根癌细菌 *Agrobacterium tumefactions* (Smith et Towns.) Conn.所致。

【发病规律】 病菌主要存活于癌瘤的表层和土壤中，存活期为 1 年以上。若两年得不到侵染机会，细菌就失去致病力和生活力。病菌靠灌溉水、雨水、地下害虫等传播，远距离传播靠病苗和种条。病原细菌从伤口侵入，经数周或 1 年以上可表现症状。细菌侵入寄主后主要在皮层细胞中定植，致使皮层细胞迅速大量增殖、膨大。沙壤土偏碱且湿度大利于发病，连作苗圃发病重。苗木根部伤口多时利于发病。

【根癌病类防治方法】

(1)加强检疫检查与苗木处理：对可疑苗木用 12%中生菌素可湿性粉剂 500~800 倍液浸泡 30 分钟或 1%的硫酸铜液浸泡 5 分钟，清水冲洗后再栽植；也可利用抗根癌药剂——放射形土壤杆菌菌株 84(简称 K84)30 倍液浸根 5 分钟后定植。

(2)加强栽培管理：及时拔除发病严重的植株，并烧毁；改劈接为芽接，嫁接用具可用 0.5%高锰酸钾消毒；精心管理，注意防治地下害虫，避免各种伤口。

(3)土壤处理：对病株周围的土壤，可按 50~100 g/m^2 的用量，撒入硫黄粉消毒。

(4)发病地的防治：对已发病的轻病株可用 300~400 倍的抗菌剂"402"浇灌，也可切除瘤体后用 12%中生菌素可湿性粉剂 500~800 倍液或 5%的硫酸亚铁涂抹伤口。

二、软腐病类

57.鸢尾细菌性软腐病

【症状】 球根类鸢尾发病时，病株根颈部位发生水渍状软腐，球根糊状腐败，发生恶臭，随着地下部分病害发展，地上新叶前端发黄，不久外侧叶片也发黄，地上部分容易拔起，全株枯黄；其他类别的鸢尾发病时，从地下茎扩展到叶和根茎，叶片开始水渍状软腐，污白色到暗绿色立枯，地上部分植株容易拔起，根颈软腐，有恶臭。球根种植前发病时，像冻伤水渍状斑点，下部变茶褐色，恶臭，具污白色黏液；发病轻的球根种植后，叶先端具水渍状褐色病斑，展叶停止，不久全叶变黄枯死，整个球根腐烂(图 2-57)。

【病原】 病原为细菌，已知有 2 种，即胡萝卜软腐欧文氏菌胡萝卜致病变种 *Erwinia carotovora* pv. Carotovora (Jones) Berge 和海芋欧文氏菌 *Erwinia aroideae* (Townsend) Holl.。

【发病规律】 病菌在土壤和病残上越冬，在土壤中可存活数月，在土壤中的病株残体内可长年存活。病菌靠水流、昆虫及病健叶接触或操作工具等传播，从虫伤口、分株伤口、移植时损伤及其他伤口侵入，尤其是钻心虫造成的幼叶伤口及分根移栽造成的伤口，都为细菌的侵入提供了方便。该病在自然条件下 6~9 月发生。当温度高、湿度大，尤其是土壤潮湿时发病严重；种植过密、绿荫覆盖度大的地方球茎易发病；连作时发病重。德国鸢尾、奥地利鸢尾发病普遍。

图 2-57 鸢尾细菌性软腐病

【软腐病类的防治措施】

(1)及时拔除病株并烧毁。

(2)加强栽培管理：在夏秋多雨的季节浇水时，应选在早上 9 时之前，栽培基质不能长期积水，同时避免叶片表面长期湿润；要施用充分腐熟的肥料，并增施钾肥；高温多湿时要注意通风降温除湿；光照较强时，应注意遮阴，防止叶片灼伤；另外，还要及时防治介壳虫等害虫，防止造成伤口。

（3）消毒：为了提早预防软腐病的发生，应当从定植苗时开始，首先是对栽花用的盆土进行消毒灭菌，可用高压锅直接灭菌，也可在 30 ℃以上的晴天露天暴晒 1~2 周，利用阳光紫外线杀灭细菌。药物对土壤和种球消毒，可用 1:80 倍福尔马林液消毒。同时要注意工具消毒，避免交叉传染。

（4）长途运输时，保持集装箱内干燥，防止产生新鲜伤口。装运的容器要留通气口，有利于排风散热。

（5）发病初期可用 12%中生菌素可湿性粉剂 500~800 倍液喷雾或灌根进行防治。

（6）发病较严重、根基部有部分腐烂时，可剥去病部，将剩余根茎浸泡在 12%中生菌素可湿性粉剂 500~800 倍药液内 3 小时，再栽种于素沙土内，不久即可长出新根，发出新芽，然后在消毒的新土中重新栽植。

（三）植原体病害

58.泡桐丛枝病

【症状】 发病开始时，个别枝条上大量萌发腋芽和不定芽，抽生很多的小枝，小枝上又抽生小枝，抽生的小枝细弱，节间变短，叶序混乱，病叶黄化；至秋季簇生成团，呈扫帚状；冬季小枝不脱落。发病的当年或第 2 年小枝枯死，若大部分枝条枯死会引起全株枯死（图 2-58a、图 2-58b、图 2-58c、图 2-58d）。

【病原】 泡桐丛枝病是由一种比病毒大的微生物——植原体（Mycoplasma-like Organism，简称 MLO）引起的。该病主要通过茎、根、病苗、嫁接传播。在自然情况下，也可由烟草盲蝽、茶翅蝽在取食过程中传播。

【发病规律】 植原体大量存在于韧皮部输导组织的筛管内。病原菌主要通过筛板孔而侵染全株。秋季随树液流向根部，春季又随树液流向树体上部。烟草盲蝽和茶翅蝽是传播泡桐丛枝病害的介体昆虫。带病的种根和苗木的调运是病害远程传播的重要途径。泡桐的种子带病率极低或基本不带病，故用种子繁殖的实生苗及其幼树发病率很低，而用平茬苗繁殖的泡桐发病率则显著增高。在相对湿度大、降雨量多的地区，一般发病较轻。一般白花泡桐、川桐和台湾泡桐较抗病，兰考泡桐、楸叶泡桐易感病。

图 2-58a 泡桐丛枝病

图 2-58b 泡桐丛枝病

图 2-58c 泡桐丛枝病

图 2-58d 泡桐丛枝病

图 2-59a 枣疯病

59.枣疯病

【症状】幼苗和大树均可受侵染发病。病树主要表现为丛枝、花叶和花变叶 3 种特异性的症状。①丛枝：病株的根部和枝条上的不定芽或腋芽大量萌发并长成丛状的分蘖苗或短疯枝，枝多枝小、叶片变小，秋季不落。②花叶：新梢顶端叶片出现黄绿相间的斑驳，明脉，叶缘卷曲，叶面凹凸不平、变脆。果小、窄，果顶锥形。③花变叶：病树花器变成营养器官，花梗和雌蕊延长变成小枝，萼片、花瓣、雄蕊都变成小叶。病树树势迅速衰弱，根部腐烂，3~5 年内就可整株死亡（图 2-59a、图 2-59b、图 2-59c、图 2-59d）。

【病原】植原体是介于病毒和细菌之间的多形

图 2-59b 枣疯病

图 2-59d 枣疯病

图 2-59c 枣疯病

态质粒，无细胞壁，易受外界环境条件的影响，形状多样，大多为椭圆形至不规则形。

【发病规律】该病主要通过各种嫁接（如芽接、皮接、枝接、根接）、分根传染。病原物侵入后，首先运转到根部，经增殖后再由根部向上运行，引起地上部发病。从嫁接到新生芽上出现症状（即潜育期）最短 25 天，最长可达 1 年以上。影响潜育期的长短主要有 3 个因素：一是嫁接接种时间，6 月底以前嫁接的，当年就能发病，以后嫁接的要到翌年才发病。二是接种部位，根部接种的当年发病早，嫁接枝干的当年发病晚或到翌年才发病。三是接种量，枝（芽）接块数多或接种病原物数量大时发病快。一般苗木比大树发病快。

在自然界中，除嫁接和分根传染之外，也能通过橙带拟菱纹叶蝉、中华拟菱纹叶蝉、红闪小叶蝉、凹缘菱纹叶蝉等昆虫传病。

60.花木带化病

【症状】该病为害丝棉木、国槐、紫穗槐、油桐、香椿等植物，使得枝条变扁，带状弯曲，既影响树木生长，又影响绿化美化。该病发生后，嫩枝尖端呈扁平的带状，宽 2~5 cm，长 15~20 cm，有的卷曲向内再向上生长，形成一个大疙瘩；有的扭曲呈钩状生长，酷似一

图 2-60 丝棉木带化病

把砍柴刀(图 2-60)。病枝上伴有簇生枝及小叶,入冬则脱落,第二年春天,在病枝上又萌发出新的簇生枝及小叶。

【病原】 植原体(MLO)。

【发病规律】 原因不详。

【植原体病害的防治措施】

(1)加强检疫,防治危险性病害的传播。

(2)栽植抗病品种或选用培育无毒苗、实生苗。

(3)及时剪除病枝,挖除病株,可以减轻病害的发生。在病枝基部进行环状剥皮,宽度为所剥部分枝条直径的 1/3 左右,以阻止植原体在树体内运行。

(4)防治刺吸式口器昆虫(如蝽、叶蝉等),可喷洒 50%吡蚜酮可湿性粉剂 2500~5000 倍液、10%氟啶虫酰胺水分散粒剂 2000 倍液等药剂,可减少病害传染。

(5)喷药防治:植原体引起的丛枝病可用四环素、土霉素、金霉素、氯霉素 2000 倍液喷雾。

第三节　病毒病害

常见的花卉或其他植物上，几乎都有病毒病发生，同时一种病毒病可感染几种至几十种上百种不同植物，其中一些优势种已成为生产上的严重问题。1971 年以后，在过去人们统称为病毒病的病原中，又发现了类病毒。

植物病毒病害几乎都属于系统的病害，先局部发病，或迟或早都在全株出现病变和症状。病毒病害的症状变化很大，同一病毒在不同的寄主或品种上表现都有所不同，有的可不表现症状，成为无症带毒者，有的在高温或低温下成为隐症。同时病毒常发生复合感染，或由于寄主的龄期不同，幼苗往往发病重，症状显著，老龄期病轻或不表现症状。因此单靠症状很难鉴别病毒种类，往往要靠鉴别（或诊断）寄主，主要是能产生局部枯斑的寄主，以及其他系统侵染的寄主，作为鉴别的手段。当然进一步的鉴定还要用电镜和血清学的方法。植物病毒病没有病理特征，易同生理病害相混淆，但前者多分散呈点状分布，后者较集中呈片状发生。病毒没有主动侵入寄主的能力，只能从机械的或传播介体所造成的伤口侵入（产生微伤而又不使细胞死亡）；多数病毒在自然条件下借介体传播，主要是蚜虫、叶蝉及其他昆虫；其次是土壤中的线虫和真菌。传病的另一重要途径是无性繁殖材料，这在观赏植物中更为突出，病毒通过接穗、块根、块茎、鳞茎、压条、根蘖、插条而广为传播；其他传播途径还有种子、花粉等。豆科、葫芦科、菊科植物种子传病毒比较普遍。

61.美人蕉花叶病

【症状】 该病侵染美人蕉的叶片及花器。发病初期，叶片上出现褪绿色小斑点，或呈花叶状，或有黄绿色和深绿色相同的条纹，条纹逐渐变为褐色坏死，叶片沿着坏死部位撕裂，叶片破碎不堪。某些品种上出现花瓣杂色斑点和条纹，呈碎锦样。发病严重时心叶畸形、内卷呈喇叭筒状，花穗抽不出或很短小，其上花少、花小；植株显著矮化（图 2-61a、图 2-61b）。

【病原】 黄瓜花叶病毒 (Cucumber mosaic virus)是美人蕉花叶病的病原。病毒粒体为20面体，直径28~30 nm，钝化温度为70 ℃，稀释终点为1:10^4，体外存活期为3~6天。另外，我国有关部门还从花叶病病株内分离出美人蕉矮化类病毒（Canna dwarf viriod），初步鉴定为黄化类型症状的病原物。

【发病规律】　黄瓜花叶病毒在有病的块茎内越冬。该病毒可以由汁液传播，也可以由棉蚜、桃蚜、玉米蚜、马铃薯长管蚜、百合新瘤额蚜等做非持久性传播，由病块茎做远距离传播。黄瓜花叶病毒寄主范围很广，能侵染40~50种花卉（如唐菖蒲花叶病）。美人蕉品种对花叶病的抗性差异显著。大花美人蕉、粉叶美人蕉、普通美人蕉均为感病品种；红花美人蕉抗病，其中“大总统”品种对花叶病是免疫的。蚜虫虫口密度大，寄主植物种植密度大，枝叶相互摩擦时发病均重。美人蕉与百合等毒源植物为邻，杂草、野生寄主多，均加重病害的发生。挖掘块茎的工具不消毒，也容易造成有病块茎对健康块茎的感染。

图2-61a 美人蕉花叶病

图2-61b 美人蕉花叶病

【防治措施】

（1）淘汰有毒的块茎：秋天挖掘块茎时，把地上部分有花叶病症状的块茎弃去。

（2）生长季节发现病株应及时拔除销毁，清除田间杂草等野生寄主植物。

（3）防治传毒蚜虫，可以定期地喷洒吡虫啉、啶虫脒等杀虫剂。

（4）用美人蕉布景时，不要把美人蕉和其他寄主植物混合配置，如唐菖蒲、百合等。

（5）发病初期，采用0.5%抗毒剂1号600倍液、2%宁南霉素200~300倍液、4%博联生物菌素200~300倍液（日落前2小时），植物病毒疫苗600倍液喷雾。

62.百日草花叶病

【症状】　发病初期，感病叶片上呈轻微的斑驳状，以后成为深浅绿斑驳症，叶片皱缩卷曲。新叶上症状更为明显（图2-62a、图2-62b）。

【病原】　引起百日草花叶病的病毒主要是黄瓜花叶病毒CMV，其次为苜蓿花叶病毒AMV、烟草花叶病毒TMV等。

【发病规律】　该病可以由多种蚜虫传播，黄瓜花叶病毒的寄主范围很广，而且百日

图 2-62a 百日草花叶病

图 2-62b 百日草花叶病

草生长季节又是蚜虫活动期，蚜虫与病害的发生有很大的相关性。

【防治措施】

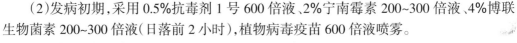

(1)灭蚜对该病有一定的控制作用。另外，保持水肥充足的同时，也要注意田间的卫生管理，根除病株，清除杂草，以减少侵染源。

(2)发病初期，采用 0.5%抗毒剂 1 号 600 倍液、2%宁南霉素 200~300 倍液、4%博联生物菌素 200~300 倍液（日落前 2 小时），植物病毒疫苗 600 倍液喷雾。

63.鸢尾花叶病

【症状】 典型受害的叶、花产生褪色（黄色）杂斑和条纹，有的品种在灰绿色叶上出现蓝绿色斑块，受害严重时，可使花和鳞茎产量减少。有些鸢尾感染病毒后症状并不严重，但西班牙鸢尾发生较为普遍，而且会形成严重褪绿症状，花瓣呈脱色现象，重者甚至花蕾不能开放。德国鸢尾感病后尽管植株矮化、花小，但不十分严重。球根鸢尾受害后，则产生严重花叶，甚至芽鞘地下白色部分也具有明显浅紫色病斑或浅黄色条纹（图 2-63a、图 2-63b）。

图 2-63a 鸢尾花叶病

【病原】 引起鸢尾花叶病的病原是鸢尾花叶病毒(Iris mosaic virus，IMV)，病毒线条状，大小为（750~760）μm×12 μm。致死温度 65~70 ℃，体外保毒期 3~4 天（20 ℃）或 16~32 天（2 ℃）。

【发病规律】 汁液能传毒。许多蚜虫如棉蚜、桃蚜、马铃薯蚜等是传毒介体。鸢尾花叶病毒除为害很多鸢尾科植物，如德国鸢尾、矮鸢尾、网状鸢尾外，还能为害唐菖蒲以及其他一些野生植物。

【防治措施】

（1）及时拔除病株并烧毁，以减少浸染源。

（2）选育耐病或抗病毒的品种，栽培健康种球。

（3）生长季节及时防除蚜虫，可选用 50%吡蚜酮可湿性粉剂 2500~5000 倍液、10%氟啶虫酰胺水分散粒剂 2000 倍液等药剂进行喷雾防治。

（4）发病初期，采用 0.5%抗毒剂 1 号 600 倍液、2%宁南霉素 200~300 倍液、4%博联生物菌素 200~300 倍液（日落前 2 小时），植物病毒疫苗 600 倍液喷雾。

图 2-63b 鸢尾花叶病

64.牡丹病毒病

【症状】 由于病原种类较多，所以本病表现症状也比较复杂。牡丹环斑病毒为害后在叶片上呈现深绿和浅绿相间的同心轮纹斑，病斑呈圆形，同时也产生小的坏死斑，发病植株较健株矮化。烟草脆裂病毒为害后也产生大小不等的环斑或轮斑，有时则呈不规则形。而牡丹曲叶病毒则引起植株明显矮化，下部枝条细弱扭曲，叶片黄化卷曲（图 2-64a、图 2-64b）。

图 2-64a 牡丹花叶病

【病原与发病规律】 引起牡丹病毒病的病原主要有三种，分别是牡丹环斑病毒（Peony ringspot virus，PRV）、烟草脆裂病毒（Tobacco rattle virus，TRV）、牡丹曲叶病毒(Peony leaf curl virus，PLCV)。PRV 粒体为球状，难以通过汁液摩擦传播，主要由蚜虫传播。TRV 粒体为杆状，能通过汁液摩擦接种，另外线虫、菟丝子和牡丹种子都能传毒。PLCV 主要由嫁接传染。生产中采用病株分株、嫁接繁殖及受到蚜虫为害时，均可传播病毒病。上述病毒寄主植物范围广，PRV、PLCV 为害芍药、

图 2-64b 牡丹花叶病

牡丹;TRV 除为害芍药、牡丹外,还为害风信子、水仙、郁金香等花卉。

【防治措施】

(1)严禁引进使用带病毒的苗木,发现病株即拔除烧毁。田间发现病株,应及时清除,清理周围杂草。

(2)生长季节及时防治蚜虫、叶蝉、螨类、蚧类、蝽类等刺吸式口器昆虫。

(3)名贵品种苗木病株可置于 36~38 ℃的温度下 21~28 天脱毒。

(4)连片侵染发病时,采用 0.5%抗毒剂 1 号 600 倍液、2%宁南霉素 200~300 倍液、4%博联生物菌素 200~300 倍液(日落前 2 小时),植物病毒疫苗 600 倍液喷雾。

65.月季花叶病

【症状】 其症状表现因月季品种不同而异,主要以小的失绿斑点为特征,有时呈现多角形纹饰。病斑周围的叶面常多少有些畸形。有些症状呈环形、不定形的波状斑纹,以及栎叶型的褪绿斑,对生长势一般无影响,或有经微影响到严重的矮化。有的表现为花叶;有些在叶尖或中部,或近叶基部出现一条淡黄色单峰曲线状褪绿带,或呈系统环斑、栎叶状褪绿斑;有些表现黄脉、叶畸形及植株矮化(图 2-65a、图 2-65b、图 2-65c)。

【病原】 该病病原主要为月季花叶病毒(Rose mosaic virus,RMV),病毒质粒结构球状,约 25 μm;致死温度为 54 ℃,稀释终点 1:125,体外存活期 6 小时(室温)。

图 2-65a 月季花叶病

【发病规律】 该病毒在寄主活组织内越冬,病毒可通过汁液传播,嫁接和蚜虫也传毒。夏季强光和干旱有利于显症和扩展,也常出现隐症或轻度花叶症。

【防治措施】

(1)发现病株立即拔除并烧毁。

(2)避免用感病月季做繁殖材料。

(3)生长季节防治传毒媒介,如蚜虫、木虱等。

(4)发病初期喷洒生物制剂好普(20%氨基寡糖水剂)500~800 倍液,每 5~7 天喷一次,连喷 3 次。

图 2-65b 月季花叶病

图 2-65c 月季花叶病

第四节 线虫病害

66.菊花根结线虫病

图 2-66a 根结线虫病为害豆瓣绿状

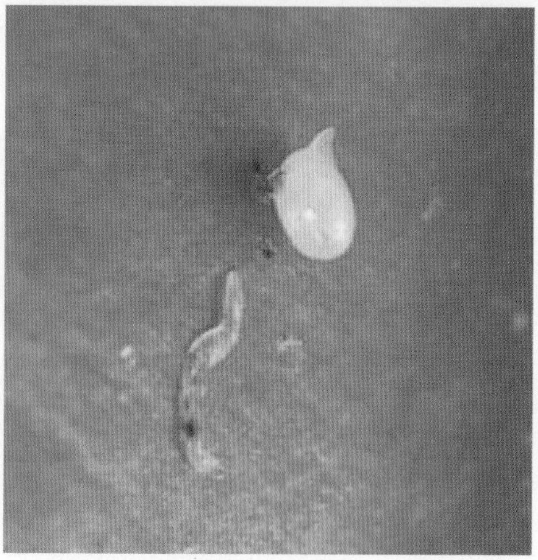

图 2-66b 根结线虫病的雌虫与雄虫

【症状】该病使植株生长受阻，严重时全株枯死。其寄主范围很广，除菊花外，还可为害仙客来、大理菊、石竹、唐菖蒲、鸢尾、香豌豆、矮牵牛、风尾兰、堇菜、百日草、紫菀、凤仙花、金盏菊、豆瓣绿(图 2-66a)等植物。病株主根、侧根及支根形成大小不一的瘤状物，一般单生。根瘤初为淡黄色，表皮光滑，以后变为褐色，表皮粗糙。若切开根瘤，则在剖面上可见有发亮的白色点粒，此为梨形的雌虫体。严重者根结呈串珠状，须根减少，地上部分植株矮小，生长势衰弱，叶色发黄，树枝枯死，以致整株死亡。症状有时与生理病害相混淆。根结线虫除直接为害植物外，还使植株易受真菌及细菌的为害。

【病原】根结线虫属南方根结线虫 *Meloidogyne incognita* (Kof. et White) Chitw.、花生根结线虫 *Meloidogyne arenaria* (Neal) Chitw.、北方根结线虫 *Meloidogyne hapla* Chitw.、爪哇根结线虫 *Meloidogyne javania* (Treub.) Chitw，以前两种病原发生较为普遍。该线虫雌虫呈洋梨形，雄虫呈蠕虫形(图 2-66b)。

【发病规律】病土和病残体是最主要的侵染来源。病土内越冬的 2 龄幼虫，可直接侵入寄主的幼根，刺激寄主中柱组织，引起巨型细胞的形成，并在其上取食，于是受害的根肿大而成虫瘿(根结)。但也可以卵越冬，翌年环境适宜时，卵孵化为幼虫，入侵寄主。幼虫经 4 个龄期发育为成虫，随即交配产卵,孵化后的幼虫又再侵染。在适宜条件下(适温20~25 ℃)线虫完成 1 代仅需 17 天左右,长者 1~2 个月,1 年可发生 3~5 代,温度较高,多湿通气的沙壤土发病较重。线虫可通过水流、病肥、病种苗及农事作业等方式传播。该线虫随病残体在土中可存活 2 年。

67.瓜子黄杨根结线虫病

【症状】 根部:主根、侧根上形成大小不等的根结,即虫瘿,感病根比健康根短,侧根和根毛少(图 2-67a、图 2-67b)。地上部分:生长衰弱,新叶边缘皱缩,黄化,提早脱落,严重时当年死亡。

【病原】 病原为线虫纲,根结线虫属(*Meloidonyge* spp.)的一些种。常见的种类有:花生根结线虫 *Meloidonyge arenaria* (Neal) Chitw.、南方根结线虫 *Meloidonyge incognita* (Kof. et White) Chitw.、北方根结线虫 *Meloidonyge hapla* Chitw.、爪哇根结线虫 *Meloidonyge javania* (Treub.)Chitw.。

【发病规律】 以卵或 2 龄幼虫在土壤中,或未成熟的雌虫在寄主内越冬。靠种苗、农具、肥料、水流以及线虫本身的移动传播。一般沙性土壤发病重。

【防治措施】

(1)加强植物检疫,防止根结线虫扩展、蔓延。

(2)在有根结线虫发生的圃地,应避免连作感病寄主,应与松、杉、柏等不感病的树种轮作 2~3 年。圃地深翻或浸水 2 个月可减轻病情。

(3)生物防治:淡紫拟青霉是病原线虫卵的寄生真菌,按每亩用 2 亿活孢子/克的淡紫拟青霉粉剂 2.5~3 kg,与适量细土混匀,穴施后移栽苗木,对根结线虫有一定的防治效果。

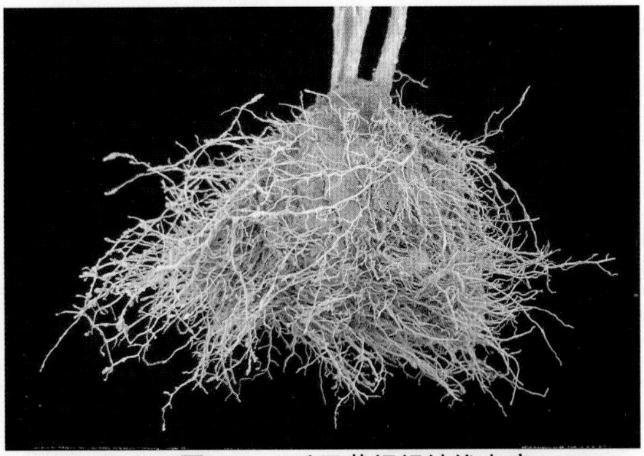

图 2-67a 瓜子黄杨根结线虫病

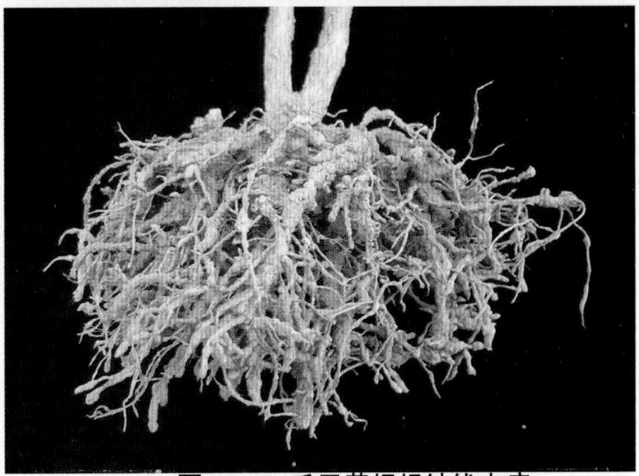

图 2-67b 瓜子黄杨根结线虫病

(4)药剂处理土壤:采用 10%噻唑颗粒剂(福气多)2 kg/667 m^2,或 0.5%阿维菌素颗粒剂 3 kg/667 m^2,与 20 kg 细干土充分拌匀,将药土均匀撒于土表,用机械或铁耙将药剂与畦面 20 cm 表土层充分拌匀,当天定植苗木。除上述全面土壤混合施药外,也可沟施或穴施,按 1 m^2 用 1.8%阿维菌素乳油 1 mL,兑水 3 L 喷施于定植沟后移栽。35%威百亩水剂(线克)兑水沟施,播种(定植)前 20 天,先在畦面上开沟,沟深 20 cm,沟间相距 20 cm,按照 4~6 kg/667 m^2 用药量兑水 400 L 稀释后,均匀浇施于沟内,随即覆土踏实、覆膜熏蒸,15 天后撤掉地膜、耕翻放气,再播种或移栽。

(5)盆土物理处理:炒土或蒸土 40 分钟,注意加温勿超过 80 ℃,以免土壤变劣;或在夏季高温季节进行太阳曝晒,在水泥地上将土壤摊成薄层,白天曝晒,晚上收集后用塑料膜覆盖,反复曝晒 2 周,其间要防水浸,避免污染。

第五节 其他侵染性病害

68.中国菟丝子

【症状】中国菟丝子主要为害彩叶草、长春花、菊花、一串红、翠菊、地肤、美女樱、三叶草等草本植物，以茎缠绕在寄生植物的茎部，并以吸器伸入寄生植物茎或枝干内与其导管和筛管相连结，吸取全部养分，导致被害园林植物发育不良，生长受阻碍。病株通常表现为生长矮小和黄化，甚至植株枯萎死亡。

【病原】中国菟丝子 *Cuscuta chinensis* Lain.，又名无根藤、金丝藤，属于寄生种子植物。茎丝线状，橙黄色，叶退化成鳞片。花簇生，外有膜质苞片；花萼杯状，5 裂；花冠白色，长为花弯 2 倍，顶端 5 裂，裂片常向外反曲；雄蕊 5，花丝短，与花冠裂片互生；鳞片 5，近长圆形；子房 2 室，每室有胚珠 2 颗，花柱 2，头状。蒴果近球形，成熟时被花冠全部包围。种子淡褐色（图 2-68a、图 2-68b、图 2-68c、图 2-68d、图 2-68e、图 2-68f）。

图 2-68a 中国菟丝子为害状

【发生规律】一年生全寄

图 2-68b 中国菟丝子为害状

图 2-68c 中国菟丝子为害状

图 2-68d 中国菟丝子为害状

生草本，花果期 7~10 月，种子繁殖。生长在山坡路旁、河边。

【防治措施】

(1)加强对菟丝子的检疫检查：其种源可能是来自商品种苗地中，在购买种苗时必须到苗圃地上去实地踏看，以免将检疫对象带入。另一个常见发生地，往往是在老的苗圃地，历年都种植菊花的地域中，在购买盆花或苗木时也应注意防止菟丝子带入。

(2)减少侵染来源：菟丝子的种子一是落入土中，二是混杂在寄主植物的种子中。因此，冬季深翻，使种子深埋土中不易萌发到达地面而死亡。

(3)对已经传入的寄生植物，可以利用它和寄主建立了寄生关系之后根茎逐渐向上枯萎死亡，依靠寄主营寄生生活的特点，采用人工连叶带柄全部拔除，不留下一丝菟丝子的营养体和吸器。拔除的叶、叶柄和菟丝子的残茎，可以置于水泥地上晒干，以防再次寄生。如果是在菊花等苗木中，也要清除枝叶上所有的缠绕茎及吸器，否则难以奏效。拔除未发芽的种子，3 月下旬发现少数菟丝子发芽，即行拔毁，连同未发芽的种子一起拾除。秋季开花未结子前，摘除所有菟丝子花朵，杜绝次年再发生。

(4)对那些每年都要反复发生，而且有大量菟丝子休眠种子的地块，可以改种狗芽根，利用植物间的生化他感效应来控制菟丝子的为害。

(5)药剂防治：可用鲁保 1 号真菌孢子喷洒到菟丝子茎上，使孢子在菟丝子体内寄生，最后由真菌杀死菟丝子；也可选用菟丝子专用除草剂——菟丝灵防治。

图 2-68e 中国菟丝子为害状

图 2-68f 中国菟丝子为害状

69.槲寄生

【症状】 槲寄生主要为害榆、杨、柳、桦、栎、梨、李、苹果、枫杨、椴属植物。

【病原】 槲寄生 *Viscum coloratum*(Kom.)Nakai，又名北寄生、桑寄生、柳寄生、黄寄生、冻青、寄生子，属于寄生种子植物。株高 0.3~0.8 m；主茎与侧枝均为圆柱状，二歧或三歧、稀多歧的分枝，节稍膨大，小枝的节间长 5~10 cm，粗 3~5 mm，干后具不规则皱纹。叶对生，稀 3 枚轮生，厚革质或革质，长椭圆形至椭圆状披针形，长 3~7 cm，宽 0.7~1.5(2)cm，顶端圆形或圆钝，基部渐狭；基出脉 3~5 条；叶柄短。花序顶生或腋生于茎叉状分枝处；雄花序聚伞状，总花梗几无或长达 5 mm，总苞舟形，长 5~7 mm，通常具花 3 朵，中央的花具 2 枚苞片或无。雄花：花蕾时卵球形，长 3~4 mm，萼片 4 枚，卵形；花药椭圆形，长 2.5~3 mm。雌花序聚伞式穗状，总花梗长 2~3 mm 或几无，具花 3~5 朵，顶生的花具 2 枚苞片或无，交叉对生的花各具 1 枚苞片；苞片阔三角形，长约 1.5 mm，初具细缘毛，稍后变全缘。雌花：花蕾时长卵球形，长约 2 mm；花托卵球形，萼片 4 枚，三角形，长约 1 mm；柱头乳头状。果球形，直径 6~8 mm，具宿存花柱，成熟时淡黄色或橙红色，果皮平滑（图 2-69a、图 2-69b、图 2-69c、图 2-69d）。

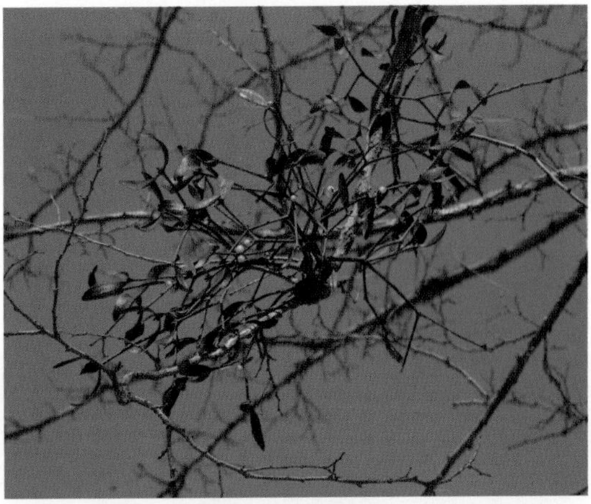

图 2-69a 槲寄生

【发病规律】 灌木，半寄生，雌雄异株；花期 4~5 月，果期 9~11 月，种子繁殖；靠鸟类传播。

【防治措施】 槲寄生具有鲜艳而又带黏性的果实，鸟类食后，种子随鸟类的粪便或黏附而传播，因而鸟类活动频繁的村头、水边、灌丛等处的树受害较重。目前唯一有效的方法是连续砍除被害枝条。

图 2-69b 槲寄生

图 2-69c 槲寄生

图 2-69d 槲寄生

因为寄生植物的寄生根深入寄主体内,如果仅仅砍除寄生植物,寄生根还会重新萌发。冬季寄生植物的果实尚未成熟,寄主植物又多已落叶,使寄生植物更加明显,是进行防治的好时机。

第六节 生理性病害

图 2-70a 栀子缺铁性黄化病

70.缺铁性黄化病

【症状】 该病为害栀子、杜鹃、茶花、含笑、广玉兰、石楠、海棠、玫瑰、八仙花等植物。首先在小枝顶端嫩叶褪绿,从叶缘向中心发展,叶肉变黄色或浅黄色,但叶脉仍呈绿色,扩展后全叶发黄,进而变白,成为白叶。严重时叶片边缘变褐坏死,顶部叶片干枯脱落,植株逐年衰弱,最后死亡(图 2-70a、图 2-70b、图 2-70c、图 2-70d、图 2-70e、图 2-70f)。

【病原】 生理性病害,因缺乏铁元素所致。

【发病规律】园林植物缺铁，主要有以下几个原因：一是土壤 pH 值偏高，在这种碱性土里游离的二价铁离子易被氧化成三价铁离子而不能被根系吸收利用；二是管理不当，偏施化学氮肥造成微量元素比例失调，会引起土壤板结通透性不良，影响根系对铁的吸收。尤其在土壤长久干旱时，表层土壤含盐量增加，也会影响根系对铁的吸收；三是园林立地条件差，导致根系发育不良，在建植时树穴挖得过浅，土层板结度太高，也使铁的吸收受到影响。

【防治措施】

（1）选择排水良好、疏松、肥沃的酸性土栽植，多施腐熟的有机肥。

（2）加强栽培管理：在偏碱性土壤栽植易发生黄化症状的植物时，最好是对土壤进行调酸处理，将园土调至中性或微酸性，改变局部土壤酸碱度。在干旱发生时，及时灌水。

（3）发病初期，可用 0.1%~0.2%硫酸亚铁溶液喷洒叶片，或浇灌 0.2%硫酸亚铁溶液，或土壤中施入铁的螯合物水溶液，通常直径 20 cm 的花盆可用 0.2 g。药剂治疗黄化病，应在病害初期进行，否则效果较差。叶片转绿时，即可停止用药。

图 2-70b 八仙花缺铁性黄化病

图 2-70c 杜鹃缺铁性黄化病

图 2-70d 桃缺铁性黄化病

图 2-70e 玫瑰缺铁性黄化病

图 2-70f 西府海棠缺铁性黄化病

主要参考文献

1.彩万志，庞雄飞，花保祯，等.普通昆虫学[M].北京：中国农业大学出版社,2011.

2.蔡平，祝树德.园林植物昆虫学[M].北京：中国农业出版社，2003.

3.陈捷，刘志诚.花卉病虫害防治原色生态图谱[M].北京：中国农业出版社，2009.

4.陈岭伟.园林病虫害防治[M].北京：高等教育出版社，2002.

5.陈青，梁晓，伍春玲.常用绿色杀虫剂科学使用手册[M].北京：中国农业科学技术出版社，2019.

6.陈申宽.植物检疫[M].北京：中国农业出版社，2015.

7.陈啸寅，马成云.植物保护[M].2 版.北京：中国农业出版社，2008.

8.陈秀虹，伍建榕，杜宇.园林植物病害诊断与养护[M].北京：中国建筑工业出版社，2020.

9.陈玉琴，汪霞.花卉病虫害防治[M].杭州：浙江大学出版社，2012.

10.成卓敏.新编植物医生手册[M].北京：化学工业出版社，2008.

11.程亚樵，丁世民.园林植物病虫害防治[M].2 版.北京：中国农业大学出版社，2011.

12.程亚樵.园艺植物病虫害防治[M].北京：中国农业出版社，2013.

13.丁梦然，夏希纳.园林花卉病虫害防治彩色图谱[M].北京：中国农业出版社，2001.

14.丁梦然.园林苗圃植物病虫害无公害防治[M].北京：中国农业出版社，2004.

15.费显伟.园艺植物病虫害防治[M].2 版.北京：高等教育出版社，2010.

16.胡琼波.植物保护案例分析教程[M].北京：中国农业出版社，2015.

17.胡志凤，张淑梅.植物保护技术[M].2 版.北京：中国农业大学出版社，2018.

18.黄宏英，程亚樵.园艺植物保护概论[M].北京：中国林业出版社，2006.

19.黄少彬.园林植物病虫害防治[M].北京：高等教育出版社，2006.

20.嵇保中，刘曙雯，张凯.昆虫学基础与常见种类识别[M].北京：科学出版社，2011.

21.纪明山.新编农药科学使用技术[M].北京：化学工业出版社，2019.

22.江世宏.园林植物病虫害防治[M].重庆：重庆大学出版社，2007.

23.康克功.园艺植物保护技术[M].重庆：重庆大学出版社，2013.

24.孔宝华，蔡红，陈海如.等.花卉病毒病及防治[M].北京：中国农业出版社，2003.

25.雷朝亮，荣秀兰.普通昆虫学[M].北京：中国农业出版社，2003.

26.李怀方，刘凤权，郭小密.园艺植物病理学[M].北京：中国农业大学出版社，2002.

27.李清西，钱学聪.植物保护[M].北京：中国农业出版社，2002.

28.李庆孝，何传据.生物农药使用指南[M].北京：中国农业出版社，2006.

29.刘仲健，罗焕亮，张景宁.植原体病理学[M].北京：中国林业出版社，1999.

30.卢希平.园林植物病虫害防治[M].上海：上海交通大学出版社，2004.

31.马安民，崔维.园林植物杀虫剂应用技术[M].郑州：河南科学技术出版社，2017.

32.马成云，张淑梅，窦瑞木.植物保护[M].北京：中国农业大学出版社，2011.

33.马成云.作物病虫害防治[M].北京：高等教育出版社，2009.

34.潘文博，周普国.中国农药发展报告(2017)[M].北京：中国农业出版社，2019.

35.初桂红，刘明正. 园林植物常见病虫害识别与防治[M]. 济南：山东电子音像出版社，2014.

36.商鸿生，王凤葵.草坪病虫害及其防治[M].北京：中国农业出版社，1996.

37.上海市农业技术推广服务中心.农药安全使用手册[M].上海：上海科学技术出版社，2009.

38.邵振润，闫晓静.杀菌剂科学使用指南[M].北京：中国农业科学技术出版社，2014.

39.邵振润，张帅，高希武.杀虫剂科学使用指南[M].2 版.北京：中国农业出版社，2014.

40.首都绿化委员会办公室.草坪病虫害[M].北京：中国林业出版社，2000.

41.宋建英.园林植物病虫害防治[M].北京：中国林业出版社，2005.

42.邰连春.作物病虫害防治[M].北京：中国农业大学出版社，2007.

43.陶振国.园林植物保护[M].北京：中国劳动社会保障部出版社，2004.

44.王丽平，曹洪青，杨树明.园林植物保护[M].北京：化学工业出版社，2006.

45.王运兵，吕印谱.无公害农药实用手册[M].郑州：河南科学技术出版社，2004.

46.夏世钧.农药毒理学[M].北京：化学工业出版社，2008.

47.徐秉良，曹克强.植物病理学[M].2 版.北京：中国林业出版社，2017.

48.徐公天，庞建军，戴秋惠.园林绿色植保技术[M].北京：中国农业出版社，2003.

49.徐公天，杨志华.中国园林害虫[M].北京：中国林业出版社，2007.

50.徐公天.园林植物病虫害防治原色图谱[M].北京：中国农业出版社，2003.

51.徐映明.农药问答[M].4 版.北京：化学工业出版社，2005.

52.徐志华，张少飞，乔建国，等.城市绿地病虫害诊治图说[M].北京：中国林业出版社，2004.

53.徐志华.园林花卉病虫生态图谱[M].北京：中国林业出版社，2006.

54.杨子琪，曹华国.园林植物病虫害防治图鉴[M].北京：中国林业出版社，2002.

55.张宝棣.园林花木病虫害诊断与防治原色图谱[M].北京：金盾出版社，2002.

56.张红燕,石明杰.园艺作物病虫害防治[M].北京:中国农业大学出版社,2009.
57.张连生.北方园林植物病虫害防治手册[M].北京:中国林业出版社,2007.
58.张随榜.园林植物保护[M].2 版.北京:中国农业出版社,2010.
59.张巍巍,李元胜.中国昆虫生态大图鉴[M].重庆:重庆大学出版社,2011.
60.张中社,江世宏.园林植物病虫害防治[M].2 版.北京:高等教育出版社,2010.
61.张巍巍.昆虫家谱[M].重庆:重庆大学出版社,2014.
62.赵桂芝.百种新农药使用方法[M].北京:中国农业出版社,1997.
63.赵美琦,孙明,王慧敏.草坪病害[M].北京:中国林业出版社,1999.
64.赵善欢.植物化学保护[M].北京:中国农业出版社,2003.
65.郑加强,周宏平,徐幼林.农药精准实用技术[M].北京:科学出版社,2006.
66.郑进,孙丹萍.园林植物病虫害防治[M].北京:中国科学技术出版社,2003.
67.朱天辉.园林植物病理学[M].2 版.北京:中国农业出版社,2016.
68.梁傢林,姚圣忠.张家口林果花卉昆虫[M].北京:中国林业出版社,2016.
69.丁建云,张建华. 北京灯下蛾类图谱[M].北京:中国农业出版社,2016.
70.虞国跃. 北京蛾类图谱[M].北京:科学出版社,2015.
71.虞国跃. 我的家园——昆虫图记[M].北京:北京电子工业出版社,2017 .
72.虞国跃,王合. 北京林业昆虫图谱(1)[M].北京:科学出版社,2018.
73.虞国跃,王合,冯术快. 王家园昆虫[M].北京:科学出版社,2016.
74.虞国跃,王合. 北京蚜虫生态图谱[M].北京:科学出版社,2019.
75.虞国跃. 北京访花昆虫图谱[M].北京:电子工业出版社,2019.
76.虞国跃. 北京甲虫生态图谱[M].北京:科学出版社,2020.
77.王小奇,方红,张治良. 辽宁甲虫原色图鉴[M].沈阳:辽宁科学技术出版社,2012.
78.张巍巍,李元胜. 中国昆虫生态大图鉴[M]. 重庆:重庆大学出版社,2011.
79.吴时英,徐颖.城市森林病虫图鉴[M]. 2 版.上海:上海科学技术出版社, 2019..
80.孙小茹,郭芳,李留振. 观赏植物病害识别与防治[M].北京:中国农业大学出版社,2017.
81.孙素敏,刘春雨,徐少锋. 园林植物病害发生与防治[M].北京:中国农业大学出版社,2014.
82.《山东林木病害志》编委会. 山东林木病害志[M].济南:山东科学技术出版社,2000.
83.王绍文. 潍坊市主要林业有害生物图鉴[M].济南:山东科学技术出版社,2018.
84.李忠. 中国园林植物蚧虫[M].成都:四川科学技术出版社,2016..
85.《山东林木昆虫志》编委会. 山东林木昆虫志[M].北京:中国林业出版社,1993.
86.王恩. 杭州园林植物病虫害图鉴[M].杭州:浙江科学技术出版社,2015.
87.胡德具,袁冬明. 宁波园林植物害虫原色图谱[M]. 北京:中国农业科学技术出版社, 2010.

88.陈志云，王玲，徐家雄，等. 中山市林业有害生物生态图鉴[M]. 广州：广东人民出版社，2018.

89.曹雅忠，李克斌. 中国常见地下害虫图鉴[M].北京：中国农业科学技术出版社，2017.

90.刘晓东，陈宝光，赖永梅. 青岛市园林树木病害图鉴[M].北京：中国农业科学技术出版社，2015.

91.邱强.中国果树病虫原色图谱[M]. 2 版.郑州：河南科学技术出版社，2019.

92.刘红彦，李好海，刘玉霞，等. 果树病虫害诊断原色图谱[M]. 北京：中国农业科学技术出版社，2013.

93.吕佩珂，苏慧兰，庞震，等. 中国现代果树病虫原色图谱：全彩大全版[M]. 北京：化学工业出版社，2013.

94.冯玉增，杨洁，杨辉. 苹果病虫草害诊治生态图谱[M].北京：中国林业出版社，2019.

95.冯玉增，黄陨，张文建. 李病虫草害诊治生态图谱[M].北京：中国林业出版社，2019.

96.冯玉增，王立新，张明义.杏病虫草害诊治生态图谱[M].北京：中国林业出版社，2019.

97.张宏宇，李红叶. 柑橘病虫害绿色防控彩色图谱[M].北京：中国农业出版社，2018.

98.周尧. 中国蝴蝶原色图鉴[M]. 郑州：河南科学技术出版社，1999.

99.黄灏，张巍巍. 常见蝴蝶野外识别手册[M].2 版.重庆：重庆大学出版社，2008.

100.王心丽. 夜幕下的昆虫[M]. 北京：中国林业出版社，2008.

101.《河北森林昆虫图册》编写组. 河北森林昆虫图册[M]. 石家庄：河北科学技术出版社，1984.

102.诸立新，刘子豪，虞磊，等. 安徽蝴蝶志[M]. 合肥：中国科学技术大学出版社，2017.

103.诸立新，董艳，朱太平，等. 天柱山蝴蝶[M]. 合肥：中国科学技术大学出版社，2019.

104.李后魂，胡冰冰，梁之聘，等. 八仙山蝴蝶[M]. 北京：科学出版社，2009.

105.朱建青，谷宇，陈志兵，等. 中国蝴蝶生活史图鉴[M]. 重庆：重庆大学出版社，2018.

106.徐学农，王恩东.国外昆虫天敌商品化生产技术及应用[J].中国生物防治，2008(1)：75–79.

107.赵鑫，李明英，初杰，等. 美国白蛾的分布为害与综合防治方法[J]. 植物医生，2019，32(3)：51–53.

108.胡春玲.园林害虫防治中存在的问题及可持续控制对策[J].甘肃农业科技，2008(6)：46–48.

109.张纯胄.害虫对色彩的趋性及其应用技术发展[J].温州农业科技，2007(2)：1–2.

110.周启发.中国物理防治虫害有突破[J].农药市场信息,2010(4):36-37.

111.徐学农,王恩东.国外昆虫天敌商品化生产技术及应用[J].中国生物防治,2008(1):75-79.

112.陈玉兰.植物检疫在国际贸易中的作用和地位[J].商场现代化,2008(10):6-8.

113.段半锁,李占龙.可持续园林发展与害虫防治[J].园林科技信息,2004(1):25-27.

114.李建华.植物病害防治措施门[J].现代农业科技,2010(22):177-178.

115.李新.拟除虫菊酯类杀虫剂研发及市场概况[J].农药,2016,55(9):625-630.

116.刘启宏.城市园林生态系统害虫的持续控制和治理对策[J].甘肃科技,2009(20):158-160.

117.吕佳乐,王恩东,徐学农.天敌产业化是全链条的系统工程[J].植物保护,2017,43(3):1-7.

118.吴军平,廖思平,罗洪.浅析森林植物及其产品产地检疫[J].林业科技情报,2010(3):36-38.

119.孙娟.浅析当前阿维菌素存在的问题与对策[J].中国农药,2009(7):15-20.

120.张英俊.石榴巾夜蛾的生物学特性及防治[J].昆虫知识,1991,25(4) : 228-230.

121.杨素英,王冬毅,陈桂敏,等. 黄斑蝽、茶翅蝽发生规律及综合防治技术研究[J].山西果树,2006,111(3) :10-11.

122.曲爱军,朱承美,王文莉.合欢吉丁虫形态和生物学特性观察[J].植物保护,1995,21(3):22-23.

附录一

害虫中文索引

A
暗黑金龟甲 /231
B
白斑花金龟 /229
白蜡蚧 /140
白蜡窄吉丁虫 /210
柏长足大蚜 /130
柏小爪螨 /186
斑须蝽 /156
斑衣蜡蝉 /173
北京油葫芦 /235
碧皑袋蛾 /8
扁刺蛾 /3
变色夜蛾 /31
C
菜粉蝶 /69
草履蚧 /142
侧柏毒蛾 /14
茶翅蝽 /155
茶袋蛾 /9
朝鲜毛球蚧 /136
臭椿沟眶象 /216
臭椿皮蛾 /29
樗蚕 /55
刺槐外斑尺蛾 /26
刺槐蚜 /110
刺槐瘿蚊 /92
刺槐掌舟蛾 /22
D
大袋蛾 /6
大地老虎 /237
大青叶蝉 /150
大叶黄杨斑蛾 /37
大叶黄杨巢蛾 /62
单刺蝼蛄 /224
盗毒蛾 /10
丁香天蛾 /46
东方蝼蛄 /223
东方玛绢金龟 /230
东方黏虫 /28
东亚接骨木蚜 /118
豆天蛾 /50
短额负蝗 /84
短角异斑腿蝗 /85
多斑白条天牛 /204
F
芳香木蠹蛾东方亚种 /206
G
柑橘凤蝶 /67
甘蓝夜蛾 /31
甘薯天蛾 /50
沟金针虫 /233
沟眶象 /214
枸杞负泥虫 /75
枸杞金氏瘤瘿螨 /189
光肩星天牛 /194
国槐尺蛾 /23
国槐叶柄小蛾 /218
国槐羽舟蛾 /18

H
含羞草雕蛾 /63
褐边绿刺蛾 /4
褐带卷叶蛾 /60
禾谷缢管蚜 /117
合欢吉丁虫 /209
合欢羞木虱 /167
核桃缀叶螟 /44
褐纹金针虫 /234
红脊长蝽 /163
红缘灯蛾 /36
花蓟马 /182
黄斑长翅卷蛾 /59
黄斑蝽 /154
黄刺蛾 /1
黄地老虎 /238
黄钩蛱蝶 /71
黄褐天幕毛虫 /53
黄栌丽木虱 /169
黄杨绢野螟 /41
黄杨芝糠蚧 /143
灰巴蜗牛 /94
灰地种蝇 /239
蟪蛄 /181
J
娇膜肩网蝽 /160
角斑台毒蛾 /17
金缘吉丁虫 /209
菊姬长管蚜 /107
卷球鼠妇 /96
K
咖啡木蠹蛾 /208
康氏粉蚧 /137
L
蓝目天蛾 /47
梨冠网蝽 /159
梨笠圆盾蚧 /148
梨小食心虫 /217
梨星毛虫 /40
丽毒蛾 /16
柳虫瘿叶蜂 /81
柳黑毛蚜 /115
柳棘皮瘿螨 /187
柳倭蚜 /127
柳细蛾 /66
柳瘿蚊 /219
柳圆叶甲 /74
柳紫闪蛱蝶 /70
M
马铃薯瓢虫 /76
马陆 /97
毛白杨皱叶瘿螨 /190
芒果蚜 /114
玫瑰茎蜂 /221
玫瑰三节叶蜂 /79
美国白蛾 /33
美洲斑潜蝇 /87
棉大卷叶螟 /43
棉蝗 /86
棉蚜 /102
鸣鸣蝉 /180
N
拟蔷薇切叶蜂 /82
女贞卷叶绵蚜 /126
P
泡桐叶甲 /73
苹果黄蚜 /104
苹果瘤蚜 /106
苹掌舟蛾 /19
葡萄二星叶蝉 /153
葡萄天蛾 / 48
葡萄透翅蛾 /213
朴绵斑蚜 /122
Q
秋四脉绵蚜 /123
雀纹天蛾 /49
R
人纹污灯蛾 /35
日本单蜕盾蚧 /148
日本龟蜡蚧 /132
日本忍冬圆尾蚜 /111
日本双齿长蠹 /210
S
三点盲蝽 /164
桑白蚧 /144
桑褐刺蛾 /5
桑天牛 /196
桑褶尺蠖 /25
山楂叶螨 /184
柿斑叶蝉 /152
柿树白毡蚧 /138
双斑锦天牛 /199
双条杉天牛 /197
水木坚蚧 /134
丝棉木金星尺蛾 /24
T
桃粉蚜 /100
桃红颈天牛 /201
桃瘤蚜 /101
桃潜叶蛾 /64
桃蚜 /98
甜菜夜蛾 /32
铜绿丽金龟 /229
同型巴蜗牛 /93
W
豌豆潜叶蝇 /89
弯角蝽 /157
卫矛矢尖蚧 /147
温室白粉虱 /171
无斑弧丽金龟 /225
梧桐木虱 /165
舞毒蛾 /12
X
细胸金针虫 /233

小地老虎 /236
小绿叶蝉 /151
小青花金龟 /228
小线角木蠹蛾 /207
小皱蝽 /158
斜纹夜蛾 /27
星天牛 /192
锈色粒肩天牛 /202
悬铃木方翅网蝽 /162
雪松长足大蚜 /128
Y
燕尾水青蛾 /56
杨白毛蚜 /116
杨二尾舟蛾 /20
杨笠圆盾蚧 /148
杨柳小卷蛾 /58
杨枯叶蛾 /54
杨扇舟蛾 /21
杨雪毒蛾 /11
杨银叶潜蛾 /65
杨枝瘿绵蚜 /123
野蛞蝓 /95
银纹夜蛾 /29
榆长斑蚜 /119
榆华毛斑蚜 /120
榆蓝叶甲 /72
榆绿天蛾 /52
榆绵蚜 /125
缘纹广翅蜡蝉 /175
月季白轮盾蚧 /146
月季长管蚜 /103
月季三节叶蜂 /77
Z
枣大球蚧 /135
枣桃六点天蛾 /51
枣瘿蚊 /91
蚱蝉 /177
中国槐蚜 /109
中华厚爪叶蜂/80
中华弧丽金龟 /227
中华蚱蜢 /85
朱砂叶螨 /183
竹斑蛾 /38
竹纵斑蚜 /121
紫藤否蚜 /113
紫薇长斑蚜 /119
紫薇绒蚧 /139

病害中文索引

B
百日草花叶病 /307
百日菊白粉病 /245
波斯菊白粉病 /246
C
草坪草锈病 /265
草坪禾草白粉病 /246
草坪禾草腐霉病 /284
草坪禾草褐斑病 /275
刺槐白粉病 /250
D
大叶黄杨白粉病 /253
大叶黄杨疮痂病 /274
大叶黄杨褐斑病 /271
F
法桐干腐病 /294
凤尾兰叶斑病 /274
凤仙花白粉病 /242
G
枸杞白粉病 /252
瓜子黄杨根结线虫病 /312
国槐溃疡病 /290
H
海棠白粉病 /258
海棠腐烂病 /292
海棠–桧柏锈病 /263
合欢枯萎病 /285
荷兰菊白粉病 /241
槲寄生 /315
花木带化病 /304
花木煤污病 /297
黄栌白粉病 /247
黄栌黄萎病 /285
J
鸡冠花褐斑病 /267
金鸡菊白粉病 /244
金叶女贞叶斑病 /273
金银木白粉病 /257
金盏菊白粉病 /243
金盏菊灰霉病 /279
菊花斑枯病 /268
菊花根结线虫病 /311
菊芋白粉病 /243
L
腊梅叶枯病 /273
栎类白粉病 /251
柳树溃疡病 /288

M
玫瑰褐斑病 /272
玫瑰锈病 /262
美人蕉花叶病 /306
美人蕉灰霉病 /280
牡丹白粉病 /255
牡丹病毒病 /309
牡丹灰霉病 /280
P
泡桐丛枝病 /302
葡萄白粉病 /256
葡萄霜霉病 /281
Q
牵牛花白锈病 /282
缺铁性黄化病 /316
S
三叶草白粉病 /258
芍药红斑病 /269
石楠白粉病 /254
Y
杨树腐烂病 /291
杨树根癌病 /300
杨树溃疡病 /286
杨树锈病 /266
樱花根癌病 /299
鸢尾花叶病 /308
鸢尾细菌性软腐病 /301
鸢尾叶斑病 /269
月季白粉病 /248
月季黑斑病 /270
月季花叶病 /310
Z
枣疯病 /303
皂角溃疡病 /290
中国菟丝子 /313
紫薇白粉病 /250
紫叶小檗白粉病 /257

附录二

害虫拉丁学名索引

A

Abraxas suspecta Warren /24

Acalolepta sublusca (Thomson) /199

Acanthoecia bipars Walker /8

Aceria tjyingi (Manson) /189

Acizzia jamatonnica (Kuwayama) /167

Acleris fimbriana (Thunberg) /59

Acrida cinerea Thunberg /85

Actias ningpoana C. Felder et R. Felder /56

Aculops niphocladae Keifer /187

Adelphocoris fasciaticollis Reuter /164

Agrilus planipennis Fairmaire /210

Agrilus subrobustus Saunders. /209

Agriolimax agrestis (Linnaeus) /95

Agrius convolvuli (Linnaeus) /50

Agriotes subvittatus Motschulsky /233

Agrotis ipsilon (Hufnagel) /236

Agrotis segetum (Denis et Schiffermüller) /238

Agrotis tokionis Butler /237

Aloa lactinea (Cramer) /36

Ampelophaga rubiginosa Bremer et Grey /48

Amphicercidus japonicus (Hori) /111

Amphitetranychus viennensis (Zacher) /184

Anomala corpulenta Motschulsky /229

Anoplophora chinensis (Forseter) /192

Anoplophora glabripennis (Motschulsky) /194

Apatura ilia (Denis et Schiffermüller) /70

Aphis gossypii Glover /102

Aphis horii Takahashi /118

Aphis odinae (van der Goot) /114

Aphis robiniae Macchiati /110

Aphis sophoricola Zhang /109

Aphis spriaecola Patch /104

Apochima excavata (Dyar) /25

Apriona germari (Hope) /196
Apriona swainsoni (Hope) /202
Arboridia apicalis (Nawa) /153
Arge geei Rohwer /77
Arge pagana Panzer /79
Armadillidium vulgare (Latreille) /96
Aromia bungii (Faldermann) /201
Artona funeralis (Butler) /38
Asiacornococcus kaki (Kuwana) /138
Atractomorpha sinensis I. Bolivar /84
Aulacaspis rosarum Borchsenius /146
Aulacophoroides hoffmanni (Takahashi) /113
B
Basiprionota bisignata (Boheman) /73
Batocera horsfieldi (Hope) /204
Bradybaena ravida (Benson) /94
Bradybaena similaris (Ferussac) /93
C
Callambulyx tatarinovi (Bremer et Grey) /52
Calliteara pudibunda (Linnaeus) /16
Calophya rhois (Löw) /169
Carsidara limbata (Enderlein) /165
Ceroplastes japonica Green /132
Cerura menciana Moore /20
Chaitophorus populialbae (Boyer de Fonscolombe) /116
Chaitophorus saliniger Shinji /115
Chiasmia cinerearia (Bremer et Grey) / 23
Chondracris rosea rosea (De Geer) /86
Chromatomyia horticola (Goureau) /89
Cicadella viridis (Linnaeus) /150
Cinara cedri Mimeur /128
Cinara tujafilina (del Guercio) /130
Clanis bilineata tsingtauica Mell /50
Clostera anachoreta (Denis & Schiffermüller) /21
Contaria sp. /91
Corythucha ciliata (Say) /162
Cossus cossus orientalis Gaede /206
Cryptotympana atrata (Fabricius) /177
Ctenoplussia agnata (Staudinger) /29
Cyclopelta parva Distant /158
Cydalima perspectalis (Walker) /41
Cydia trasias (Meyrick) /218
D
Delia platura (Meigen) /239
Diaspidiotus gigas(Thiem et Gerneck)/ 148
Didesmococcus koreanus Borchsenius / 136
Dolycoris baccarum (Linnaeus) /156
Drosicha corpulenta (Kuwana) /142
E
Eligma narcissus Gramer /29
Empoasca flavescens (Fabricius) /151
Enmonodia vespertili Fabricius /30
Ericerus pela (Chavannes) /140
Eriococcus lagerostroemiae Kuwana / 139
Eriophyes dispar Nalepa /190
Eriosoma lanuginosum (Hartig) /125
Erthesina fullo (Thunberg) /154
Eucryptorrhynchus brandti (Harold) /216
Eucryptorrhynchus chinensis (Olivier) / 214
Eulecanium gigantea (Shinji) /135
Eumeta minuscula Butler /9
Eumeta variegata (Snellen) /6
Extropis excellens Butler /26
F
Fiorinia japonica Kuwana /148
Frankliniella intonsa (Trybom) /182

G

Gametis jucunda (Faldermann) /228

Gastropacha populifolia Esper /54

Grapholitha molesta (Busck) /217

Gryllotalpa orientalis Burmeister /223

Gryllotalpa unispina Saussure /224

Gypsonoma minutana (Hübner) /58

H

Halyomorpha halys (Stål) /155

Haritalodes derogata (Fabricius) /43

Henosepilachna vigintioctomaculata (Motschulsky) /76

Holcocerus insularis Staudinger /207

Holotrichia parallela Motschulsky /231

Homadaula anisocentra Meyrick /63

Hyalopterus persikonus (Miller, Lozier et Foottit) /100

Hyphantria cunea (Drury) /33

I

Illiberis pruni Dyar /40

J

Julidae bortersis Wood /97

L

Lampra limbata Gebler /209

Lelia decempunctata Motschulsky /157

Lema decempunctata (Gebler) /75

Leucoma candida(Staudinger) /11

Limassolla diospyri Chou et Ma /152

Liriomyza sativae Blanchard /87

Lithocolletis pastorella Zeller /66

Locastra muscosalis (Walker) /44

Lycorma delicatula (White) /173

Lymantria dispar (Linnaeus) /12

Lyonetia clerkella (Linnaeus) /64

M

Macrosiphum rosivorum Zhang /103

Macrosiphoniella sanborni (Gillette) /107

Malacosoma neustria (Linnaeus) /53

Maladera orientalis Motschulsky /230

Mamestra brassicae (Linnaeus) /31

Marumba gaschkewitschi (Bremer et Grey)/51

Megachil subtranguilla Yasumatsu /82

Melanotus caudex Lewis /234

Metasalis populi Takeya /160

Monema flavescens Walker /1

Mythimna separata (Walker) /28

Myzus persicae (Sulzer) /98

N

Neosyrista similis Moscary /221

O

Obolodiplosis robiniae (Haldemann) /92

Oligonychus perditus Pritchard et Baker /186

Oncotympana maculaticollis (Motschulsky) /180

Orgyia recens (Hübner) /17

Ovatus malisuctus (Matsumura) /106

P

Pandemis heparana (Denis & Schifferm Iler) /60

Papilio xuthus Linnaeus /67

Paranthrene regalis (Butler) /213

Parasa consocia Walker /4

Parlagena buxi (Takahashi) /143

Parocneria furva (Leech) /14

Parthenolecanium comi (Bouche) /134

Pemphigus immunis Buckton /123

Phalera flavescens (Bremer et Grey) /19

Phalera grotei Moore /22

Phyllocnistis saligna Zeller /65

Phylloxerina salicis Lichtenstein /127

Pieris rapae (Linnaeus) /68

Plagiodera versicolora (Laicharting) /74

Platypleura kaempferi (Fabricius) /181

Pleonomus canaliculatus (Faldermann) /233
Polygonia c-aureum (Linnaeus) /71
Pontania pustulator Forsius /81
Popillia mutans Newman /225
Popillia quadriguttata (Fabricius) /227
Porthesia similis (Fueezssly) /10
Prociphilus ligustrifoliae (Tseng et Tao) /126
Protaetia brevitarsis (Lewis) /229
Pryeria sinica Moore /37
Pseudaulacaspis pentagona (Targioni-Tozzetti) /144
Pseudococcus comstocki (Kuwana) /137
Psilogramma increta (Walker) /46
Pterostoma sinicum Moore /18
Pyrrhalta aenescens (Fairmaire) /72
R
Rhabdophaga salicis Schrank /219
Rhopalosiphum padi (Linnaeus) /117
Ricania marginalis (Walker) /175
S
Samia cynthia (Drurvy) /55
Sarucallis kahawaluokalani (Kirkaldy) /119
Semanotus bifasciatus (Motschulsky) /197
Setora postornata (Hampson) /5
Shivaphis celti Das /122
Sinochaitophorus maoi Takahashi /120
Sinoxylon japonicus Lesne /210
Smerithus planus Walker /47
Spilarctia subcarnea (Walker) /35
Spodoptera exigua (Hübner) /32
Spodoptera litura (Fabricius) /27
Stauronematus sinicus Liu, Li & Wei, sp. Nov.1 /80
Stephanitis nashi Esaki et Takeya /159
T
Takecallis arundinariae (Essig) /121
Teleogryllus emma (Ohmachi et Matsumura) /235
Tetraneura akinire Sasaki /123
Tetranychus cinnabarinus (Boisduval) /183
Theretra japonica (Orza) /49
Thosea sinensis (Walker) /3
Tinocallis saltans (Nevsky) /119
Trialeurodes vaporariorum (Westwood) /171
Tropidothorax elegans (Distant) /163
Tuberocephalus momonis (Matsumura) /101
U
Unaspis euonymi (Comstock) /147
X
Xenocatantops brachycerus (Willemse) /85
Y
Yponomeuta griseatus Moriuti /62
Z
Zeuzera coffeae Niether /208

病害拉丁学名索引

A

Actinonema rosae (Lib.) Fr. /270

Agrobacterium tumefaciens (Smith et Towns.) Conn. /300

Albugo ipomoeae-panduranae (Schw.) Swingle /282

Alternaria iridicola (Ell. et EV.) Elliott /269

Alternaria sp. /274

Arthrocladiella mougeofii var. *mougeofii* /252

A. mougeofii var. *polysporae* /252

B

Botryosphaeria ribis (Tode) Grosssenb. et Dugg. /288,290

Botryosphaeria ribis (Tode) Gross. et Dugg. /290

Botrytis cinerea Pers. et Fr. /279,280

Botrytis paeoniae Oud. /280

C

Capnodium sp. /297

Cercospora celosiae Syd. /268

Cercospora destructiva Rav. /271

Cercospora rosicola Pass. /272

Cladaosprium paeoniae Pass. /269

Cladosporium sp. /297

Colletotrichum sp. /274

Coniothyrium concentricum (Desm.) Sacc. /275

Cuscuta chinensis Lain. /313

Cystotheca sp. /251

Cytospora chrysosperma (Pers.) Fr. /292

D

Dothiorella gregaria Sacc. /288,290

E

Erwinia aroideae (Townsend) Holl. /301

Erwinia carotovora pv. Carotovora (Jones) Berge /301

Erysipela cichoracearum DC. /243,245

Erysipela polygoni DC. /243

Erysiphe cichoracearum DC. /242,244

Erysiphe graminis DC. ex Merat /246

Erysiphe lagerstrormiae West /250

Erysiphe pisi DC. /258

Erysiphe polygoni DC. /246,258

Erysiphe sp. /251

F

Fumago vagans Pers /297

Fusarium oxysporum f. sp. perniciosum /286

Fusarium tricinatum (Cord.) Sacc. /290

G

Gymnosporangium yamadai Miyabe /263

G.haraeanum Syd. /263

M

Marssonina rosae Sutton /270

Melampsora magnusiana Wagher /266

Meliola sp. /297

Meloidogyne arenaria (Neal) Chitw. /311

Meloidogyne hapla Chitw. /311

Meloidogyne incognita (Kof. et White) Chitw. /311

Meloidogyne javania (Treub.) Chitw. /311

Meloidonyge arenaria (Neal) Chitw. /312
Meloidonyge hapla Chitw. /312
Meloidonyge incognita (Kof. et White) Chitw. /312
Meloidonyge javania (Treub.) Chitw. /312
Meloidonyge spp. /312
Microsphaera lonicerae (Dc.) Wint. in Rabenh. /257
Microsphaera palczewskii /251
Microsphaera sp. /251
Microsphaera subtrichotoma /251
M. rostrupii Wagner /266
O
Oidium balsamii Mont. /242
Oidium chrysantheni Rabenh /242
Oidium erysiphoides Fr. /246
Oidium euonymi-japonicae (Arc.) Sacc. /253
Oidium sp. /249,251,252,254,257,258
P
Phrangmidium /262
Phrnagmidium mucronatum (Pers.) Schlecht. /263
Phrangmidium rosae-multiforae Diet. /263
Phrangmidium rosae-rugprugosae Kasai /263
Phyllactinia sp. /251
Phyllosticta calycanthi /273
Plasmopara viticola (Berk. et Curtis) Berl. et de Toni. /281
Podosphaera leucotricha (EII. et Ev.) Salm. /258
Puccinia zoysiae Diet. /266
Pythium aphanidermatum /284
Pythium graminicola /284
Pythium ultimum /284
R
Rhizotonia soani Kiihn /276
S
Septoria chrysanthemella Sacc. /269
Sphaerotheca balsamina (Wallr.) Kari /242
Sphaerotheca fuliginea (Schlecht) Poll. /243,245
Sphaerotheca paeoniae Z. Y. Zhao /255
Sphaerotheca pannosa (Wallr. Ex Pr.) Lev. /249
Sphaerotheca rosae (Jacz.) Z. Y. Zhao /249
T
Typhulochaeta sp. /251
U
Uncinnla sp. /251
Uncinula necator (Schw.) Burr /256
Uncinula vernieiferae P. Henn. /248
Uncinuliella australiana (McAlp.) Zheng et Chen /250
Uredo tholopsora Cumm. /266
V
Valsa mali Miyabe et Yamada /293
Valsa sordida Nit. /292
Verticillium dahliae Kleb. /285
Viscum coloratum (Kom.) Nakai /315